Praktiken der Überwachten

Martin Stempfhuber · Elke Wagner
(Hrsg.)

Praktiken der Überwachten

Öffentlichkeit und Privatheit im Web 2.0

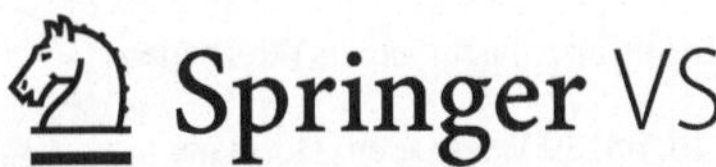 Springer VS

Hrsg.
Martin Stempfhuber
Universität Würzburg
Würzburg, Deutschland

Elke Wagner
Universität Würzburg
Würzburg, Deutschland

ISBN 978-3-658-11718-4 ISBN 978-3-658-11719-1 (eBook)
https://doi.org/10.1007/978-3-658-11719-1

Die Deutsche Nationalbibliothek verzeichnet diese Publikation in der Deutschen Nationalbibliografie; detaillierte bibliografische Daten sind im Internet über http://dnb.d-nb.de abrufbar.

Springer VS
© Springer Fachmedien Wiesbaden GmbH, ein Teil von Springer Nature 2019

Verantwortlich im Verlag: Katrin Emmerich

Springer VS ist ein Imprint der eingetragenen Gesellschaft Springer Fachmedien Wiesbaden GmbH und ist ein Teil von Springer Nature
Die Anschrift der Gesellschaft ist: Abraham-Lincoln-Str. 46, 65189 Wiesbaden, Germany

Inhaltsverzeichnis

Einleitung

Martin Stempfhuber und Elke Wagner

Die Internetrevolution hat den Alltag, das Wissen und den Umgang mit Daten von „Privatpersonen" auf nicht vorhersehbare Weise verändert. Nicht nur wissen wir alles, was wir über die Gesellschaft wissen, über die Massenmedien; was die Gesellschaft über uns wissen kann, findet sie scheinbar mühelos im Web 2.0. Eine frühere Phase des Umgangs mit Wissen und Daten im Internet hat ein berühmter Cartoon im New Yorker treffend auf den Punkt gebracht: „On the Internet, nobody knows you're a dog" (1993). Spätestens seit Edward Snowdens Veröffentlichung der scheinbar grenzenlosen staatlichen Möglichkeiten der Sammlung von privaten Daten und Überwachung von privaten Kommunikationen, die das Web 2.0 überhaupt erst konstituieren, hat sich die Debatte zum Internet aber grundlegend verschoben. Wie gehen staatliche Institutionen und kommerzielle Akteure, wie Google, Facebook und Co. mit privaten Daten um? Diese Frage stand und steht im Mittelpunkt zahlloser Diskussionen um die staatliche und kommerzielle Nutzung privater Daten und die Konsequenzen der Auswertungen von Big Data. So berechtigt und wichtig diese Diskussionen sind – sie scheinen in weiten Teilen dennoch vorbei zu blicken an den individuellen Nutzungspraktiken der User.

Auffällig bei diesen Diskussionen ist, dass sie häufig aus der Perspektive der bedrohten privaten User argumentieren, seltener aber die Frage stellen, wie die User empirisch diese Debatten beobachten und auf sie reagieren. Diese Frage wiederum mag zunächst naiv erscheinen angesichts der Macht der Überwachungs-Maschinerie.

M. Stempfhuber (✉) · E. Wagner
Universität Würzburg, Würzburg, Deutschland
E-Mail: martin.stempfhuber@uni-wuerzburg.de

E. Wagner
E-Mail: elke.wagner@uni-wuerzburg.de

© Springer Fachmedien Wiesbaden GmbH, ein Teil von Springer Nature 2019   1
M. Stempfhuber und E. Wagner (Hrsg.), *Praktiken der Überwachten,*
https://doi.org/10.1007/978-3-658-11719-1_1

Eine von den Cultural Studies inspirierte Herangehensweise würde zu schnell Gefahr laufen, die Kreativität und Widerspenstigkeit der Nutzer zu entdecken und überzubetonen.

Was im Folgenden aber versucht wird, ist, diese beiden Diskurs-Positionen nicht dichotomisch gegeneinander auszuspielen; die folgenden Aufsätze versuchen, den Fokus auf die Nutzerpraktiken zu legen, ohne eine starke Dichotomie zu konstruieren, die die Macht der Medien der Kreativität der Nutzer gegenüberstellt. Bei der Beobachtung und empirischen Analyse konkreter Nutzer-Praktiken müsste man beides in den Blick nehmen: einerseits die medialen Affordanzen, andererseits die womöglich durchaus widerspenstigen Nutzungspraktiken der User. Unsere Vermutung ist, dass sich empirisch zeigen lassen muss, wie sich Praktiken und mediale Affordanzen vermitteln. Uns geht es also nicht darum, allein von einem starken Medienbegriff und einem medialen a priori auszugehen; und uns geht es auch nicht darum, die emanzipatorischen Nutzungspraktiken von Usern zu feiern. Worum es uns geht, ist die konkrete Beobachtung von medialen Vermittlungsverhältnissen. Dies soll bereits der Titel des Bandes verdeutlichen: Die *Praktiken der Überwachten*. Es wird der Versuch unternommen, die Überwachten nicht vor-empirisch als Cultural Dopes oder widerspenstige, subversive Akteure zu designieren. Ohne Diagnosen des Strukturwandels von Öffentlichkeit und Privatheit, Beobachtungen, der neuen Qualität von Big Data, der Omnipräsenz digitaler Speichermedien und neuer Überwachungsmöglichkeiten zu leugnen, müssen sich deren Effekte in den Praktiken der Überwachten selbst ablesen lassen.

Trotz der Notwendigkeit der datenschutzrechtlichen und persönlichkeitsrechtlichen Diskussion muss die Frage also auch soziologisch-empirisch gewendet wenden: Wie gehen die individuellen User praktisch mit den medialen und kommerziell geprägten Vorgaben des Web 2.0 um? Wie gehen konkrete User empirisch damit um, dass sie wissen können, dass sie in ihrer Kommunikation im Web 2.0 Daten produzieren, die wiederum Wissen über sie selbst produzieren? Der vorliegende Sammelband möchte diese Fragestellung aus unterschiedlichen empirischen Perspektiven näher beleuchten.

Die forschungsleitende These des Sammelbandes ist, dass die Genese von Öffentlichkeit und Privatheit sich spezifischen, empirisch nachvollziehbaren Herstellungspraktiken verdankt, die jeweils an mediale Bedingungen gekoppelt sind. Diese Ausgangsthese schließt einerseits an eine soziologisch fundierte Tradition in der Erforschung der Hervorbringung von öffentlichen und privaten Räumen an und erprobt andererseits ihre in historischen Analysen bewährte Überzeugungskraft für eine empirische Rekonstruktion gegenwärtiger Medienkontexte. Betrachtet man Habermas Öffentlichkeitskonzept, so ist die Entstehung bürgerlicher Publika nicht nur an die Privatheit der bürgerlichen Kleinfamilie gebunden, sondern auch an Medien – und zwar gerade nicht nur an Zeitungen, sondern auch an Romane, Briefe und Tagebücher, die im 18. Jahrhundert eine veränderte Plausibilität der (öffentlichen) Rede vermitteln. Über den Austausch von Gelesenem im privaten Salon entsteht eine vernünftige Rede, die sich an Argumenten und dem Austausch von besser begründeten Meinungen orientiert und schließlich nicht nur die private Leseerfahrung, sondern auch das Politische nach seinen Gründen befragt. Über die Verschriftlichung von Gefühlen in Briefen für den räumlich entfernten Leser werden zudem Semantiken für das Emotionale ausgebildet und eine spezifische Gefühlslage eingeübt: die bürgerliche Empfindsamkeit (Koschorke 1999), die zur Formulierung jenes Wertes dient, der die Zivilgesellschaft begründen soll – der einer allgemein gültigen Humanität (vgl. Habermas 1962/1990). Man kann hieraus ablesen, dass sich die Konstellation von Öffentlichkeit und Privatheit auch über Medien herstellt, die zur Erzeugung von Öffentlichkeit genutzt werden. Dieser Zusammenhang von medialen Bedingungen und der Genese und Transformation von Öffentlichkeit und Privatheit, den Jürgen Habermas und Albrecht Koschorke für die bürgerliche Gesellschaft formuliert haben, nimmt der Sammelband für die Analyse der aktuellen Herstellung des Verhältnisses von Öffentlichkeit und Privatheit im Internet auf. Die Forschungsperspektive des Sammelbandes möchte diese Hinweise auf die Veränderung von Inhalten durch neue mediale Formen insofern ernst nehmen, als sie nach den medialen Einschreibungen in die aktuellen Veränderungen von Öffentlichkeit und Privatheit fragt. Medien werden dabei nicht allein im Hinblick auf Medien-Institutionen begriffen. Sie werden vielmehr in einem kulturwissenschaftlichen Sinn als symbolischer und technischer Generator zur Herstellung von Bedeutungsgehalten verstanden. Aus Marshall McLuhans Zuspitzung, dass das Medium die Message ist (McLuhan 1964/1994, S. 9) lässt sich für die Soziologie zumindest die Fragestellung ableiten, ob und wenn ja wie mediale Übertragungsverhältnisse etwas produzieren können, dass es so vorher noch nicht gegeben hat: Ändert sich tatsächlich etwas an der Praxis des Öffentlichen und des Privaten durch den Einsatz von Medien, lässt sich anhand einer empirischen Perspektive fragen.

Lässt man sich auf diese Perspektive ein, so kann es nicht um „Öffentlichkeit" und „Privatheit" als ontologische Seins-Bereiche gehen, sondern um die *Herstellung* von Öffentlichkeit, die *Herstellung* von Privatheit und die *Herstellung* der Unterscheidung/Grenze von Öffentlichkeit und Privatheit. Ist es die Macht der Medien? Sind es die kreativen Nutzer? Wie wird die Konstellation von Öffentlichkeit und Privatheit empirisch-praktisch erzeugt? Einige Autoren dieses Bandes haben ihre Befunde in Rahmen des von der Deutschen Forschungsgemeinschaft geförderten Forschungsprojektes „Öffentlichkeit und Privatheit im Web 2.0" (WA 3374/2-1 und STE 2244/2-1) genau auf diese Frage hin erzielt. Das Forschungsprojekt erprobte eben diesen Fokus auf die Herstellung von Öffentlichkeit und Privatheit als programmatischen Zugang zur Erforschung von Nutzerpraktiken im Web 2.0. Seine Ausgangsfrage zielte darauf ab, wie sich am Beispiel der derzeit in der Nutzung zentralen Social Networking Sites (SNSs) wie Facebook, Gayromeo.de und Patientenfragen.net die praktische Herstellung von Öffentlichkeit und Privatheit unter veränderten medialen Bedingungen transformiert. Der Schwerpunkt des Projektes richtete sich auf grundsätzlich drei Themenfelder. Erstens wurde eine empirische Analyse von Schreibpraktiken in Social Network Sites unternommen: welche Schreibpraktiken werden sichtbar und wie stellt sich dadurch eine neue Form der Herstellung von Publika ein? Zweitens wurden die hierbei erzielten empirischen Befunde nicht isoliert betrachtet, sondern zeitdiagnostisch eingebettet und an den soziologischen Diskurs angeschlossen: Inwiefern tragen veränderte mediale Bedingungen zu einer neuartigen Fassung von Öffentlichkeit und Privatheit bei? Was folgt aus der empirischen Analyse des Projektes für die Soziologie der Öffentlichkeit und der Privatheit? Und schließlich ging es darum, einen Beitrag für die vorwiegend kulturwissenschaftlich verankerte Medientheorie zu leisten und diese durch empirische Befunde zu hinterfragen.

Unser Projekt startete als eine ethnografische Analyse des Forschungsfeldes. Heuristisch wurde der Feldzugang dabei zunächst in zwei Richtungen unternommen. In einer Richtung wurde die Erzeugung von Öffentlichkeit in Rahmungen, die traditionell eher als privat oder privatistisch gedeutet wurden, in den Blick genommen. In einer ethnografischen Immersion in die Kommunikationskontexte von Facebook (siehe den Beitrag von *Wagner* in diesem Band) und Planetromeo (ehemals: Gayromeo) und in Interviews mit darüber akquirierten Informanten wurde gezielt nach möglichen Politisierungen von privater Nutzung von SNSs oder auffälligen Veröffentlichungsstrategien gesucht. In einer entgegengesetzten Richtung haben wir uns der Herstellung von Privatheit in einem (wiederum: traditionell) eher öffentlich gefassten Rahmen gewidmet. Hier wurde zunächst die Intensivierung und Intimisierung von Beziehungen – von Paarbeziehungen auf Dating-Seiten (Planetromeo und Grindr), aber auch von Beziehungen und Freundschaften auf Facebook (siehe den Beitrag von *Barth* in diesem Band) – fokussiert, die durch die Darstellung der eigenen Person und durch Kommunikation vor einem zunächst noch unbestimmten Publikum erfolgte.

Unser Forschungsplan ging von der Vermutung aus, dass es ergiebig sein könnte, diese beiden Teilbereiche ständig aufeinander zu beziehen und sich gegenseitig erhellen zu lassen. Diese Intention hat sich im Verlauf der Datenerhebung noch intensiver als vermutet bestätigt. Vor allem im Vergleich der jeweiligen Daten und Analyseergebnisse ließen sich diese gewinnbringend interpretieren.

Thematisch hat sich aus der Fortentwicklung des Forschungsgegenstandes selbst eine Variation der Forschungsperspektive ergeben. Der Wandel des Internets führte in zweierlei Hinsicht zu einem Wechsel der Blickrichtung. Einerseits war eine verstärkte Thematisierung von Big Data auf SNSs zu beobachten. In der Projektlaufzeit hat sich der öffentliche Diskurs zur Problematik von Big Data verändert, dessen Effekte wiederum in unseren Daten selbst sichtbar wurden. Das Problem des *data minings* im *back end* wurde verstärkt von unseren Informanten thematisiert, in den Vordergrund gestellt und als Problem gerahmt. Auch in der Kommunikation auf der Plattform Facebook ließ sich eine zunehmende Thematisierung und Problematisierung von Big Data als Überwachungsinstanz in Bezug auf die Differenzierung von öffentlichen und privaten Daten feststellen.

Dieser Sammelband versucht insofern auf diese empirischen Befunde zu reagieren, als er unterschiedliche Beiträge versammelt, die dieser empirisch sowie analytisch beobachtbaren Themenverschiebung Rechnung tragen. Er ist wie folgt gegliedert: Um die mögliche technische und mediale Spezifizität des Web 2.0 genauer in den Blick zu bekommen, wird die Genealogie der Unterscheidung von Öffentlichkeit und Privatheit verfolgt. Wir starten mit einer *Genealogie des Web 2.0*, die die eingangs vorgestellte Perspektive insofern ausweitet, als sie auch eine historische Dimension analytisch stark macht, die erhellende Schlaglichter auf die zeitgenössischen Praktiken der Überwachten werfen kann. Auch der zweite Teil des Bandes erweitert die Perspektive, indem er verschiedene Facetten der Herstellung, Verteidigung und *Transformationen von Privatheit* beleuchtet. Beobachtet wird in allen hier versammelten Beiträgen ein Strukturwandel der Privatheit, der sich in unterschiedlichen Kontexten (Rechtsdiskurse, Subjektivierungen, Internetplattformen und Stilfragen) abzeichnet. Symmetrisch dazu fokussiert der dritte und abschließende Teil des Bandes auf *Transformationen des Öffentlichen*. Öffentlichkeit wird hier nicht auf die Sphäre des Politischen reduziert, sondern wiederum in unterschiedlichen Kontextualisierungen beobachtet. Sichtbar werden verschiedene Konstellationen öffentlichkeitsgenerierender Praktiken, die sich alternativ zu traditionellen Formen bürgerlicher Öffentlichkeit etablieren können. Die Akzentsetzung der beiden Gliederungsebenen auf eine Seite der Unterscheidung von Privatheit und Öffentlichkeit darf nicht darüber hinweg täuschen, das alle Autorinnen mit einer relationalen und operativen Unterscheidung von Öffentlichkeit und Privatheit arbeiten, die trotz der Fokussierung auf eine der beiden Seiten stets beide aufeinander bezieht. Bei den Beiträgen handelt es sich zum Teil um Originalbeiträge, zum Teil aber auch um bereits andernorts publizierte Texte, die wir aber als wichtig für die Debatte um die *Praktiken der Überwachten* ansehen.

Urs Stäheli beschäftigt sich in seinem Beitrag mit der Medialität von Listen. Listen, die Stäheli am Beispiel von Indexen und der Geschichte der Praxis des Indizierens verhandelt, werden in seinem Beitrag nicht als bloßes Werkzeug oder Instrument verhandelt. Vielmehr geht es darum, Listen in ihrer Medialität zu begreifen. Sein Argument ist, dass eine Analyse der Politik von Listen deren politisch-epistemische Praktiken miteinbeziehen muss, die mit dem Anfertigen von Listen einhergehen. Listen in Form von Indexen sind demnach Umwandler von Analogem in Digitales. Dabei gilt der Index als Vermittler zwischen zwei Ordnungen, etwa der einer kontinuierlichen Erzählung in einem Buch und jener der listenförmigen Anordnung von Stichworten am Ende des Buches. Indexe unternehmen eine Art Unsichtbarmachung von Autorschaft – dabei zeigt ein analytischer Blick, dass indizierte Listen durchaus spezifisch gefüllt werden. Und schließlich vermitteln indizierte Listen den Eindruck, unendlich auffüllbar zu sein. Stäheli spricht hier von einer „Selbst-Vervielfältigung von Listen". Anders als die hermeneutisch auf Verstehensprozesse angewiesene Listenerstellung in Form von Indexen bei Büchern stellt sich die Erzeugung von Indexen durch digitale Suchmaschinen dar. Hier wird die Entscheidung individueller Index-Ersteller darüber, welche Information wichtig genug sein könnte, um auf dem Index zu landen, durch die Identifizierung von Informationsmustern und der Popularität von Webseiten durch Algorithmen ersetzt. Dabei ist der Suchmaschinen-Index weit mehr als ein passives Werkzeug zur Auffindung von Informationen, so Stäheli, sondern Teil eines Prozesses, der Daten strukturiert, indem er indiziert. Damit ist der Suchmaschinen-Prozess ein konstitutiver, politischer Prozess, in dem er einige Bereiche der Welt als auflistenswert erachtet und andere nicht: „Eine Liste wie der Index ist nicht einfach eine neutrale Vorrichtung und nicht einfach ein technisches Werkzeug ohne Eigenschaften. Vielmehr legt es emergente Eigenschaften frei, die Hinweis auf die politischen Rationalitäten geben, die häufig unsichtbar in jede Liste eingeschrieben sind".

Zizi Papacharissi diskutiert in ihrem Aufsatz aus dem Jahr 2002 eine Perspektive, die mittlerweile klassisch geworden ist für die Diskussion der Frage, inwiefern das Internet dazu beiträgt, für mehr Partizipation und Demokratisierung zu sorgen. In ihrem herausragenden Beitrag zeigt sich bereits sehr früh, dass die Kommerzialisierung des Internets auf der einen Seite sowie die Fragmentierung von Publika auf der anderen Seite einer möglichen Demokratisierung von Politik und Öffentlichkeit durch das Internet entgegenstehen. Wir haben diesen Beitrag deshalb in unseren Sammelband aufgenommen, weil sich hier schon sehr früh eine Perspektive abzeichnet, die den nachfolgenden Diskurs klassischerweise strukturiert und anleitet. Ganz nebenbei wird etwa deutlich, wie stark die Auseinandersetzung mit den Thesen Habermas' zu Strukturwandel der Öffentlichkeit die

Diskussion um mögliche aktuellere Veränderungstendenzen einer *Virtual Public Sphere* prägen – auch indem in Habermas' Klassiker medientheoretische Einsichten stark gemacht und diskutiert werden, die auch in Zeiten einer Öffentlichkeit 2.0 relevanter denn je sind.

Komplementär zu diesem Fokus auf die Öffentlichkeit 2.0 betont der nächste Artikel die Privatheit 2.0 und ihre analoge Vorgeschichte. *Armin Nassehi* hat uns einen Beitrag zur Verfügung gestellt, der im Jahr 2017 im Kursbuch beim Murmann-Verlag erschienen ist. Wir haben diesen Beitrag ausgewählt, weil er – ähnlich wie der Beitrag von Felix Stalder, aber dann doch wieder alternativ hierzu – die Transformation von Öffentlichkeit und Privatheit durch den Einsatz des Web 2.0 in den Blick nimmt. Nassehi geht davon aus, dass es eine unbeobachtbare, authentische Privatheit nie gegeben hat. Er beschreibt hingegen, wie die Digitalisierung von Daten, im Sinne einer statistischen Verarbeitung, bereits im 19. Jahrhundert einsetzt und in analoge Verhaltensanweisungen durch den Staat überführt worden ist. Die Herausforderung für Privatheit im Zeitalter des Web 2.0 besteht nun darin, dass hier Daten ausgewertet werden, die nicht für den genannten Zweck erhoben worden sind. Big Data rekombiniere weiterhin Daten, die letztlich nicht füreinander bestimmt waren. Dabei stellen die User diese Daten schlichtweg durch ihren Gebrauch des Internets zur Verfügung, die dann ohne konkrete Fragestellung aufgezeichnet und weiter verwertet werden – sei es für Zwecke staatlicher Kontrolle, sei es für Marketingaspekte.

Im nächsten Kapitel zu den Transformationen der Privatheit, in dem die zeitgenössischen *Veröffentlichungspraktiken des Privaten* noch einmal detaillierter beleuchtet werden, werden die von Nassehi aufgeworfenen Fragen aufgegriffen und vertieft. Zunächst leuchtet *Jochen Steinbicker* den politisierten, vor allem aber auch den rechtlichen Diskurs über die „digitale" Privatsphäre aus. Steinbicker stellt heraus, dass Social Network Sites in diesen Debatten um die Bedrohung oder gar das Ende der Privatheit eine besondere Rolle zukommen, als hier in einer zunächst persönlich und privat anmutenden Sphäre entsprechend private und selbst intime Informationen preisgegeben werden, ohne dass diese Informationen einen effektiven Schutz genießen. Paradoxerweise ist aber die Attraktivität von SNS trotz allen Wissens um die beständige Überwachung durch privatwirtschaftliche und staatliche Akteure ungebrochen. Statt aus diesem Umstand auf eine Transformation oder ein Ende von Privatheit zu schließen, wird in diesem Beitrag vorgeschlagen, Überwachung und Selbstüberwachung im Zusammenhang einer Digitalisierung der Lebensführung zu betrachten.

Felix Stalder geht in seiner Analyse davon aus, dass sich das Konzept der Privatsphäre, wie es einmal durch das Heraufkommen der bürgerlichen Gesellschaft etabliert worden war, „radikal gewandelt" hat. Einst galt die Privatsphäre als eine Art Ausgleichsinstanz, die zwischen dem nach Autonomie strebendem Bürger und der an Kontrolle orientierten Bürokratie vermittelte. Dieses Konzept ist, das arbeitet Stalder in seinem Beitrag historisch heraus, brüchig geworden. Was sich als zeitgemäße Praxis des Privaten einstellen könnte, ist das, was Felix Stalder als „Privatsphäre 2.0" bezeichnet. Sie zeichne sich durch horizontale, reziproke Sichtbarkeit auf der einen Seite und durch vertikale Opazität auf der anderen Seite aus. Diese neuartige Konzeption des Privaten könne ähnlich wie die klassisch-bürgerliche Privatsphäre Räume der Autonomie gegenüber dem Kontrollverlangen großer Institutionen absichern. Anders als die bürgerliche Privatsphäre sei diese nicht mehr länger im individuellen Denken und Fühlen verortet, sondern im sozialen Raum des Austauschs innerhalb freier, horizontaler Assoziationen. Wie dieser Raum so ausgebaut werden kann, ohne auf zentrale Überwachung und Kontrolle zu setzen, sei Aufgabe einer demokratischen Politik am Ende der klassisch-bürgerlichen Privatsphäre.

Die Grundthese des Beitrags von *Niklas Barth* hebt darauf ab, dass Formen von Privatheit nicht von ihrem medialen Substrat zu trennen sind. Methodisch strebt der Beitrag deshalb einen Vergleich der Schreibpraktiken auf Facebook mit denen des bürgerlichen Briefwechsels der Empfindsamkeit an, um (Dis-)Kontinuitäten der Privatheit sichtbar zu machen. Der kommunikative Stil des Briefs der Empfindsamkeit entschlüsselt sich nach einem Code der Wärme, der authentische Verbundenheit inszenierte, um Distanzen zu überbrücken. Der kommunikative Stil auf Facebook – so legen es die empirischen Ergebnisse des DFG-Forschungsprojekts „Öffentlichkeit und Privatheit 2.0" nahe – folgt hingegen einem Code der Kälte, der seine eigene Artifizialität ausstellt, um Privatheit zu inszenieren. Von den Nutzern werden gekonnt Distanzen in die Kommunikation eingebaut, um private Nähe zu erzeugen. Dazu werden Praktiken der Coolness, der Ironie und Indifferenz sowie Formen kryptischer Kommunikation funktional. Gerade die spezifische Medialität der sozialen Netzwerke erzeugt somit Formen einer „erkalteten Vertrautheit". Privatheit wird also – zumindest auf der Kommunikations-Seite – in den Netzwerken nicht einfach aufgelöst, wie viele Internetkritiker unterstellen, sondern den veränderten technischen und medialen Gegebenheiten der Plattformen angepasst und anders codiert. Vor dem Hintergrund des Imperativs der Vernetzung üben die Nutzer heute auf Facebook auch Verhaltenslehren der Kälte ein.

Von den Schreibpraktiken verschiebt *Ramón Reichert* das Augenmerk seiner Studien auf Bildkommunikation in den neuen digitalen Medienlandschaften, indem er eine Untersuchung der „Selfie"-Kultur vorlegt, unter der er aber eben auch eine Reihe von kommunikativen Praktiken der visuellen Selbstdarstellung und -thematisierung versteht. Im Gesichtsfeld der soziologischen Analyse tauchen hier also „Gesichter" auf, deren kreative visuelle und symbolische Bearbeitungen in kreativen Veröffentlichungspraktiken etwa als „Anti-Selfies" aber auch Potenziale der Kritik an von Vernetzungsöffentlichkeiten installierten facialen Regimen in sich tragen. Reichert stellt hier die Frage nach Subjektivierungsweisen in Vernetzungskulturen neu, indem er die Veröffentlichung, Bearbeitung und Dekonstruktion des Gesichtsbild im Spannungsfeld von De-Mediatisierung und Re-Mediatisierung ansiedelt.

Diesen Teil abschließend skizziert *Martin Stempfhuber* noch einmal, wie schnell Veränderungen und Transformationen der in diesem Band schon öfters diagnostizierten Privatheit 2.0 von zeitgenössischen sozialwissenschaftlichen Forschungen detektiert werden können (und müssen) und so die beständige Rede von einem neuen Strukturwandel der Privatheit oder gar ihrem wiederholten Tode instituieren. Der Beitrag stellt nicht so sehr auf tatsächlich zu beobachtende Veränderungen im Gegenstandsbereich der (un-)freiwilligen Veröffentlichung privater Daten in digitalen Kontexten ab, als er vielmehr die spezifischen Rahmungen und Akzentverschiebungen von gegenwärtigen soziologischen Beobachtungen und Analysen rekonstruiert, die diesen Veränderungen gerecht werden wollen. Wie in den Aufsätzen zuvor taucht hier zunächst einmal auch die Herausforderung von Big Data auf. Ergänzend wird aber noch auf zwei „Trends" hingewiesen, die aber ohne Entwicklungen innerhalb der medialen Infrastruktur ebenso wenig zu erklären werden. Zum einen scheinen sich die Praktiken der Veröffentlichung des Privaten zu mobilisieren – sowohl in dem trivialen Sinne, dass die Bewohner digitaler Lebenswelten mithilfe mobiler Geräte mehr und mehr *on the move* beobachtet werden, als auch in dem konzeptuellen Sinne, dass die verwendeten Kategorien wie etwa die der Privatheit selbst in Bewegung versetzt werden. Schließlich wird noch eine weitere Kategorie stark gemacht, die etwa auch von Papacharissi in jüngeren Arbeiten, die ihre Überlegungen zur *Virtual Sphere* weiterentwickeln und spezifizieren, ins Zentrum des Interesses gerät: die des Affekts. Der Beitrag beschließt den Teil mit einem skeptischen Plädoyer dafür, trotz allen Neu-Rahmungen und Depotenzierungen den Begriff der Privatheit als Analysekategorie nicht vollständig aufzugeben.

Die Herausgeber dieses Bandes halten die frühen Arbeiten von *Patricia Lange* zu Netzwerkpraktiken auf YouTube, von denen eine hier wiederveröffentlicht wird, für hellsichtig, ja schon gar für einen Klassiker der soziologischen Beschäftigung mit der praktischen Unterscheidung von Öffentlichkeit und Privatheit. Sie eröffnet daher auch den Teil des Bandes, der die *Transformationen öffentlicher Praktiken* zum Thema hat. Lange entwickelt im Hinblick auf das Verhalten von ständig beobachtbaren und überwachbaren Nutzern von YouTube die hilfreiche Unterscheidung von ‚privately public' und ‚publicly private' Formen der Telekommunikation, die mit der Idee von SNS als ‚semi-public space' brechen kann. Mit „publicly private" beschreibt sie ein Verhalten, in dem die Macher von Videos ihre Identität preisgeben, aber den Zugang zu den geteilten Videos explizit einschränken und auf besondere ausgewählte Personen zuschneiden. Mit „privately public" meint sie ein Verhalten, das den Zugang zum hochgeladen Material nicht einschränkt, dafür aber den Zugang zu detaillierten Informationen über die Identität des Machers des Videos explizit einschränkt und kontrolliert. Letztlich erinnert sie in diesem Beitrag daran, dass selbst schon in einer Habermasschen Beschreibung früher bürgerlicher Öffentlichkeiten die Grenze von Privatsphäre und Öffentlichkeit ständig verhandelt werden musste; in der vernetzten Welt des Web 2.0 aber, so Lange, muss und kann diese Linie mit *jedem neuen* kommunikativen Akt neu gezogen und definiert werden. Hier treten also die Praktiken der Überwachten auf, die in die Herstellungsprozesse sowohl des Privaten wie auch des Öffentlichen von Moment zu Moment beständig involviert sind.

An diese Perspektive schließt *Christian Schweyer* direkt an, indem er von YouTube wieder zu Facebook switcht, um hier empirisch die Krise der authentischen und originalen/originellen Autorschaft zu beleuchten, die sich in den Techniken und Praktiken des Kopierens zeigen. Anhand von reichhaltigem Text- und Bildmaterial wird hier vorgeführt, wie sich die oft kritisierte Überbeanspruchung von *Copy-and-paste*-Veröffentlichungen in Social Networking Sites überhaupt nur verstehen lassen, wenn man sie als originelle Bearbeitungen von Problemen liest, die sich mit Neuen Medien (nicht immer offensichtlich) erst stellen. In klassischer Manier der funktionalen Analyse durchleuchtet dieser Beitrag beobachtbare Kopierpraktiken in der Zeitdimension (als Antwort auf Beschleunigung), in der Sachdimension (als Antwort auf neue Unübersichtlichkeiten) und in der Sozialdimension (als Antwort auf Probleme der Herstellung von affektiven Anschlussmöglichkeiten sowie auf Synchronisierungsprobleme). Letztendlich wird aus dieser Perspektive deutlich, wie sich die Kopie als „digitales Populäres" behaupten kann.

Einen weiteren Beitrag zum digitalen Populären liefert *Wolfgang Ullrich,* der in seinem bereits im Jahr 2015 in der Online-Ausgabe der Zeitschrift „Pop" erschienenen Aufsatz beschreibt, wie die Praxis der Produktion von Internet-Memen als Entlastung von einer Hochstilisierung klassischer bzw. neuartiger Bilder funktionieren kann. Meme dienen dazu, „emotional vereinnahmende, besonders präsente und berühmte Bilder durch Parodien zu verarbeiten". Ulrich versteht die Herstellung und Verbreitung von Memen als kreative Weiterentwicklung spezifisch digitaler Kopierpraktiken, bettet sie aber wiederum in einen kunsthistorischen Kontext ein, der Praktiken der Überwachten durchaus auch als artistische Leistungen begreifen kann – und sei es auch als Inversion von Pathosformeln.

Schließlich wendet sich *Elke Wagner* intimisierten Öffentlichkeiten zu. Ein Blick in die Forschungslandschaft hat gezeigt, dass bisherige Beschreibungsformeln (Community, Netzwerk, Schwarm) zwar einerseits nach wie vor auftauchen, diese sich aber auch alternativ rekonstruieren lassen, um die digitale Diskurs-Praxis auf den Begriff zu bringen. Die herkömmlichen Begrifflichkeiten zur Fassung der online vermittelten Kommunikationspraxis treffen auf spezifische Sachverhalte in der Kommunikationsform auf Facebook zu, können aber zumindest ergänzt und rekontextualisiert werden. Zum Beispiel als intimisierte Öffentlichkeiten. Diese zeichnen sich entsprechend der in diesem Beitrag vorgenommenen empirischen Analyse durch folgende Eigenschaften aus: Ausblenden von Unangenehmen auf der Nutzeroberfläche, Homogenisierung der Inhalte auf der sichtbaren Nutzeroberfläche, Emotionalisierung des Kommunikationsstils, Diskontinuierung der auf der Nutzeroberfläche sichtbaren Beiträge und der listenförmig angeordneten Kommentare und schließlich: Technisierung (Algorithmen). Damit weichen die hier beobachteten Öffentlichkeiten in entscheidenden Punkten von jenen Eigenschaften ab, die einmal die Öffentlichkeit des Bürgertums (Habermas) ausgezeichnet hatten: Eine zumindest kontrafaktisch vorausgesetzte Inklusion von Jedermann, Versachlichung und eine kontinuierliche Abfolge von Argument und Gegenargument.

Von der Genese zeitgenössischer Unterscheidungen von Öffentlichkeit 2.0 und Privatheit 2.0 zu aktuellen Konfigurationen von Veröffentlichungspraktiken eben jener Privatheiten 2.0 und den strukturellen wie stilistischen Transformationen von Öffentlichkeiten: die hier versammelten Beiträge haben die Praktiken der Überwachten, verstanden als Herstellungsleistungen von je spezifischen privaten wie auch öffentlichen Kontexten und Kontexturen zum Thema, ohne ihre jeweiligen Affordanzen neuer Medienlandschaften aus dem Blick geraten zu lassen. Die Herausgeber hoffen, dass es in dieser Zusammenstellung gelungen ist, diesen Praktiken empirisch, ideengeschichtlich und theoretisch gerecht zu werden, ohne der umgekehrten Versuchung anheimzufallen, nun einfach überall und methodisch unkontrolliert kreative Nutzerpraktiken zu entdecken. Gleichwohl weisen viele der Aufsätze auch auf Forschungsdesiderate hin. Das kann nicht verwundern, wenn man zugesteht, dass ihr Gegenstand jeweils ein sehr fluider, mobiler Gegenstand ist, an dem sich in Echtzeit die Geschwindigkeit von Transformationen teilweise nur bestaunen lässt. Auffällig ist etwa, wie schnell sich das Thema der Big Data in den Vordergrund gedrängt hat. Auch hier lässt sich allerdings die innerhalb der Sozialwissenschaften geführte Debatte um die digitale Transformation der Gesellschaft durch den Einsatz von Big Data als Mediendebatte lesen. Diskutiert wird, wie sich im Umgang mit den neuen epistemologischen Techniken der Big Data das Verhältnis von Beobachter und Welt transformiert. Der kommunikative Sinn-Überschuss, der die Debatte um den Einsatz von Big Data diesbezüglich anregt, resultiert hier aus dem Ersatz von menschlichen Beobachtern durch technische Beobachter – sowohl Urs Stäheli als auch Armin Nassehi weisen genau darauf hin. Weiterhin – dies ist vor allem Felix Stalder zu verdanken – wurde die Unterscheidung von Daten und Kommunikation eingeführt, die durch die Allgegenwart technischer Beobachter gesellschaftlich etabliert wird. Während menschliche Beobachter Kommunikation verarbeiten, haben sich Daten als Perspektive für technische Beobachter etabliert. Big Data verändert damit aber nicht nur die Suchroutinen einer Gesellschaft, sondern auch das Bild ihrer selbst. Sichtbar wurde dabei aber auch ein Machtdispositiv der Daten. Der Diskurs um Big Data diagnostiziert dabei zwei grundlegende Verschiebungen traditioneller Überwachungsstrategien: Einerseits sammeln nun nicht mehr nur staatliche oder geheimdienstliche Akteure Daten, sondern es entstehen vielmehr ganz neue Datenökonomien. Schließlich – hier sind wiederum Argumente von Zizi Papacharissi wegweisend, die etwa von Elke Wagner erweitert werden – wird das Internet als eine Öffentlichkeit der Daten etabliert, die sich nicht mehr als diskursive Arena guter Gründe, sondern als statistische Agglomeration der großen Zahl verstehen lässt. Mit Big Data trifft der soziologische Internetdiskurs also weniger auf öffentliche Kollektive, als vielmehr auf den digitalen Schatten einer Öffentlichkeit der Daten.

Auch in Richtung des Forschungsinteresses für Privatisierungspraktiken weisen die hier versammelten Beiträge auf Begrenztheiten und Probleme hin, die interessante Zukunftsperspektiven für die Erforschung einer Privatheit 2.0 eröffnen. Neben der hier ebenfalls relevanten Zuspitzung des *big data minings* konnte etwa die Tendenz zur mobilen bzw. mobilisierten Nutzung auch der in diesem Band vornehmlich untersuchten Internetplattformen nur am Rande behandelt werden. Gleichwohl finden sich – etwa schon bei Zizi Papacharissi und Patricia G. Lange – einige Vorschläge zu Konzepten einer privatisierten Mobilität und einer mobilen Privatisierung, auf die weitere Forschung zur Mobilisierung der Unterscheidung von Privatheit und Öffentlichkeit zurückgreifen könnte. Selbiges gilt für ein Ernstnehmen des *affective turn,* demgegenüber sich die hier versammelten Perspektiven ambivalent verhalten. Wenn sie auch im Hinblick auf die jeweiligen Untersuchungsgegenstände vor einer vorschnellen Ersetzung der Kategorie des kommunikativen Sinns und der kommunikativen Nutzungspraktiken durch die der Affekte warnen würden, ergeben sich aus dieser neuen Forschungsperspektive durchaus gewinnversprechende Ansätze, die auch einem Interesse für Veröffentlichungs- und Privatisierungspraktiken Impulse geben könnten.

Wie wir eingangs erwähnt haben, geht dieser Sammelband aus einer Forschungsperspektive und Diskussionszusammenhängen hervor, die ein von der Deutschen Forschungsgemeinschaft in den Jahren 2014–2016 finanziertes Forschungsprojekt („Öffentlichkeit und Privatheit im Web 2.0", Leitung: Elke Wagner und Martin Stempfhuber) angeleitet hat. Unser Dank gilt einerseits unseren Gutachtern, die eine Bewilligung des beantragten Forschungsprojektes unterstützt haben, sowie der DFG, die einen problemlosen Ablauf der Forschungspraxis und der empirischen Entfaltung der Forschungsperspektive ermöglicht hat. Weiterer Dank gilt der Universität Mainz sowie der Universität Hamburg, an denen das Forschungsprojekt jeweils angesiedelt war. Für weitere hilfreiche Unterstützung zur Umsetzung des Sammelbandes bedanken wir uns bei den Autoren, sowie bei jenen zahlreichen Helfern, ohne die die Realisierung des Bandes nicht möglich gewesen wäre. Zu nennen sind hier vor allen Dingen: Herbert Kalthoff, Lena Setzer, Rebekka Körner und Rüdiger Wolff.

Literatur

Habermas, Jürgen. (1990). Strukturwandel der Öffentlichkeit. Frankfurt/Main: Surhkamp.
Koschorke, Albrecht. (1999). Körperströme und Schriftverkehr. Mediologie des 18. Jahrhunderts. München: Fink.
McLuhan, Marshall. (1964/1994). Understanding Media. The Extension of Men. Cambridge, MA: MIT Press.

Teil I

Genealogie des Web 2.0

Indizieren – Die Politik der Unsichtbarkeit

Urs Stäheli

Das Erstellen von Listen ist keine rein technische Tätigkeit, sondern umfasst auch eine unsichtbare Politik der Liste.[1,2] Obwohl Listen als eine eher profane Kommunikationstechnik erscheinen, lässt sich ihre politische Bedeutung nur schwer unterschätzen: „The material culture of bureaucracy and empire is not found in pomp and circumstance, nor even in the first instance of the point of a gun, but rather at the point of a list" (Bowker und Star 1999, S. 137). Diese politischen Effekte werden häufig jedoch nur bei explizit ‚politischen' Listen wahrgenommen, wie beispielsweise schwarzen Listen, deren Regeln von Inklusion

---

[1]Listen – egal ob administrativ, religiös, politisch oder alltäglich – tauchen vermehrt in gegenwärtigen politischen und kulturellen Debatten auf, nachdem sie Jahrzehnte lang von den Sozialwissenschaften vernachlässigt wurden. Ein Grund für diese Vernachlässigung (eine bemerkenswerte Ausnahme bildet hierbei die Arbeit von Jack Goody (1977)) ist möglicherweise, dass Listen zu banal und selbstverständlich scheinen, um in den Fokus soziologischer Analysen zu geraten. Die Geisteswissenschaften haben wesentlich früher erkannt, dass Listen nicht nur Werkzeuge sind, sondern ihre eigene Materialität und Ästhetik haben. Beispiel dafür ist die berühmte Ausstellung „Mille e tre" im Louvre (2009), zu der Umberto Eco (2009) ein Essay über Listen beigesteuert hat, oder Belknap (2004) für den ästhetischen Gebrauch von Listen in der Literatur. Jedoch basieren diese Analysen von Listen häufig auf einer problematischen Unterscheidung von Hochkultur und ‚niederer' Kultur: Beispielsweise werden die Listen von Proust eindeutig von alltäglichen Listen hervorgehoben.

[2]Übersetzter Wiederabdruck von U. Stäheli (2016). Indexing - the Politics of Invisibility. Environment and Planning D: Society andSpace 34(1), 14–29 mit Genehmigung des Verlags.

U. Stäheli (✉)
Universität Hamburg, Hamburg, Deutschland
E-Mail: Urs.Staeheli@uni-hamburg.de

© Springer Fachmedien Wiesbaden GmbH, ein Teil von Springer Nature 2019   17
M. Stempfhuber und E. Wagner (Hrsg.), *Praktiken der Überwachten*,
https://doi.org/10.1007/978-3-658-11719-1_2

und Exklusion Gegenstand lebhafter rechtlicher und politischer Debatten sind.[3] Diese Diskussionen drehen sich oftmals um die Fragen, wer von solch einer Liste ein- oder ausgeschlossen ist und wer die Zirkulation dieser Listen kontrolliert. Diese Fragen sind äußert wichtig, tendieren jedoch dazu, die Medialität der Liste zu übersehen, weil sie die Liste als ein bloßes Instrument oder Werkzeug politischer Prozesse begreifen, die als der Liste vorgängig gedacht werden. Mein Argument ist, dass eine Analyse der Politik von Listen die politisch-epistemischen Praktiken miteinbeziehen muss, die mit dem Erstellen von Listen einhergehen und dass es nur möglich ist, diese Praktiken zu verstehen, wenn wir die Operationen berücksichtigen, die durch das Format einer Liste ermöglicht werden. Aus dieser Perspektive ist das Erstellen von Listen nicht bloß ein Akt der Selektion, sondern eine transformierende und performative Praktik: Sie ist an der Produktion der Gegenstände beteiligt, welche die Liste enthält. Es ist die epistemische Macht dieser Praktiken, die ich die unsichtbare Politik der Liste nenne.

Die Aufnahme eines Elements in eine Liste kann daher nicht auf die Selektion bereits konstituierter Elemente beschränkt werden; und die Politik der Listen geht über die moralischen und rechtlichen Aspekte einer möglicherweise falschen Inklusion hinaus, obwohl sich bei politischen Listen (z. B. schwarzen Listen) solche Fragen sicherlich aufdrängen. Diese Fragen stellen sich jedoch erst nachdem das Ereignis des Auflistens eines Elementes stattgefunden hat. Wir müssen daher zunächst verstehen, was Listen tun, um ein Element aufzunehmen, d. h. es ‚auflistbar' zu machen. Die möglicherweise sehr heterogenen Elemente auf einer Liste teilen eine äußerst wichtige Eigenschaft: Sie gleichen sich darin, dass sie voneinander isoliert sind, da es keine syntaktische oder narrative Struktur gibt, die der Liste vorgängig ist. Listen erfordern unabhängige Elemente, die auf unterschiedliche Weisen (re-)kombiniert werden können (Goody 1977, S. 81), und dadurch ist es möglich, der Liste Elemente hinzuzufügen oder zu entziehen ohne die Liste selbst zu in ihrer Funktionsweise zu beeinträchtigen oder sie gar zu zerstören. Solche isolierten Einträge sind nicht immer schon da; vielmehr müssen Ereignisse, Bedeutungen und materielle Strata zunächst auflistbar gemacht werden. Insofern beginnt die Politik der Liste mit den Techniken, welche die Isolierung solcher Elemente zum Ziel haben. Die Selektion ist nicht einfach ein Akt des Auswählens, sondern ein aktives Trennen von Elementen, das für die Elemente auf einer Liste selber konstitutiv ist.

---

[3]Zu berücksichtigen ist jedoch die wichtige Arbeit von Bowker/Star (1999) über die Klassifikationsarbeit, die mit dem Erstellen von Listen einhergeht.

Es ist nur möglich diesen Prozess zu verstehen, wenn wir berücksichtigen, wie die epistemische Ordnung der Liste zu den strukturierten oder unstrukturierten Daten in Beziehung steht, die der Liste als Nährboden dienen. Mit anderen Worten: Die konstitutive Trennung findet nicht in derselben epistemischen Ordnung statt, sondern setzt zwei unterschiedliche Ordnungen zueinander in Beziehung. In diesem Aufsatz möchte ich mich damit auseinandersetzen, wie kontinuierlich strukturierte Daten (wie Texte) in die diskontinuierlichen Einträge einer Liste transformiert werden. Eine hilfreiche Art, diese Transformation zu denken, ist das Modell, analoge Daten in digitale Informationen zu konvertieren (Wilden 1972; Stäheli 2005; Schröter 2004): „The digital computer differs from the analog in that it involves discrete elements and discontinuous scales" (Wilden 1972, S. 156).[4] Zum Beispiel werden Erzählungen durch Klassifikationsarbeit zu auflistbaren Themen; die zurückliegende Leistung von Angestellten wird quantifiziert und dadurch zu einer Nummer auf Performancelisten; gewaltsame Ereignisse werden transformiert und nehmen in „most wanted" Listen einen Rang ein. Diese transformative Arbeit ist die erste Voraussetzung für die ordnende Arbeit einer Liste. In gewisser Weise ist die Analog/Digital-Transformation Bestandteil einer jeden Anordnung: Sie teilt die Welt in Elemente ein, die aufgelistet werden können und in solche, die ignoriert werden können. Dabei ist es wichtig zu berücksichtigen, dass die Transformationsarbeit nicht entweder analog oder digital funktioniert; vielmehr muss sie beide Logiken zugleich nutzen und miteinander artikulieren, um erfolgreich zu sein.

Aufgrund dieser allgemeinen Beobachtungen können wir zwischen drei unterschiedlichen politischen Dimensionen von Listen unterscheiden. Diese Dimensionen bleiben häufig unsichtbar, wobei aber gerade diese Unsichtbarkeit zu ihrer Effizienz beiträgt. Erstens wird der Prozess des Codierens, mithilfe dessen auflistbare Elemente produziert werden, häufig ausgeblendet. Ein Grund dafür ist die naturalisierende Wirkung von Listen: Eine Liste stellt eine ihr eigene Realität her. Sie wird als eine evidente und selbstverständliche Tatsache wahrgenommen, in der die Spuren ihrer Produktion unsichtbar geworden sind. Zweites ist der Akt des

---

[4]Genaugenommen kann Sprache selbst als digital angesehen werden, da sie separate Einheiten wie Zeichen und Wörter enthält (darum hebt Wilden 1972, S. 169 hervor, dass natürliche Sprache zugleich digital und analog ist; vgl. Stäheli 2005 für eine Diskussion von Wildens Analog/Digital-Unterscheidung). Jedoch produziert die Sprache, die für eine Erzählung gebraucht wird, eine eigene Kontinutität, die ich ‚analog' nenne – im Gegensatz zu den isolierten Elementen auf einer Liste, die keine allgemeine zusammenhängende Struktur aufweisen.

Codierens – d. h. des Produzierens von auflistbaren Elementen – gleichzeitig die Herstellung und Artikulation von zwei unterschiedlichen epistemischen Ordnungen. Diese Beziehung ist nicht-repräsentational, sondern indexikalisch, d. h. die Liste wird benutzt, um die Aspekte einer anderen Ordnung zu adressieren. Die Politik der Unsichtbarkeit umfasst also auch die Frage, wie diese beiden Ordnungen zueinander in Beziehung stehen. Drittens produziert das Auflisten zwar keine Narrative, aber Muster, anhand derer sich die politische Rationalität einer Liste entziffern lässt – dies setzt aber die Fähigkeit voraus, Listen lesen zu können.

Auf der Grundlage dieser sehr allgemeinen und abstrakten Überlegungen zur unsichtbaren Politik von Listen wende ich mich einem professionellen Listen-Diskurs zu: dem nicht zuletzt auch praktischen Wissen des Indizierens von Schriften und heute des Webs. Dieses praktische Listenwissen ist außerhalb seines Anwendungsbereichs häufig ignoriert worden, gleichsam als uninteressante Hilfswissenschaft betrachtet worden. Schnell zeigt sich jedoch, dass die Fragen, wie ein Index herzustellen ist und welche epistemische Funktion er einnehmen soll, sich unmittelbar mit dem Problem des Erstellens von Listen beschäftigen. In der Thematisierung von Indizierung geht es um das Gewebe jener Praktiken, die beispielsweise dazu dienen, den Inhalt eines Buches in eine alphabetische Liste umzuwandeln. Die Tätigkeit des Indizierens ist also paradigmatisch für die Analog/Digitial-Transformation, welche auch jenseits des Indexes die Voraussetzung für jede Liste ist. Jeder Indexer ist mit der praktischen Frage konfrontiert, wie kontinuierliche Formen des Wissens in diskontinuierliche Einheiten transformiert werden können – und der Diskurs über das Indizieren thematisiert darüber hinaus die Gefahren, die mit dieser Praktik einhergehen. Man denke hier an die heftigen Polemiken und Anfechtungen, denen das Indizieren bereits in seinen frühestens Formen ausgesetzt war. Darin zeichnet sich bereits die politische Sprengkraft des Indexes ab. Die politische Dimension der Erstellung eines Indexes besteht genau darin, dass sie weder einfach eine Repräsentation noch eine Erweiterung der indizierten Welt ist: Sie produziert neue Formen des Wissens und der Kontrolle, die häufig als eine Gefahr für die Integrität des indizierten Textes wahrgenommen werden. Nicht zuletzt verweist sie auf das Unbehagen, das die unsichtbare Arbeit des Indexers erzeugt, weil die Regeln, welche das Indizieren anleiten, in der öffentlichen Diskussion häufig verborgen bleiben. Diese Politik kann nicht in klassischen Begriffen von Repräsentation erfasst werden, sondern ist vielmehr eine Politik, die sich von Repräsentation abwendet, um neue Formen der Kontrolle zu produzieren.

1 Der Index als Analog/Digital-Umwandler

Der Diskurs über das Indizieren kann also als paradigmatisch für die transformierende Arbeit des Erstellens von Listen gesehen werden. Geht man von Wildens Erörterung der Analog/Digital-Unterscheidung aus, beschränkt sich das Digitale nicht auf neue digitale Medien, sondern umfasst all jene Praktiken, die isolierte, diskontinuierliche Elemente herstellen. Die lange Geschichte des Indizierens zeigt, dass Indexe nicht einfach der Luxus oder Zeitvertreib müßiger Mönche waren, sondern für die Organisation von Wissen eine äußerst wichtige Rolle spielten.[5] Das Auftauchen von Indexen erfolgte fast zeitgleich mit der Erfindung der Druckerpresse und der Verbreitung des Wissens, die dadurch ermöglicht wurde (Cevolini 2014). Dieses gleichzeitige Auftreten gibt sowohl Hinweise auf die materielle Vorbedingung für Indexe als auch auf ihre Funktion. Der weit verbreitete Gebrauch von Indexen erforderte eine Standardisierung der Daten, die indiziert werden sollten. Insbesondere machte es die Standardisierung von Seitennummerierungen möglich, das gesuchte Stichwort in unterschiedlichen Ausgaben desselben Buches zu finden. Um es allgemeiner auszudrücken: Die Möglichkeit des Indizierens ist eng an die Struktur der zu indizierenden Textdaten gebunden – und diese Datenstruktur basiert umgekehrt auf der Medialität der Daten. Eine äußerst wichtige Eigenschaft von Texten – lange vor der Etablierung moderner Suchmaschinen – ist, dass Texte *„massively addressable at different levels of scale"* (Witmore 2010) werden. Diese Adressierbarkeit setzte eine Standardisierung der textuellen Daten voraus, die erst durch den Buchdruck geschaffen werden konnte. Das Problem der Navigation von Daten ist noch dringlicher geworden, seit zeitgenössische Technologien des Indizierens den Bereich von Büchern und Zeitschriften verlassen haben. Internetsuchmaschinen sind heute nicht nur auf komplexe Algorithmen angewiesen, welche die Daten analysieren, sondern auch auf die aufwendige Aufbereitung des Feldes, aus dem die Daten gesammelt werden[6].

Zunächst möchte ich mich jedoch den frühen Versuchen, ein professionelles Wissen über das Indizieren herzustellen, zuwenden, da hier die Herausforderung des Erstellens von Listen am deutlichsten debattiert wird. Der englische Autor

---

[5]Vergleiche Bella Haas Weinbergs hilfreichen Überblick über die Geschichte und Theorie des Indizierens (2010).

[6]Tatsächlich ist diese Aufbereitung von Daten durch den Umgang mit großen Datenmengen noch wichtiger geworden. Datenexperten verbringen 50 bis 80 % ihrer Zeit mit „parsing", d. h. der Aufbereitung von Daten mit dem Zwecke sie lesbar zu machen (Lohr 2014).

Henry Wheatley (1838–1917) war einer der Gründungsmitglieder der British Bibliographic Society und wird häufig als der Vater des modernen Indizierens angesehen.[7] Er veröffentliche zwei Abhandlungen über die Geschichte und die Techniken des Indizierens: „What Is an Index?" (1878) und „How to Make an Index" (1902) – und war selber ein sehr produktiver Indexer literarischer Arbeiten. Ich möchte seine Arbeiten als einen exemplarischen Fall lesen, um die transformierende Tätigkeit des Erstellens von Listen besser zu verstehen. Sicherlich sind Indexe, wie wir sehen werden, keine gewöhnlichen Listen, sondern enthalten immer eine bestimmte Ordnung; trotzdem basieren sie auf den basalen Eigenschaften einer jeder Liste: Ein Index muss Elemente wie Themen oder Namen isolieren, um sie unabhängig von ihrem ursprünglichen Narrativ oder ihrer argumentativen Struktur zu organisieren.

Wheatleys Arbeiten behandeln nicht nur best practices des Indizierens, sondern setzen sich auch eingehend mit der Frage der Notwendigkeit von Indexen auseinander. Das Problem, das Indexe lösen sollten, wurde bereits mit ihrem ersten Auftauchen mit dem Aufkommen des Buchdrucks thematisiert. Diese Indexe waren eine Reaktion auf die Überlastung mit Informationen; eine Reaktion auf das Problem, mit einer riesigen Mengen von Wissen konfrontiert zu sein, ohne die Zeit zu haben, alle verfügbaren Daten durchzugehen: „No man can know everything; he may posess much true knowledge, but there is a mass of matter that the learned man knows he can never master completely" (Wheatley 1902, S. 4 f.). Die ersten Indexer waren sich dieses Problems sehr bewusst und präsentierten die Kunst des Indizierens als dessen Lösung. Ein Index macht ein Buch erst richtig brauchbarer; es kann schneller und einfacher verwendet werden. Manchmal wurde ein Buch ohne Index sogar als nicht lesenswert angesehen: „Without this [an index] a large author is only a labyrinth without a clue to direct the reader therein" (Fuller, quoted in Wheatley 1878, S. 12) Ein Index übernimmt die Rolle eines Reiseführers durch die Welt des Wissens. Er bietet Wegweiser, schafft Signale, die Pfade verbinden, und zeigt, was lese- bzw. sehenswert ist. Etymologisch ist der Index ein Entdecker – er erlaubt es, zu sehen und zu finden, was sonst verborgen bliebe oder in Vergessenheit geriete (oder wofür viel Zeit benötigt würde, um es zu finden). Weil Indexe als wichtiger Bestandteil eines Buchs angesehen

---

[7]Natürlich haben Indexe eine lange Geschichte, die (abhängig davon, wie man einen Index definiert) bis zu dem Auftauchen von Universitäten im 13. Jahrhundert zurückreicht, allerdings noch ohne Seitennummerierung (Wellisch in Mulvany 2009, S. 7). 1467 gab es den ersten gedruckten Index, der in einer Ausgabe von Augustinus veröffentlicht wurde (Wellisch 1986).

wurden, gab es am Ende des neunzehnten Jahrhunderts sogar den Vorschlag, dass Bücher ohne Indexe verboten werden sollten. Lord Campbell war beispielsweise ein leidenschaftlicher Verfechter obligatorischen Indizierens: „So essential did I consider an index to be to every book, that I proposed to bring a Bill into Parliament to deprive an author who publishes a book without an Index of the privilege of copyright; and moreover to subject him for his offence to a pecuniary penalty" (Lord Campbell 1857 nach Wheatley 1902, S. 83).[8] Diese Anekdote verdeutlicht, dass die Organisation von Wissen nicht nur ein technisches Problem ist, sondern dass mit ihr politische und rechtliche Fragen einhergehen – bereits lange bevor die gegenwärtige Diskussion über big data begonnen hat.

Obwohl die Wichtigkeit von Indexen selten angezweifelt wurde, wurde die Arbeit des Indexers häufig übersehen. Eine bedeutende Ausnahme bildet Isaac Disraeli, der in seiner „Literary Miscellanies" auf die Arbeit des Indizierens hinweist: „I for my part venerate the inventor of Indexes; and I know not to whom to yield preference, either to Hippocrates, who was the first great anatomiser of the human body, or to that unknown labourer in literature who first laid open the nerves and arteries of a book" (nach Wheatley 1878, S. 3). Dieser unbekannte Arbeiter verwandelt Geschichten in trockene Listen; oder, um es abstrakter zu formulieren, er konvertiert analoge in digitale Daten. Vielleicht sind wir zu sehr von dem Zauber fertiger Listen eingenommen, um die Bedeutung dieser profanen, jedoch konstitutiven Tätigkeit erkennen zu können. Der Diskurs über das Indizieren hält Überlegungen darüber bereit, wie eine Erzählung, ein Gesetz oder ein Argument in Listeneinträge transformiert werden können. Er verspricht also, Licht auf diese häufig übersehene Tätigkeit zu werfen, die für jede Liste essenziell ist. Außerdem weist er auf den Ort hin, an dem die „Politik der Liste" stattfindet – häufig unsichtbar, aber trotzdem mit weitreichenden Folgen: Die Frage, was und wie etwas indiziert wird, zielt nicht nur auf die Pragmatik der Suche (man denke an den Neologismus „findability", der in der Diskussion um Suchmaschinen populär wurde), sondern auch auf die Rationalitäten der Analyse, die notwendig sind, um die Elemente eines Indexes herzustellen. Obwohl bereits die ersten Indexe von diesen Problemen betroffen waren, sind sie in zeitgenössischen Wissensgesellschaften noch dringlicher geworden. Verglichen mit der geringen Anzahl von Büchern, die es gab, als das professionelle Indizieren begann, sind das Internet und andere Ansammlungen großer Datenmengen noch wesentlich

---

[8]Vgl. Weinberg (2004) über diesen letztendlich erfolglosen Gesetzesentwurf – und andere Indexe, die rechtlich eingefordert wurden.

abhängiger von der Erstellung von Indexen, sowohl um bestehendes Wissen zu nutzen und zu kontrollieren, als auch um neues Wissen zu produzieren.

Bevor man sich mit automatisierten und algorithmischen Formen des Indizierens beschäftigt, sollte man sich daher die Frage stellen, was ein Index überhaupt ist. In der Geschichte des Indizierens definiert Wheatley den Index als „an indicator … of the position of required information, such as the finger post on a high road, or the index finger of the human hand" (Wheatley 1878, S. 7). Das klassische Beispiel ist der Index eines Buches, der dabei hilft, eine Passage anhand eines Stichwortes wiederzufinden. Im Grunde umfasst jeder Eintrag eines Indexes mindestens zwei Elemente: Das Stichwort und eine Seitenzahl; und häufig, jedoch nicht notwendigerweise für jeden Eintrag, enthält ein guter Index außerdem Querverweise zwischen unterschiedlichen Einträgen. Die Stichworte sind alphabetisch geordnet, um eine einfache Nutzung des Indexes zu ermöglichen.[9] Dies beschreibt nur die basale Struktur eines Indexes, aber sie mag bereits dazu beitragen, seine besonderen Eigenschaften zu verstehen. Der Index besteht aus einer anderen epistemischen Ordnung als der indizierte Text. Er ist formal organisiert (alphabetisch, nicht nach inhaltlicher Wichtigkeit), und er setzt die diskontinuierliche Isolierung von Elementen voraus. Das Problem der Isolierung von Einheiten war bereits in den ersten Diskussionen um das Indizieren von großer Bedeutung. Im sechzehnten Jahrhundert schlug Conrad Gessner vor, dass „one should write index entries apart in order to arrange them in the desired order" (Weinberg 2010, S. 2283). Weinberg merkt an, dass selbst heute einige Indexer die einfache Technik des Ausschneidens benutzen, um die Elemente physisch verschieb- und rekombinierbar zu machen.[10] Diese Praktik des Ausschneidens verweist auf die Materialität der notwendigen Trennungsarbeit. Obwohl es eine vorgegebene alphabetische Reihenfolge gibt, erlaubt das Bewegen von Elementen einem Indexer, neue Gruppierungen von Einträgen herzustellen (z. B. Klassifikationen unter einer allgemeinen Überschrift). Diese Ordnung, die auf isolierten, unterschiedlich arrangierbaren Elementen basiert, schafft keinen eigenständigen Text, sondern ist eine „supplementäre" Ordnung, die einen bereits bestehenden Text ergänzt und umwandelt (vgl. Derrida 1997). Ihre Funktion

---

[9]Allerdings gab es heftige Debatten um konkurrierende Ordnungen von Indexen oder Kombinationen unterschiedlicher Ordnungen, die heutzutage als höchst problematisch angesehen werden.

[10]Vgl. auch die Geschichte von Karteikarten in Bibliotheken (Krajewski 2011).

besteht auf den ersten Blick in der effizienten Handhabung bestehender Daten, geht aber in ihrer Wirkung über diese Hilfsfunktion hinaus. Denn sie führ eine inkommensurable Ordnungsstruktur ein, die mit grammatikalischen oder narrativen Zusammenhängen gebrochen hat: „An *index* leads from a known order of symbols to an unknown order of information. An index is in a different order from the document or collection which it provides access" (Weinberg 2010, S. 2277).

Die Beziehung zwischen diesen beiden Ordnungen ist sehr umstritten. Obwohl der Index ein „supplementäres" Werkzeug sein soll, gab es schon früh Misstrauen gegenüber den Beziehungen der beiden Ordnungen. Frühe Indexe oszillierten zwischen der alphabetischen Ordnung und einer thematischen oder historischen Ordnung. So fragt Wheatley, warum es so lange gedauert hat, bis die alphabetische Ordnung als den allgemeinen Standard für das Indizieren akzeptiert worden ist. Der Grund dafür liegt gerade in der radikal anderen Ordnung des Indexes, die jegliche ethischen, historischen oder argumentativen Ordnungsprinzipien aufgeben muss. Der Indexer muss die Kunst der Gleichgültigkeit beherrschen, die Kunst, eine ‚amoralische' Ordnung herzustellen. Außerdem wurde die neue Ordnung des Indexes dafür kritisiert, Abkürzungen zu „wahrem Wissen" bereitzustellen. Im England des 18. Jahrhunderts wurde Wissen einem großen Publikum zugänglicher – und in diesem Kontext wurde der Index von Gelehrten kritisiert. Besonders bemerkenswert ist der satirische „Scriblerus Club" (1714), dessen Mitglieder gegen „index learning" (Lund 1998) ankämpften. Dort entwickelte sich eine regelrechte Streitkunst gegen die Entwertung des klassischen Wissens durch den Index: „'tis a pitiful piece of knowledge that can be learnt from an index" (John Glanville, Vanity of Dogmatizing, Wheatley 1878, S. 12). Diejenigen, die zu faul sind, das ganze Buch zu lesen, könnten davon profitieren, den Index zu gebrauchen und so vortäuschen, mehr zu wissen, als sie eigentlich tun. Diese Diskussion zeigt die problematische Verbindung zwischen dem zu indizierenden Wissen und der formalen Ordnung eines Indexes: Wenn die Beziehung in repräsentationalen Begriffen gedacht wird, ist der Index nur die schwache und entstellende Widerspiegelung der Tiefen wahren Wissens. Er ist eine unterstützende Repräsentation, die dazu beiträgt, etwas zu lernen und zu erinnern. Jedoch gibt selbst diese Kritik Hinweis auf den zweiten, wichtigeren und innovativeren Beitrag des Indexes. Im Gegensatz zu einem Titel oder einem Vorwort ist der Index als solcher nicht lesbar – er ist der Lokator von Wissen. Ich möchte diesen Sachverhalt als die operative Dimension des Indexes bezeichnen, die den Index als eine Kommunikationstechnik versteht, mithilfe derer Informationen wiedergefunden werden können.[11] Auch wenn der Index als ein pragmatisches Instrument angesehen werden mag, um bestehendes Wissen effizienter zu nutzen (z. B. als eine frühe Version moderner Datenbanken), sollte man nicht die materiellen und affektiven Effekte des Indexes als Suchtechnik übersehen. Was Gelehrte nicht vollständig erfassen konnten, wie in ihrer konservativen Kritik daran deutlich wird, dass ungebildete Klassen Zugang zu kleinen Wissensschnipseln bekommen konnten, sind die intrinsischen Effekte des Indizierens. Das, was der Index ankündigt, ist ein neuer Modus der Wissensverwendung und -kontrolle – einer Kontrolle, die nicht primär auf der Frage beruht, welche Benutzer Zugang zu dem Index haben, sondern stattdessen fragt, wie der Index bestehendes Wissen transformiert und welche Träume von totalem Wissen der Index generiert.

2 Der Indexer als Vermittler zwischen zwei Ordnungen: Indifferenz und Sehen wie ein Index

Aber wie werden Einheiten in den Index eingetragen? Indexe können sowohl von einem Drama von Shakespeare als auch von einer philosophischen Abhandlung erstellt werden. Der Indexer setzt sich nicht einfach mit Chaos auseinander. Die Daten, die er sich anschaut, weisen eine eigene Ordnung auf, die häufig sehr komplex ist. Die Arbeit des Indexers vermittelt zwischen der Ordnung des Textes und der neuen Ordnung des Indexes. Diese Position ist konzeptuell hoch interessant – genau hier findet die oben erwähnte Analog/Digital-Umwandlung statt. Will der Indexer einen brauchbaren Index herstellen, muss er an beiden Ordnungen gleichzeitig teilhaben, ohne sie miteinander zu vermischen. Ein guter Indexer muss über beachtliche analytische Fähigkeiten verfügen, um zunächst zu einem systematischen und tiefen Verständnis des zu indizierenden Textes zu gelangen (im Gegensatz etwa zu der reinen Erkennung von Häufigkeiten eines Wortes). So bestehen die wichtigsten Anforderungen an einen Indexer für Wheatley aus (1902, S. 116): „1. Common-sense. 2. Insight into the meaning of the author. 3. Power of analysis. 4. Common feeling with the consulter [...]. 5. General knowledge, with

---

[11]In seiner systemtheoretischen Untersuchung der Geschichte des Indizierens spricht A. Cevolini (2014, S. 51) in einer ähnlichen Weise über die funktionale Umwandlung des Indexes: „The transition from manuscript to printed texts triggered a functional change that worked as a selective force on indexing procedures, turning a mnemotechnical aid into a search engine of virtual memories.“

the power of overcoming difficulties." Auf dieser Basis wählen Indexer wichtige Passagen aus, die es wert sind, indiziert zu werden und entwickeln ein System der Klassifizierung und Codierung. In diesem Sinne tut der Indexer genau das, was Bowker/Star (1999, S. 188 f.) als die Politik inkludierender Klassifikation bezeichnet. Beim Codieren können die Indexer sukzessive ein Vokabular für den Index entwickeln oder mit wachsender Professionalisierung spezialisierte Vokabulare anwenden, die allerdings einer ständigen Aktualisierung bedürfen. In jedem Fall muss der Indexer den Index für ein Laienpublikum kreieren („common-sense"); er muss also die Kategorien unter Berücksichtigung der Fragen entwickeln, was das Publikum des Buches erwarten und verstehen könnte. Insofern ist das Erstellen eines Indexes immer schon eine soziale Praktik, auch wenn der Indexer alleine in seinem Büro arbeitet. Indizieren ist damit immer auch in die Konstruktion eines imaginierten Publikums eingelassen.

Die Literatur über das Indizieren enthält viele Beispiele für schlechtes Indizieren als Abschreckung. Der schlechte Indexer ist z. B. nicht in der Lage, zwischen wichtigen und unwichtigen Einträgen zu unterscheiden. Sein Scheitern beruht auf „bad analysis" (Wheatley 1902, S. 64). Jedoch reicht es auch nicht aus, ein gewissenhafter Leser zu sein: „When the indexer is absorbed in the work upon which he is working, he takes for granted much with which the consulter coming fresh to the subject is not familiar" (Wheatley 1902, S. 178 f.) Der Indexer muss also ein informierter Leser sein, der in der Lage ist, sich uninformierte Leser vorzustellen. Gleichzeitig muss der Indexer der gewissenhafteste Leser sein, den man sich vorstellen kann, damit er das Argument eines Buches in die neue Ordnung einer alphabetischen Liste auflösen kann. Seine Arbeit wird nur gelingen, wenn er in der Lage ist, der gegebenen Ordnung gegenüber *indifferent* zu werden und sie gleichzeitig präzise zu verstehen. Da es ziemlich schwierig ist, solch eine Indifferenz aufrechtzuerhalten, wird häufig davor gewarnt, den Index für sein eigenes Buch zu erstellen. Ein Grund dafür (neben der Tatsache, dass Indizieren eine mühsame Tätigkeit ist) ist, dass es Autoren an der nötigen Distanz zu ihrem Buch fehlt; sie sind zu verliebt in ihre eigene Schriften, und es mangelt ihnen daher an der Fähigkeit nüchterner Selektion. Sie mögen es gar als barbarisch empfinden, ihre schönen Sätze und elaborierten Argumente in den einfachen Eintrag einer Indexliste zu transformieren (Wheatley 1902).

Der Index transformiert die analoge Ordnung einer Erzählung (oder eines Arguments) in isolierte Elemente. Dies ist eine Eigenschaft von Listen, auf die Jack Goody hingewiesen hat: „The list relies on discontinuity rather than continuity" (1977, S. 81) Das Erstellen von Listen ist eine Kunst des Zerschneidens und Trennens: Es transformiert verbundenes Material in getrennte Elemente. Gleiches gilt für Indexe. Die Schönheit von Shakespeares Sätzen geht in dem Index verloren; wir können hier lediglich den Namen einer Figur oder das Thema ihres Dialoges finden. Die Elemente einer Liste sind nicht einfach schon da; sie müssen hergestellt werden. Worte, Ereignisse, Güter oder Personen müssten von ihrem analogen Fluss abstrahiert werden. Der Indexer „nimmt" nicht einfach bereits bestehende Wörter der Erzählung (obwohl vielleicht einige der einfacheren, automatischen Indexe dies tun); eher kreiert er neue „auflistbare" Einträge. Im Grunde generiert der Indexer abstraktere Klassifikationen und Unterklassifikationen. Insofern funktionieren Indexe als Maschinen der Abstraktion und Klassifikation, indem sie Elemente aus dem Fluss analoger Kommunikation isolieren. Sie entbetten Bedeutungseinheiten, um eine neue Ordnung zu erschaffen. Außerdem schlägt der Indexer Verbindungen zwischen diesen Elementen vor, nicht immer ohne dabei moralische Urteile zu fällen. Beispielsweise listet der Index von Prynnes „Histrio-Matix" Akteure auf, von denen viele Katholiken sind *und* verzweifelte, boshafte Schufte (Wheatley 1902, S. 15). Nach der Herstellung auflistbarer Einträge entwirft der Indexer eine Ordnung, die meist über eine bloße alphabetische Auflistung hinausgeht. Er schafft, manchmal auf sehr komplexe Weise, Querverweise innerhalb eines Buchs und kreiert so eine topologische Karte des Indizierten.

Man kann von der Literatur über das Indizieren lernen, wie diese Vermittlung zwischen zwei Ordnungen funktioniert. Es geht darum, eine kontinuierliche Erzählung oder Argumentation in die diskontinuierliche Ordnung einer Liste umzuwandeln. Um dies zu tun, benutzt der Indexer die Liste als ein Beobachtungswerkzeug. „Wie eine Liste sehen" – das ist die Perspektive des Indexers. Wenn er ein Buch liest, dann aus der Perspektive der noch nicht existierenden Liste.

3   Die Persönlichkeit und Unpersönlichkeit eines Indexes

Listen (und Indexe) unterscheiden sich von den meisten Erzählungen und argumentativen Texten hinsichtlich der Autorschaft. Obwohl manche Listen von einem einzigen Autor hergestellt werden können, privilegiert die Liste keine Autorschaft durch eine einzige Person (sie erfordert sie nicht einmal). Die Liste ist daher die ideale Kommunikationstechnik für kollaborative Arbeit, bei der unterschiedliche Teilnehmer zu einem gemeinsamen „Listenprojekt" (z. B. Wikipedia) beitragen können. Obwohl die Indexe von Büchern noch immer Teil eines Buches sind, dem sie untergeordnet sind, kann der Index von einer Vielzahl verschiedener Indexer hergestellt worden sein (vorausgesetzt sie haben sich auf die Codierregeln geeinigt). Diese Relativierung des Status der Autorschaft von Listen ist auch für Indexer von Belang, die über ihre „Unsichtbarkeit" klagen. Ihre Namen werden normalerweise nicht auf dem Buchrücken erwähnt (häufig nicht einmal in dem Buch), obwohl sie bedeutende Arbeit leisten. Diese Vernachlässigung der Arbeit des Indexers spiegelt sich, wie Wheatley erwähnt, auch in dem gängigen Missverständnis ihrer Persönlichkeit wieder: Indexer werden als „dumme" Menschen wahrgenommen, die keine eigenständigen Ideen haben und eine der langweiligsten Aufgaben erledigen, die man sich vorstellen kann. Statt etwas Neues zu kreieren, verarbeiten sie lediglich bestehende Daten. Obwohl dem Indexer Kreativität abgesprochen wird, gilt er auch nicht als konservativer Bewahrer des Kanons. Er wird als ein einfaches Gemüt angesehen, womöglich sogar als ein Kulturbanause. Er ist kein Buchliebhaber, sondern jemand, der erbarmungslos Erzählungen zerschneidet – und alles in den simplen Eintrag eines Indexes umwandeln kann. Die wenig glamouröse Arbeit eines Indexers steht also im Widerspruch zu der modernen Schwärmerei für das Neue. Dennoch schafft der Indexer – als Parasit bestehenden Wissens – neue Information: Die Neuheit, die der Indexer produziert, liegt in seiner Arbeit des Transformierens, im gleichzeitigen Zerschneiden und Wiederverbinden von Daten.

Die Unsichtbarkeit des Indexers und seiner Arbeit sind Voraussetzungen für anonyme kollaborative Arbeitsweisen. Dennoch bedeutet diese Unsichtbarkeit nicht, dass die ‚Persönlichkeit' des Indexers keine Rolle mehr spielt; es wird aber notwendig, diese auf eine nicht-psychologische Weise zu denken. Der amerikanische Schriftsteller Kurt Vonnegut beschäftigt sich in seinem Roman *Cat's Cradle* (1964) mit genau diesem Problem. Auf seiner Reise zu dem exotischen Inselstaat „San Lorenzo" liest der Schriftsteller John ein Buch über die Insel. Er möchte mehr über die adoptierte Tochter des Diktators der Insel erfahren, Mona Aamons Monzano, und überprüft dazu den Index:

As for the life of *Aamons, Mona,* the index itself gave a jangling, surrealistic picture of the many conflicting forces that had been brought to bear on her and of her dismayed reactions to them.

"*Aamons, Mona:*" the index said, "adopted by Monzano in order to boost Monzano's popularity, 194–199, 216a.; childhood in compound of House of Hope and Mercy, 63–81; childhood romance with P. Castle, 72 f; death of father, 89 ff; death of mother, 92 f; embarrassed by role as national erotic symbol, 80, 95 f, 166n., 209, 247n., 400–406, 566n., 678; engaged to P. Castle, 193; essential naïveté, 67–71, 80, 95 f, 116a., 209, 274n., 400–406, 566a., 678; lives with Bokonon, 92–98, 196–197; poems about, 2n., 26, 114, 119, 311, 316, 477n., 501, 507, 555n., 689, 718 ff, 799 ff, 800n., 841, 846 ff, 908n., 971, 974; poems by, 89, 92, 193; returns to Monzano, 199; returns to Bokonon, 197; runs away from Bokonon, 199; runs away from Monzano, 197; tries to make self ugly in order to stop being erotic symbol to islanders, 89, 95 f, 116n., 209, 247n., 400–406, 566n., 678; tutored by Bokonon, 63–80; writes letter to United Nations, 200; xylophone virtuoso, 71." (Vonnegut 2011 [1964], S. 81 f.).

Durch den alleinigen Akt des Indizierens, liefert der Index eine „surreale Biografie" von Mona – eine nicht-narrative Biographie in alphabetischer Reihenfolge. Ein Index ist, wie Wheatley (1887, S. 15) betont hat, immer eine Ansammlung von Urteilen – hierin liegt die Macht des Indexers, der bestimmte Elemente einer Biografie durch die Häufigkeit von Seitenzahlen und durch Querverweise hervorhebt. Allerdings lädt die Liste nicht lediglich dazu ein, ihre Elemente wieder in eine Erzählung einzufügen, sondern die Episode über den Index geht auf erstaunliche Weise weiter. John, der Schriftsteller, zeigt den Index Claire, der Ehefrau des neuen amerikanischen Botschafters auf der Insel. Zufälligerweise hat Claire als Indexerin gearbeitet. Sie ist von dem Index, den Philip Castle, der Autor der Monografie, selber erstellt hat, nicht beeindruckt:

> She said that indexing was a thing that only the most amateurish author undertook to do for his own book. I asked her what she thought of Philip Castle's job.
> "Flattering to the author, insulting to the reader," she said. "In a hyphenated word," she observed, with the shrewd amiability of an expert, "'*self-indulgent*.' I'm always embarrassed when I see an index an author has made of his own work." (Vonnegut 2011 [1964], S. 82)

Claire weiß, wie man einen Index liest; sie weiß, dass ein Index mehr als eine einfache Ansammlung von Elementen ist. In diesem kurzen Gespräch indiziert sie den Indexer sogar als „self-indulgent". Zu wissen, wie man einen Index liest, bedeutet, in der Lage zu sein, seine Regelmäßigkeiten, seine versteckte Struktur, zu erkennen.

> "It's a revealing thing, an author's index of his own work," she informed me. "It's a shameless exhibition–to the *trained* eye."
> "She can read character from an index," said her husband (ebd.)

Und genau das tut sie: Der Index des Buches über San Lorenzo sagt mehr über den Indexer (und Autor) aus als über die Insel. Claire kann von dem Index ableiten, dass Castle in Mona verliebt ist. Allerdings wird er sie niemals heiraten, denn er ist, wie der Index ebenfalls erkennen lässt, homosexuell.[12] Diese Episode

---

[12]In dem Roman von Vonnegut findet sich noch weiteres über Listen. Claires Ehemann, der Botschafter, stand einst auf einer schwarzen Liste und verlor seine Stelle wegen seiner Sympathien gegenüber dem Kommunismus. In den 1970er Jahren wurde *Cat's Cradle* selber auf die schwarze Liste des Schulbezirks in Strongsville, Ohio, gesetzt Minarcini v. Strongsville City School District 1976).

ist für das Verständnis von Indexen und Listen bedeutsam. Obwohl derjenige, der den Index erstellt hat, häufig vergessen wird und seine Arbeit unsichtbar bleibt, bleibt er in dem Index selber präsent. Die Lesbarkeit des Indexes beruht nicht auf einem psychologischen Modell, sondern Indexe verfügen über eine eigene „Persönlichkeit", die aus unzähligen Urteilen besteht. Diese Persönlichkeit beruht auf den vier wesentlichen Praktiken, die jeder Indexer durchführen muss: 1) dem Codieren als Schlüsselelement in der Analog/Digital-Transformation (in Vonneguts Roman benutzt Claire diese Spannung zwischen Erzählung und mit Bindestrich versehendem Eintrag als humoristisches Mittel), 2) der Auswahl der Elemente, die als wesentlich angesehen werden, um eine gute und pragmatische Indizierung des Buches zu gewährleisten, 3) der Häufigkeit der Einträge und 4) der Ordnung innerhalb der übergeordneten alphabetischen Ordnung (inklusive Querverweisen und Untereinträgen). Obwohl es zutrifft, dass der Index als Liste digital organisiert ist, treffen wir hier auf ein neues Lektüremodell des Indexes, das sich nicht mit dessen Suchfunktion begnügt. Claires Lektüre des Index produziert eine neue analoge Erzählung über die Persönlichkeit der Liste. Die scheinbar bloß technischen und anonymen Praktiken des Indexers produzieren die emergente „Persönlichkeit" des Indexes. Diese „Persönlichkeit" ist emergent, da sie nicht von einem Subjekt als Autor eines Indexes abgeleitet werden kann – der Autor (oder das Kollektiv, das den Index erstellt) ist sich dieser „Persönlichkeit" möglicherweise gar nicht bewusst. Selbst wenn das Indizieren kollaborativ und anonym erfolgt, produziert das Aggregat der Indexhandlungen weder schlichtes Chaos noch einfach eine Repräsentation des Indizierten. Unabhängig davon, welche Person oder Gruppe den Index erstellt hat, gibt der Index Geheimnisse über die Strategien des Indizierens preis und damit auch Hinweise auf seine epistemische Struktur. Diese gibt uns Aufschluss darüber, wie der Index die Welt wahrnimmt und wie er versucht die Ziffern der indizierten Welt zu ordnen, um eine neue Ordnung zu produzieren. Diese Verflechtung der Unsichtbarkeit mit Sichtbarkeit und des Unpersönlichen und Persönlichen ist auch für andere Listen essenziell. Sie lädt dazu ein, die epistemischen und politischen Strategien zu lesen, die in einen Index eingeschrieben sind (in Analogie zu der Politik von Protokollen bei Galloway 2004). Und dieses Lesen beschränkt sich nicht auf einen einzigen, wahrscheinlich streitbaren Fall von Inklusion oder Exklusion auf einer Liste. Vielmehr spürt es die politischen Rationalitäten innerhalb der gesamten Strategien des Indizierens und Ordnens auf.

4   Die Selbst-Vervielfältigung von Listen

Der eigentliche Akt des Indizierens geht immer über die diskursive Sphäre hinaus, innerhalb der er durchgeführt wird. Die Gründe dafür liegen in den Verknüpfungen, die durch das Indizieren ermöglicht werden. Der neue Eintrag schafft informationelle Werte, die von ihren vorherigen Kontexten unabhängig sind (obwohl immer noch angezeigt ist, wo er herkommt). Folglich sprengt die Transformation die Einheit eines einzelnen Buches oder Dokuments; sie löscht die vorherige Einheit aus, indem sie eine potenziell unendlich lange Liste produziert, die extrem flexibel ist. Sie hat keine intrinsisch begründende Idee und kann sich mit jedem Hinzufügen eines neuen Elements verändern. Die Logik des Indexes – wie die jeder Liste – basiert auf einer „philosophy of having" (Tarde 2011; Latour 2002; Staeheli 2012). Es gibt keine Identität der Liste, sondern sie erlaubt mehrfache Operationen der Addition und Subtraktion. Die Stärke eines Indexes besteht darin, dass er in der Lage ist, alles zu erfassen, was in seine Ordnungsmechanismen übersetzbar ist (z. B. Stichworte in einer alphabetischen Reihenfolge). Es gibt keine interne Beschränkung, abgesehen von materiellen Beschränkungen, wie beispielsweise den Buchseiten, die einem Index zur Verfügung stehen oder die Kapazität einer Software zum Erstellen eines Indexes.

Ein Index produziert nicht nur ein Verlangen nach Ordnung, sondern auch das Verlangen, neue Verbindungen zu kreieren (Querverweise). Insofern prägt ihn die totalisierende Geste, immer mehr Daten aufzunehmen. Es gibt für einen Index keinen immanenten Grund, sich auf die ursprüngliche Ordnung zu beschränken (z. B. eines Buches oder einer Zeitschrift). Die Singularität eines Buches in einen Index zu transformieren, lässt die vorherige Identität des Buches außer Acht. Hierin liegt die Voraussetzung für einen Index, unabhängig von seinem ursprünglichen Objekt zu wachsen: Nun können die Einträge eines Indexes mit denen anderer Indexe verbunden werden. Die immanente Arbeit des Indexes besteht in seiner Fähigkeit, Verbindungen vorzuschlagen und zu produzieren, sogar für bislang unverbundene Daten. Dementsprechend überrascht es nicht, dass viele Indexer von einem „index of indexes", einer „list of lists" träumten. Henry Wheatly wollte beispielsweise einen universellen Index kreieren: „The object of the general index is just this: that anything, however disconnected, can be placed there, and much that would otherwise be lost will there find a resting-place. Always growing and never pretending to be complete, the index will be useful to all" (Wheatley 1902, S. 215). Obwohl die Idee des universellen Indexes von seinen Zeitgenossen nicht ernst genommen wurde, zeigte sie – in Reinform – die Logik kollaborativer Enzyklopädien wie Wikipedia, die auch ihre allumfassende, jedoch notwendigerweise unvollkommene Natur betonen.

Doch schon bevor computer-unterstützte Projekte auftauchen, gab es den Traum von einem universellen Index. Eines der eindrücklichsten Beispiele solcher Träume des Globalen ist der belgische Bibliograf Paul Otlet, der auch die 3 × 5 zöllige Index Karte erfunden hat (vgl. Krajewski 2011). Als junger Mann hatte Otlet Angst vor der Heterogenität von Dingen und war außerdem besessen von „Konnektivität": „I write down everything which goes through my mind, but none of it has sequel. At the moment there is only one thing I must do. That is to gather together my material of all kinds and connect with everything else I have done up till now" (Otlet nach Reagle 2010, S. 18). Otlet wollte den Biblion kreieren, der „will be formed by linking together materials and elements scattered in all relevant publications" (ebd.). Der Traum vom Index ist der Traum davon, die Komplexität der Welt zu reduzieren, um eine neue kontrollierbare Komplexität herzustellen, die dem Index immanent ist: „to reduce all that is complex to its elements" (Otlet nach Reagle 2010, S. 19).

An diesem Fall wird deutlich, dass Listen und Indexe das Globale nicht nur durch ihre unendliche Natur produzieren, sondern auch durch ihre Tendenz, bereits bestehende Ordnungen zu sprengen (Stäheli 2013). Das Verlangen zu verbinden, ist nicht auf einen einzigen Index beschränkt; es dehnt sich zu der Idee aus, unterschiedliche Listen zu verbinden, um die Liste der Listen zu kreieren: Ein globales Gedächtnis (häufig an einen Traum des weitverbreiteten Verstehens geknüpft), aber auch ein globales Regime der (Un)Sichtbarkeit. Dieses Verlangen von Listen, sich mit anderen Listen zu verbinden und dadurch Masterlisten zu kreieren, betrifft nicht nur die klassische Arbeit des Indizierens. Die Diskussion um schwarze Listen hat gezeigt, wie Masterlisten kreiert werden und dabei viele heterogene Listen vereinigt werden. Ein Effekt davon, neue Listen aus bestehenden Listen zu produzieren, besteht darin, dass die transformative Arbeit, die die Elemente einer Liste herstellt, noch weniger sichtbar wird: Heterogene Listen können beispielsweise sehr verschiedenartige Kriterien anwenden, um ein Individuum als Verdächtigen zu klassifizieren; sie können auf unterschiedlichen Intuitionen des Indexes beruhen. Dementsprechend tendieren Masterlisten dazu, die Rationalitäten bestehender Listen zu verwischen und dadurch neue Meta-Rationalitäten zu produzieren.

5   Die neue Ordnung des Indexes und die Illusion von Kontrolle/Totalität

Der Index produziert eine Vorstellung von Kontrolle. Er legt die Idee nahe, dass komplexe Erzählungen in separate Einheiten zerlegt werden können, die auf diese Weise bewältigt werden können und neue Möglichkeiten der Kontrolle eröffnen. Der Index teilt diese Vorstellung mit den meisten anderen Sorten von

Listen – nicht zuletzt mit schwarzen Listen. Der Index ist – durch seine bloße Existenz – ein Zeuge für Beherrschung innerhalb der analogen Welt von Erzählungen. Ein Grund dafür ist, dass er Eindrücke vollständigen Verstehens kreiert. Das, was in einer Erzählung (eines Buches oder von der Welt) nicht verstanden werden kann, findet nicht seinen Weg in die Liste. Die Ambivalenzen einer Erzählung, die die Fragen betreffen, was wichtig ist und was nicht und wie eine bestimmte Passage zu lesen ist, sind im Index immer schon aufgelöst: Einfach dadurch, dass es (oder sie) auf der Liste erscheint, wurde ein Element (oder eine Person) als wichtig oder gefährlich erachtet. Genau in diesem Sinne produziert eine Liste den Anschein von Objektivität. Sie gibt keine Auskunft darüber, welche Urteile und Entscheidungen während des Prozess des Indizierens stattgefunden haben. Aus einer Perspektive der Kontrolle und Sicherheit, ist dieser Objektivitätseffekt für die vermeintlich neutrale Arbeit von Listen wesentlich. Obwohl wir gesehen haben, dass eine kompetente Leserin von Indexen in der Lage sein kann, die implizite Erzählung eines Indexes zu rekonstruieren (die, wie Vonnegut gezeigt hat, in erster Linie eine Erzählung über den Indexer und nicht über das indizierte Material ist), wird der Index in seinem alltäglichen Gebrauch als ein objektives Artefakt behandelt. Die politische Stärke von Indexen, aber auch von anderen Listen wie schwarzen Listen, liegt genau in ihrer Fähigkeit, bestehenden Erzählungen nicht mit einer alternativen Schilderung entgegenzutreten, sondern mit dieser scheinbar unanfechtbaren Objektivität, die eben gerade keine Erzählung ist. Man könnte folglich unterstellen, dass sich der Erfolg von Listen als Sicherheitstechnologien von dieser radikalen Transformation von Kontinuität in Diskontinuität ableitet, von dem Analogen in das Digitale: Erzählungen, die schwierig durch andere Erzählungen zu kontrollieren sind, werden dabei in „objektive" Listen übersetzt, die einfach zu handhaben sind und die durch ihre bloße Faktizität beeindrucken.

6   Vom manuellen Indizieren von Büchern zum algorithmischen Indizieren

Die Geschichte des Indizierens wirft neues Licht auf die gegenwärtige Bedeutung von Indexen, insbesondere für Suchmaschinen wie Google. Google erläutert seinen Index anhand eines Vergleichs mit dem Buchindex: „Much like the index in the back of a book, the Google index includes information about words and their locations" (Google.com). Im Vergleich zu den Indexen von Büchern, enthält der Index von Google eine enorme Summe von Daten, zurzeit 100,000,000 Gigabyte (Google.com). Der Index einer Suchmaschine ist – in seiner einfachsten

Form – mit demselben Problem konfrontiert wie der Index eines Buches: Er muss kontinuierliche Daten in diskontinuierliche Listen, bestehend aus Einträgen, transformieren. Die Einträge des Indexes einer Suchmaschine verweisen auf eine URL. Trotzdem gibt es wesentliche Unterschiede zwischen dem Indizieren von Daten und der klassischen Form des Indizierens. Das Datenkorpus ist nicht in einer begrenzten Form vorgegeben wie das Buch (oder wie eine Ansammlung von Büchern), sondern umfasst Millionen von Webseiten mit unterschiedlichen Datenformen, die sogar visueller oder auditiver Natur sein können. Durch Suchmaschinen wurde die manuelle Arbeit des Indizierens in die automatisierte Arbeit des Googlebot-Algorithmus transformiert (vgl. Röhle 2008). Während der klassische Indexer versucht, den vollständigen Inhalt des Buches zu verarbeiten, ist es unmöglich geworden, sich mit dem gesamten Inhalt des Webs auseinanderzusetzen. Dementsprechend ist die Frage der Inklusion und Exklusion von Material sogar noch komplizierter geworden, da es nicht nur um die Entscheidung geht, welche Passagen in einem Buch berücksichtigt werden sollen, sondern um ganze Terrains des Webs.

Bisher scheint der Unterschied lediglich in dem Ausmaß des zu indizierenden Materials liegen. Am wichtigsten ist jedoch, dass die manuelle Arbeit des Indexers heute beinahe verschwunden ist.[13] Das bedeutet einen radikalen Wechsel des hermeneutischen Modells des manuellen Indizierens, das auf Sinn und Verstehen basiert, zu einer Verarbeitung und Verwaltung von Informationen jenseits der Hermeneutik. Diese vermeintlich nicht-hermeneutische Objektivität war für die ersten Versuche des automatischen Indizierens zentral: „If the proposed approach is shown to be practicable, it would no longer be necessary to recognize the meaning of information for the purpose of encoding" (Luhn nach Röhle 2010, S. 115). Röhles kritische Analyse der Google Suchmaschine zeigt, wie die Mechanisierung des Indizierens mit dem Traum von Objektivität einhergeht. Dieser Traum beruht auf der Exklusion genau dessen, was früher als die tragende Säule von gutem, manuellen Indizieren betrachtet wurde: einem guten Verständnis des zu indizierenden Textes. Aus diesem Grund wird das Indizieren von Büchern im Kontrast immer noch als eine „Kunst" angesehen, die nur bis zu einem gewissen Grad erlernt werden kann (Weinberg 2004). Ich kann nicht in die Tiefen des automatischen Indizierens eintauchen, aber denke, dass es ausreicht, zu erwähnen, wodurch das hermeneutische Verstehen ersetzt wird. Die Indexe

---

[13]Das bedeutet nicht, dass im Internet manuelles Indizieren vollständig von algorithmischem Indizieren ersetzt wurde. Vgl. dazu die Diskussion über manuelles Indizieren von Webseiten (Browne und Jermey 2004).

von Suchmaschinen arbeiten mit statistischer Kalkulation der Frequenz von Wörtern, aber sie umfassen auch eine Analyse von semantischen Mustern. So wird es möglich, ähnliche Konzepte zu identifizieren (z. B. Synonyme), indem davon ausgegangen wird, dass ähnliche Begriffe ähnliche semantische Muster gemein haben. Außerdem integriert der Suchmaschinenindex ungefähr dreißig unterschiedliche Signale, insbesondere ein- und ausgehende Verbindungen zu anderen Webseiten und definiert so den Rang einer Webseite. So wird eine Kalkulation der Wichtigkeit möglicher Suchergebnisse ermöglicht. In gewisser Weise wurde der hermeneutische Ansatz sich zu vorzustellen, was für ein bestimmtes Publikum am bedeutsamsten sein könnte, von der Identifizierung von Informationsmustern und der Popularität von Webseiten ersetzt.

Dieser algorithmisch hergestellte Index ist ein sehr instabiler Index; er ist immer ein temporäres Produkt, das sich mit neuen Ergebnissen der Suchraupen ('crawling') ändern. Suchmaschinenindexe sind niemals abgeschlossen – sie sind immer nur temporäre Ergebnisse (vgl. das nahende Update in Echtzeit des Google-Indexes). Dies ist ein weiterer wichtiger Unterschied zwischen Indizieren im Kontext von Suchmaschinen und dem klassischen Indizieren: Der Index eines Buches ist ein stabiler Text und die Arbeit des Indizierens ist mit der Veröffentlichung des Indexes abgeschlossen.[14] Selbst der Traum von dem allgemeinen Index, der eine Logik des Hinzufügens neuer Einträge voraussetzte, enthielt noch nicht die Idee, die Struktur des bestehenden Indexes permanent zu verändern.

Die temporäre Instabilität des Suchmaschinenindexes ist eng mit seiner Sichtbarkeit verbunden. Die Indexe von Büchern sind völlig sichtbar; sie haben ihren eigenen Platz auf den letzten Seiten eines Buches und sie werden sogar als Paratext benutzt, der eine eigene Anziehung generiert, zum Beispiel auf potenzielle Käufer. Der Suchmaschinenindex ist radikal anders organisiert: Heutzutage ist dieser Index für den Benutzer unsichtbar geworden, aber er ist trotzdem die Basis für jede Websuche. Dies hat äußerst wichtige Konsequenzen für die Politik von Listen. Nun ist die Liste (der Index) unbekannt, wie auch der Algorithmus, der den menschlichen Indexer ersetzt hat. Die einzigen öffentlich zugänglichen Listen, die die Suchmaschine produziert, sind die Ranglisten mit den Suchergebnissen – auch diese verändern sich jedoch ständig. Die Sichtbarkeit des Indexes, die unabdingbar ist, um seine „emergente Persönlichkeit" zu erkennen, ist nicht länger Teil der Öffentlichkeit; stattdessen ist sie zu einem gut gehüteten Geschäftsgeheimnis geworden.

---

[14]Obwohl einige frühe Bücher leere Seite enthielten, die der Leser mit seinem eignen Index füllen sollte.

Obwohl die genauen Suchalgorithmen der Öffentlichkeit unbekannt sind, produzieren sie Effekte auf den Inhalt, den sie indizieren – Effekte, die bisher undenkbar waren. Durch algorithmisches Indizieren wird ein Feedback zwischen zwei Ordnungen generiert – der kontinuierlichen Ordnung des zu indizierenden Materials und der digitalen Ordnung des Indexes. Das Beispiel der Suchmaschinenoptimierung ist hier sehr treffend (Röhle 2008; Kallinikos und Aaltonen 2010): Die meisten Administratoren von Webseiten sind daran interessiert, von Suchmaschinen indiziert zu werden (mit den Stichworten, die sie sich wünschen). Dies verändert das Schreiben der Texte; zum Beispiel werden viele Journalisten damit beauftragt, einen bestimmten Prozentsatz an Stichworten zu verwenden, um die „Findbarkeit" ihrer Artikel zu erhöhen (Machill und Beimer 2007). Gleichzeitig benutzt Google Algorithmen, um die „unfaire" Manipulation von Webseiten zum Zweck der Inklusion aufzudecken. Was in Anbetracht unserer Annahme, dass die Daten und der Index zwei verschiedene Ordnungen repräsentieren besonders interessant ist, ist die Produktion von reinen Listen mir Stichworten. In gewissem Sinne wird die Verletzung der Trennung der beiden Ordnungen ein kritischer Wert im Indexmanagement. Ein Suchmaschinenindex ist demnach weit mehr als ein passives Werkzeug zur Auffindung von Informationen; er ist Teil eines Prozesses geworden, der die Daten strukturiert, die er indizieren wird. Nun ist es nicht nur der Indexer, der wie eine Liste sieht, sondern sogar der Produzent von Texten. Genauso kann das Gegenteil wahr sein: Ein allgemeines Wissen davon, wie der Algorithmus funktioniert, ist hilfreich, wenn es das Ziel ist, Taktiken zu entwickeln, um *nicht* aufgespürt zu werden.

7   Fazit

In der Historie des Indizierens habe ich einen exemplarischen Fall dafür gefunden, wie das Erstellen von Listen Kontinuität in Diskontinuität transformiert. Der Diskurs über das Indizieren thematisiert diesen häufig übersehenen Akt der Transformation explizit und trägt so dazu bei, die Analog/Digital-Umwandlung allgemeiner zu verstehen, die mit jedem Erstellen von Listen einhergeht. Diese Umwandlung ist die Voraussetzung für jede Liste – ob für ästhetischen Genuss, für profane alltägliche Routinen, für die Organisation von Wissen oder für die Überwachung von „analogen" Welten. Insofern beginnt die Politik von Listen nicht erst mit Akten der Inklusion oder Exklusion (z. B. der falschen Inklusion auf eine Flugverbotsliste). Schon bevor wir von Inklusion oder Exklusion sprechen können, muss eine Liste Elemente herstellen, die inkludiert oder exkludiert werden können. An diesem Punkt – an dem analoge Daten in digitale Daten umgewandelt werden – vollzieht sich ein konstitutiver politischer Akt: die Formatierung einiger Bereiche der Welt als auflistenswert (oder eine Liste benötigend), die Entscheidung darüber, wie etwas in einen Eintrag transformiert werden kann, und, besonders wichtig, die Prozesse der Klassifikation und Codierung, die damit einhergehen. Demnach ist die Liste mehr als ein Ort, an dem wir Einträge versammeln, die an vielen verschieden topografischen Orten aufgesammelt wurden. Sicherlich erfüllt die Liste auch diese Funktion, vorrangig dient die Liste jedoch als ein epistemologisches Werkzeug, um die Welt zu betrachten – und, mit dem Aufkommen von Suchmaschinen – produziert sie sogar das, was betrachtet werden wird. In diesem Sinne leistet das Indizieren das Globale. Der Traum eines totalen Indexes ist bereits in die kulturellen Techniken des Indizierens eingeschrieben – und er stellt sich politischen Projekten der Totalisierung und perfekten Kontrolle zur Verfügung. Die versteckte Arbeit des Erstellens von Listen als politische zu lesen, weist uns auf das hin, was ich die emergente „Persönlichkeit" von Listen genannt habe. Eine Liste wie der Index ist nicht einfach eine neutrale Vorrichtung und nicht einfach ein technisches Werkzeug ohne Eigenschaften. Vielmehr legt es emergente Eigenschaften frei, die Hinweis auf die politischen Rationalitäten geben, die häufig unsichtbar in jede Liste eingeschrieben sind. Allerdings besteht diese Persönlichkeit nicht aus einer bereits existierenden Erzählung. Vielmehr muss der Betrachter einer Liste die Auswahl und das Muster der Einträge berücksichtigen, um die Persönlichkeit zu erkennen, deren Spuren in der „Parteilichkeit" einer jeden Liste entdeckt werden kann (van Couvering 2009). Eine kritische Analyse von Listen beinhaltet nicht nur das Freilegen dieser Muster, sondern auch – wie Claire in Vonneguts Roman so genau wusste – Geschichten über die „Persönlichkeiten" von Listen zu erzählen. Dieses Problem ist mit der Automatisierung der Indexproduktion ganz und gar nicht verschwunden, auch wenn die frühen Verfechter des automatischen Indizierens den Traum eines objektivierten Indexes träumten – eines Indexes, der keine bedeutungsstiftenden Praktiken durchläuft. Die Kritik an Suchmaschinen wegen ihrer vielfältigen Parteilichkeiten (vom ‚Crawling‘, dem Signal, das es verarbeitet, zu den Verfahren des ‚Rankings‘) zeigt die Unmöglichkeit solcher Träume. Trotzdem ist es schwieriger geworden, algorithmische Indexe zu lesen. Im Kontrast zu den manuellen Buchindexen hat sich der Zustand der Sichtbarkeit des Indexes beträchtlich verändert und so neue politische Herausforderungen generiert (Gillespie 2013). Während der Buchindex ein beständiger und öffentlich sichtbarer Teil von vielen Büchern ist, ist der Suchmaschinenindex eine sich ständig verändernde Entität, die für die meisten ihrer Benutzer verborgen bleibt.

Sicherlich wurde die Arbeit von manuellen Indexern ebenfalls häufig übersehen, jedoch als Gegenstand einer Kontroverse. Und das Ergebnis dieser Arbeit war öffentlich zugänglich – in vielen Fällen entfachte es sogar Debatten darüber, was ein guter Index sein kann und was der Index für die Organisation von Wissen bedeutet. Mit dem algorithmischen Indizieren sind sowohl die Transformationsarbeit als auch der Index als ihr materielles Produkt unsichtbar geworden. Die Arbeit des Indizierens ist ein gut gehütetes Geschäftsgeheimnis geworden, dem man sich nur indirekt annähern kann und zwar von den immer eigenartigen Suchergebnissen.[15] Diese doppelte Unsichtbarkeit ist noch bemerkenswerter, wenn man bedenkt, dass, in Anbetracht der Popularität einer „Indizierfirma" wie Google, Suchmaschinen eine Sichtbarkeit erlangt haben, von der manuelle Indexer nur träumen konnten. Aber diese Sichtbarkeit ist auch eine trügerische Sichtbarkeit – eine, die es uns in erster Linie erlaubt, Geschichten über die Firma, ihre Arbeitsbedingungen und ihre Marktmacht zu erzählen. All diese Aspekte sind wichtig, sie sollten uns jedoch nicht davon abhalten, Geschichten über die schwer fassbare Persönlichkeit ihres Indexes zu erzählen.

Literatur

Belknap, R. E. (2004). *The List. The Uses and Pleasures of Cataloguing*. New Haven, Conn.: Yale University Press.

Bowker, G., & Star S. (1999). *Sorting Things Out*. Cambridge, MA: MIT Press.

Browne, G., & Jermey J. (2004). *Website Indexing. Enhancing Access to Information within Websites*. Adelaide, South Australia: Auslib Press.

Cevolini, A. (2014). Indexing as preadaptive advance: a socio-evolutionary perspective. *The Indexer 32(2)*, S. 50–56.

Couvering van E. J. (2009). *Search Engine Bias. The Structuration of Traffic on the World-Wide Web*. PhD thesis, London School of Economics and Political Science.

Derrida, J. (1997). *Of Grammatology*. Baltimore: John Hopkins University Press.

Eco, U. (2009). *The Infinity of Lists. An Illustrated Essay*. New York: Rizzoli.

Galloway, A. (2004). *Protocol. How Control Exists After Decentralization*. Cambridge, MA & London: MIT Press.

---

[15]Siehe die Debatte darüber, ob Googles Algorithmus reguliert werden soll und Googles Antwort von Marissa Mayer: „If search engines were forced to disclose their algorithms and not just the signals they use, or, worse, if they had to use a standardized algorithm, spammers would certainly use that knowledge to game the system, making the results suspect." http://www.cnet.com/news/googles-fight-to-keep-search-a-secret/.

Gillespie, T. (2013). The Relevance of Algorithms. In T. Gillespie, P. Boczkowski, & K Foot (Hrsg.), *Media Technologies: Essays on Communication, Materiality, and Society* (S. 167–194). Cambridge, MA & London: MIT Press.

Goody, J. (1977). What's in a list? In J. Dunn & G. Hawthorn (Hrg.), *The Domestication of the Savage Mind* (S. 52–111). Cambridge: Cambridge University Press.

Kallinikos, J., Aaltonen, A. & Marton, A. (2010). A theory of digital objects. *Firstmonday. org* 15(6/7).

Krajewski, M. (2011). *Paper Machines*. Massachussets: MIT Press.

Latour, B. (2002). Gabriel Tarde and the End of the Social. In Patrick Joyce (Hrsg.), *The Social in Question* (S. 117–132). London: Routledge.

Lohr, S. (2014). For Big-Data Scientists, 'Janitor Work' Is Key Hurdle to Insights. In *New York Times*, August 2014.

Lund, R. D. (1998). The Eel of Science. Index Learning, Scriberian Satire and the Rise of Information Culture. *Eighteenth Century Life 22(2)*, S. 18–42.

Machill, M. & Beiler, M. (Hrsg.). (2007). *Die Macht der Suchmaschinen*. Köln: Halem.

Minarcini v. Strongsville City School District, (1976), 541 F. 2d 577. *United States Court of Appeals*. http://openjurist.org/541/f2d/577/minarcini-v-strongsville-city-school-district (aufgerufen im September 2014).

Mulvany, N.(2009). *Indexing Books*. Chicago: University of Chicago Press.

Reagle, J. (2010). *Good Faith Cooperation. The Culture of Wikipedia*. Cambridge, MA and London: MIT Press.

Roehle, T. (2008). Dissecting the Gatekeepers. Relational Perspectives on the Power of Search Engines. In K Becker & F. Stalder (Hrsg.), *Deep Search. The Politics of Search beyond Google* (S. 117–133). Innsbruck: Studienverlag.

Roehle, T. (2010). *Der Google Komplex. Über Macht im Zeitalter des Internets*. Bielefeld: Transcript.

Schroeter, J. (2004). Analog/Digital – Opposition oder Kontinuum. In J. Schroeter & A. Boehnke (Hrsg.), *Analog/Digital – Opposition oder Kontinuum. Zur Theorie und Geschichte einer Unterscheidung* (S. 7–24). Bielefeld: Transcript.

Staeheli, U. (2005). Auf der Spur der Double Binds: Anthony Wilden. System and Structure. In D. Baecker (Hrsg.), *Schlüsselwerke der Systemtheorie* (S. 191–204). Wiesbaden: VS.

Staeheli, U. (2012). Listing the Global. Dis/Connectivity beyond Representation? *Distinktion 13(3)*, S. 233–246.

Tarde, G. (2011). *Monadology and Sociology*. Melbourne: re.press.

Vonnegut, K. (2011) [1964]. Cat's Cradle. In S. Offit (Hrsg.), *Kurt Vonnegut. Novels & Stories* (S. 1–188). New York: Penguin.

Weinberg, B. H. (2004). Indexing. It's the Law. *The Indexer 24(2)*, S. 79–82.

Weinberg, B. H. (2010). Indexing: History and Theory. In M. J. Bates und M. N. Maack, *Encyclopedia of library and information sciences* (S. 2277–2290). Boca Raton: CRC Press.

Wellisch, H. H. (1986). The Oldest Printed Indexes. *The Indexer 15(2)*, S. 73–82.

Wheatley, H. B. (1878). *What is an Index? A few Notes on Indexes and Indexers*. London: Longmans, Green & Co. for the Index Society.

Wheatley, H. B. (1902). *How to Make an Index*. London: Elliot Stock.

Wilden, A. (1983) [1972]. *System and Structure. Essays in Communication and Exchange*. Montreal: Tavistock Publications.

Witmore, M. (2010). Text: A Massively Addressable Object. http://winedarksea.org/?p=926 (Letzter Zugriff: May 2015).

The Virtual Sphere. The Internet as a Public Sphere

Zizi Papacharissi

1   Introduction

The utopian rhetoric that surrounds new media technologies promises further democratization of post-industrial society.[1] Specifically, the internet and related technologies can augment avenues for personal expression and promote citizen activity (e.g. Bell, 1981; Kling, 1996; Negroponte, 1998; Rheingold, 1993). New technologies provide information and tools that may extend the role of the public in the social and political arena. The explosion of online political groups and activism certainly reflects political uses of the internet (Bowen, 1996; Browning, 1996). Proponents of cyberspace promise that online discourse will increase political participation and pave the way for a democratic utopia. According to them, the alleged decline of the public sphere lamented by academics, politicos, and several members of the public will be halted by the democratizing effects of the internet and its surrounding technologies. On the other hand, skeptics caution that technologies not universally accessible and ones that frequently induce fragmented, nonsensical, and enraged discussion, otherwise known as 'flaming', far from guarantee a revived public sphere. This article examines how political uses of the internet affect the public sphere. Does cyberspace present a separate alternative to, extend, minimize, or ignore the public sphere?

---

[1]Reprint of Z. Papacharissi. The Virtual Sphere. The Internet as a Public Sphere. New Media & Society 4(1), 9-27 with permission from the publisher.

Z. Papacharissi (✉)
University of Illinois at Chicago, Chicago, USA
E-Mail: zizi@uic.edu

© Springer Fachmedien Wiesbaden GmbH, ein Teil von Springer Nature 2019   43
M. Stempfhuber und E. Wagner (Hrsg.), *Praktiken der Überwachten*,
https://doi.org/10.1007/978-3-658-11719-1_3

It is important to determine whether the internet and its surrounding technologies will truly revolutionize the political sphere or whether they will be adapted to the current status quo, especially at a time when the public is demonstrating dormant political activity and developing growing cynicism towards politics (Cappella and Jamieson, 1996, 1997; Fallows, 1996; Patterson, 1993, 1996). Will these technologies extend our political capacities or limit democracy—or alternatively, do a little bit of both? Such a discussion should be informed primarily with an examination of the notion of the public sphere and the ideological discourse that accompanies it.

2   The Public Sphere

When thinking of the public, one envisions open exchanges of political thoughts and ideas, such as those that took place in ancient Greek agoras or colonial-era town halls. The idea of 'the public' is closely tied to democratic ideals that call for citizen participation in public affairs. Tocqueville (1990) considered the dedication of the American people to public affairs to be at the heart of the healthy and lively American democracy, and added that participation in public affairs contributed significantly to an individual's sense of existence and self-respect. Dewey (1927) insisted that inquiry and communication are the basis for a democratic society, and highlighted the merits of group deliberation over the decisions of a single authority. He argued for a communitarian democracy, where individuals came together to create and preserve a good life in common. The term 'public' connotes ideas of citizenship, commonality, and things not private, but accessible and observable by all. More recently, Jones (1997) argued that cyberspace is promoted as a 'new public space' made by people and 'conjoining traditional mythic narratives of progress with strong modern impulses toward self- fulfillment and personal development' (1997, p. 22). It should be clarified that a new public space is not synonymous with a new public sphere. As public space, the internet provides yet another forum for political deliberation. As public sphere, the internet could facilitate discussion that promotes a democratic exchange of ideas and opinions. A virtual space enhances discussion; a virtual sphere enhances democracy. This article examines not only the political discussion online, but the contribution of that discussion to a democratic society.

Several critics romanticize the public sphere, and think back on it as something that existed long ago, but became eroded with the advent of modern, industrial society. Sensing the demise of the great public, Habermas (1962/1989) traced the development of the public sphere in the 17th and 18th century and its decline in the 20th century. He saw the public sphere as a domain of our social life in which public opinion could be formed out of rational public debate (Habermas, 1991[1973]). Ultimately, informed and logical discussion, Habermas (1989[1962]) argued, could lead to public agreement and decision making, thus representing the best of the democratic tradition.

Still, these conceptualizations of the public were somewhat idealized. It is ironic that this pinnacle of democracy was rather undemocratic in its structure throughout the centuries, by not including women or people from lower social classes, a point acknowledged as such by Habermas himself.

Moreover, critics of Habermas' rational public sphere such as Lyotard (1984), raised the issue that anarchy, individuality, and disagreement, rather than rational accord, lead to true democratic emancipation. Fraser (1992) expanded Lyotard's critique, and added that Habermas' conceptualization of the public sphere functioned merely as a realm for privileged men to practice their skills of governance, for it excluded women and non- propertied classes. She contended that, in contemporary America, co- existing public spheres of counterpublics form in response to their exclusion from the dominant sphere of debate. Therefore, multiple public spheres exist, which are not equally powerful, articulate, or privileged, and which give voice to collective identities and interests. A public realm or government, however, which pays attention to all these diverse voices, has never existed (Fraser, 1992). Schudson (1997) concurred, adding that there is little evidence that a true ideal public ever existed, and that public discourse is not the soul of democracy, for it is seldom egalitarian, may be too large and amorphous, is rarely civil, and ultimately offers no magical solution to problems of democracy. Still, Garnham (1992) took a position defensive of Habermas, pointing out that his vision of the public sphere outlined a tragic and stoic pursuit of an almost impossible rationality, recognizing the impossibility of an ideal public sphere and the limits of human civilization, but still striving toward it.

Other critics take on a different point of view, and argue that even though we have now expanded the public to include women and people from all social classes, we are left with a social system where the public does not matter. Carey (1995) for example, argued that the privatizing forces of capitalism have created a mass commercial culture that has replaced the public sphere. Although he recognized that an ideal public sphere may never have existed, he called for the recovery of public life, as a means of preserving independent cultural and social life and resisting the confines of corporate governance and politics. Putnam (1996) traced the disappearance of civic America in a similar manner, attributing the decline of a current public, not to a corrosive mass culture, but to a similar force—television.

Television takes up too much of our time and induces passive outlooks on life, according to Putnam.

This is not a complete review of scholarly viewpoints on the public sphere, but presents an array of academic expectations of the public, and can help us to understand if and how the internet can measure up to these expectations. Can it promote rational discourse, thus producing the romanticized ideal of a public sphere envisioned by Habermas and others?

Does it reflect several public spheres co-existing online, representing the collectives of diverse groups, as Fraser argued? Are online discussions dominated by elements of anarchy or accord, and do they foster democracy? Will the revolutionary potential of the internet be ultimately absorbed by a mass commercial culture? These are questions that guide this assessment of the virtual sphere.

Research on the public sphere potential of the internet, to be presented in the next few sections, responds to all of these questions. Some scholars highlight the fact that speedy and cheap access to information provided on the internet promotes citizen activism. Others focus on the ability of the internet to bring individuals together and help them overcome geographical and other boundaries. Ultimately, online discussions may erase or further economic inequalities. Utopian and dystopian visions prevail in assessing the promise of the internet as a public sphere. In the next few sections, I focus on three aspects: the ability of the internet to carry and transport information, its potential to bring people from diverse backgrounds together, and its future in a capitalist era. This discussion will help determine whether the internet can recreate a public sphere that perhaps never was, foster several diverse public spheres, or simply become absorbed by a commercial culture.

3   Information Access

Much of the online information debate focuses on the benefits for the haves and the disadvantages for the have-nots. For those with access to computers, the internet is a valuable resource for political participation, as research that follows has shown. At the same time, access to the internet does not guarantee increased political activity or enlightened political discourse. Moving political discussion to a virtual space excludes those with no access to this space. Moreover, connectivity does not ensure a more representative and robust public sphere.

Nonetheless, the internet does provide numerous avenues for political expression and several ways to influence politics and become politically active (Bowen, 1996). Internet users are able to find voting records of representatives, track congressional and Supreme Court rulings, join special interest groups, fight for consumer rights, and plug into free government services (Bowen, 1996). In 1996, 'Decision Maker', a software program developed by Marcel Bullinga (the Netherlands) enabled one of the Netherlands' first political online debates, an experiment that lasted for a month and involved civilians, representatives of organizations, action groups, and political representatives. The research that tracked this experiment revealed that most discussions were dominated by a select few. Moreover, more responses were generated when the discussion involved individuals of certain political clout (Jankowski and Van Selm, 2000). This experiment demonstrated that political discussion can easily transfer online, although it is not certain that this transfer will lead to more democratic discussions or have an impact on the political process. Jankowski and Van Selm (2000) expressed reservations that online discussions, much like real life ones, seemed to be dominated by elites and were unable to influence public policy formation. Despite the fact that the internet provides additional space for political discussion, it is still plagued by the inadequacies of our political system. It provides public space, but does not constitute a public sphere.

In more recent elections in the US, clever uses of the internet allowed politicians to motivate followers, increase support, and reach out to previously inaccessible demographic groups. Jesse Ventura and John McCain are two examples of politicians who benefited from this use of the internet, a medium that still baffles many of their political opponents. In turn, voters were able to provide politicians with direct feedback through these websites. Of course, there is no guarantee that this direct feedback will eventually lead to policy formation. The political process is far too complex, to say the least, to warrant such expectations. Nevertheless, the internet opens up additional channels of communication, debatable as their outcome may be. These additional channels enable easier access to political information, spurring enthusiastic reformatory talk of a 'keypad democracy' (Grossman, 1995) and 'hardwiring the collective consciousness' (Barlow, 1995).

Therefore, celebratory rhetoric on the advantages of the internet as a public sphere focuses on the fact that it affords a place for personal expression (Jones, 1997), makes it possible for little-known individuals and groups to reach out to citizens directly and restructure public affairs (Grossman, 1995; Rash, 1997), and connects the government to citizens (Arterton, 1987). Interactivity promotes the use of 'electronic plebiscites', enabling instant polling, instant referenda, and voting from home (Abramson et al., 1988). Acquiring and dispersing political communication online is fast, easy, cheap, and convenient. Information available on the internet is frequently unmediated; that is, it has not been tampered with or altered to serve particular interests (Abramson et al., 1988).

While these are indisputably advantages to online communication, they do not instantaneously guarantee a fair, representative, and egalitarian public sphere. As several critics argue, access to online technologies and information should be equal and universal. Access should also be provided at affordable rates. Without a concrete commitment to online expression, the internet as a public sphere merely harbors an illusion of openness (Pavlik, 1994; Williams and Pavlik, 1994; Williams, 1994). The fact that online technologies are only accessible to, and used by, a small fraction of the population contributes to an electronic public sphere that is exclusive, elitist, and far from ideal—not terribly different from the bourgeois public sphere of the 17th and 18th centuries.

This point is reiterated in empirical research of online political communities completed by Hill and Hughes (1998). In researching political Usenet and AOL groups, they found that demographically, conservatives were a minority among internet users. Online political discourse, however, was dominated by conservatives, even though liberals were the online majority. This implies that the virtual sphere is politically divided in a manner that echoes traditional politics, thus simply serving as a space for additional expression, rather than radically reforming political thought and structure. Still, they also pointed out the encouraging fact that at least people are talking about politics and protesting virtually online against democratic governments.

Despite the fact that all online participants have the same access to information and opinion expression, the discourse is still dominated by a few. Moreover, not all information available on the internet is democratic or promotes democracy; for example, white supremacy groups often possess some of the cleverest, yet most undemocratic websites. However, this particular comment should not be misunderstood. Fundamental democratic principles guarantee the free expression of opinion. While sites that openly advocate discrimination on the basis of race or ethnicity exercise the right to free speech, they certainly do not promote democratic ideals of equality.

Some researchers pose additional questions, such as: even if online information is available to all, how easy is it to access and manage vast volumes of information (Jones, 1997)? Organizing, tracking, and going through information may be a task that requires skill and time that several do not possess. Access to information does not automatically render us better informed and more active citizens. In fact, Hart argued that some media, such as television, 'supersaturate viewers with political information', and that as a result 'this tumult creates in viewers a sense of activity rather than genuine civic involvement' (1994, p. 109). In addition, Melucci (1994) argued that while producing and processing information is crucial in constructing personal and social identity, new social movements emerge only insofar as actors fight for control, stating that 'the ceaseless flow of messages only acquires meaning through the code that orders the flux and allows its meanings to be read' (p. 102). Finally, some even argue that increased online participation would broaden and democratize the virtual sphere, but could also lead to a watering down of its unique content, substituting for discourse that is more typical and less innovative (e.g. Hill and Hughes, 1998). Still, this discourse is not less valuable.

In conclusion, access to online information is not universal and equal to all. Those who can access online information are equipped with additional tools to be more active citizens and participants of the public sphere. There are popular success stories, such as that of Santa Monica's Public Electronic Network, which started as an electronic town square, promoted online conversation between residents, and helped several homeless people find jobs and shelter (Schmitz, 1997). Groups such as the Electronic Frontier Foundation, the Center for a New Democracy, Civic Networking, Democracy Internet, the Democracy Resource Center, Interacta, and the Voter's Telecommunication Watch are a few examples of thriving online political stops.

Still, online technologies render participation in the political sphere more convenient, but do not guarantee it. Online political discussions are limited to those with access to computers and the internet. Those who do have access to the internet do not necessarily pursue political discussion, and online discussions are frequently dominated by a few. While the internet has the potential to extend the public sphere, at least in terms of the information that is available to citizens, not all of us are able or willing to take on the challenge. Access to more information does not necessarily create more informed citizens, or lead to greater political activity. Even though access to information is a useful tool, the democratizing potential of the internet depends on additional factors, examined in the following section.

4   Globalization or Tribalization?

Yet another reason why there is much enthusiasm regarding the future of the internet as a public sphere has to do with its ability to connect people from diverse backgrounds and provide a forum for political discussion.

While many praise online political discussion for its rationality and diversity, others are skeptical about the prospect of disparate groups getting along.

These technologies carry the promise of bringing people together, but also bear the danger of spinning them in different directions. Even more so, greater participation in political discussion, on or offline, may not secure a more stable and robust democracy. These are the issues addressed in this section.

Utopian perspectives on the internet speculate that computer-mediated political communication will facilitate grassroots democracy and bring people all across the world closer together. Geographic boundaries can be overcome and 'diasporic utopias' can flourish (Pavlik, 1994). Anonymity online assists one to overcome identity boundaries and communicate more freely and openly, thus promoting a more enlightened exchange of ideas. For example, the Indian newsgroup soc.culture.india is one of many online groups that foster critical political discourse among participants that might not even meet in real space and time. For several years this group has harbored lively political discussion on issues pertinent to the political future of India (Mitra, 1997a, b).

Still, the existence of a virtual space does not guarantee democratic and rational discourse. Flaming and conflict beyond reasonable boundaries are evident both in Public Education Network (PEN) and soc.culture.india, and frequently intimidate participants from joining online discussions (Mitra, 1997a, b; Schmitz, 1997). Hill and Hughes (1998) emphasized that the technological potential for global communication does not ensure that people from different cultural backgrounds will also be more understanding of each other, and they cite several examples of miscommunication.

However, they did find that when conversation was focused on political issues, instead of general, it tended to be more toned down. Often, online communication is about venting emotion and expressing what Abramson et al. (1988) refer to as 'hasty opinions', rather than rational and focused discourse. Greater participation in political discussion does not automatically result in discussion that promotes democratic ideals.

Miscommunication set aside, however, what about communication? What impact do our words actually have online? Jones (1997) suggested that perhaps the internet allows us to 'shout more loudly, but whether other fellows listen, beyond the few individuals who may reply, or the occasional "lurker", is questionable, and whether our words will make a difference is even more in doubt' (p. 30). The same anonymity and absence of face-to- face interaction that expands our freedom of expression online keeps us from assessing the impact and social value of our words. The expression of political opinion online may leave one with an empowering feeling. The power of the words and their ability to effect change, however, is limited in the current political spectrum. In a political system where the role of the public is limited, the effect of these online opinions on policy making is questionable. To take this point further, political expression online may leave people with a false sense of empowerment, which misrepresents the true impact of their opinions. Individuals may leave political newsgroups with the content feeling that they are part of a well-oiled democracy—does this feeling represent reality or substitute for genuine civic engagement? At the same time, it is through political discussions with others that individuals come to realize the handicaps of our democracy, and even commit to political activity to overcome these. More studies and closer observation of online political discussions is necessary to determine the impact of political discussion on the individual psyche as well as the wellbeing of a democratic society.

Another crucial issue lies in how interconnectedness affects discussion. The number of people that our virtual opinions can reach may become more diverse, but may also become smaller as the internet becomes more fragmented. Special interest groups attract users who want to focus the discussion on certain topics, providing opportunities for specialized discussion with people who have a few things in common. As the virtual mass becomes subdivided into smaller and smaller discussion groups, the ideal of a public sphere that connects many people online eludes us. On the other hand, the creation of special interest groups fosters the development of several online publics, which, as Fraser noted, reflect the collective ideologies of their members. After all, Habermas' vision was one of 'coffee- house' small group discussions.

But fragmentation does not manifest itself solely through the proliferation of special interest subgroups. A good amount of the information that we receive online is of a fragmented nature, presenting one aspect of an issue, snippets of information, or randomly assembled opinions or factoids.

Schement and Curtis (1997) explained that 'when messages filtered through the media environment come unconnected, or as bits without organic integrity, the media environment exhibits fragmentation', and argued that 'fragmentation influences the climate of ideas within which we form values and construct reality' (p. 120). Fragmentation is at work in irreverent threads found in newsgroups and in the even more disjointed conversation style observed in chatrooms. When individuals address random topics, in a random order, without a commonly shared understanding of the social importance of a particular issue, then conversation becomes more fragmented and its impact is mitigated. The ability to discuss any political subject at random, drifting in and out of discussions and topics on whim can be very liberating, but it does not create a common starting point for political discussion. Ultimately, there is a danger that these technologies may overemphasize our differences and downplay or even restrict our commonalities.

Furthermore, some contend that the disembodied exchange of text is no substitute for face-to-face meeting, and should not be compared to that.

Poster (1995), for example, argued that rational argument, reminiscent of a public sphere, can rarely prevail and consensus achievement is not possible online, specifically because identity is defined very differently online.

Because identities are fluid and mobile online, the conditions that encourage compromise are absent from virtual discourse. Dissent is encouraged, and status markers are eliminated. Poster concluded that the internet actually decentralizes communication but ultimately enhances democracy. This brings to mind Lyotard's argument that social movements and democracy are strengthened by dissent and anarchy in communication. This is an appealing argument, but in a social system where the public has little power, more or less dissent may not make a difference.

To conclude, the internet may actually enhance the public sphere, but it does so in a way that is not comparable to our past experiences of public discourse. Perhaps the internet will not become the new public sphere, but something radically different. This will enhance democracy and dialogue, but not in a way that we would expect it to, or in a way that we have experienced in the past. For example, internet activist and hacker groups practice a reappropriated form of activism on the internet, by breaking into and closing down large corporations' websites, or 'bombing' them, so that no more users can enter them. This is a new form of activism, more effective than marching outside a corporation's headquarters, and definitely less innocuous than actually bombing a location. One could argue that the virtual sphere holds a great deal of promise as a political medium, especially in restructuring political processes and rejuvenating political rituals. In addition, the internet and related technologies invite political discussion and serve as a forum for it. Nevertheless, greater participation in political discussion is not the sole determinant of democracy. The content, diversity, and impact of political discussion need to be considered carefully before we conclude whether online discourse enhances democracy.

5   Commercialization

Despite all the hype surrounding the innovative uses of the internet as a public medium, it is still a medium constructed in a capitalist era. It is part and parcel of a social and political world (Jones, 1997). As such it is susceptible to the same forces that, according to Carey (1995), originally transformed the public sphere. The same forces defined the nature of radio and television, media once hailed for providing innovative ways of communication. Douglas (1987) detailed how radio broadcasting revolutionized the way that people conceived of communication, and she documented how it built up hope for the extension of public communication and the improvement of democracy. The potential of televised communication to plow new ground for democracy had met with similar enthusiasm (Abramson et al., 1988). Nowadays, both media have transformed and produce commercial, formulaic programming for the most part. Advertising revenue has more impact on programming than democratic ideals. The concentration of ownership and standardization of programming have been documented by several scholars (e.g. Bagdikian, 1983; Ettema and Whitney, 1994), and growing public cynicism about media coverage undermines the democratizing potential of mass media.

For a vast majority of corporations the internet is viewed as another mass enterprise; its widespread and cheap access being a small, but not insurmountable obstacle to profit making. Online technologies, such as banners and portals, are being added to a growing number of web locations to create advertising revenue. Barrett (1996) traced how various communication technologies have destroyed one barrier after another in pursuit of profit, starting with volume, moving to mass, and finally space.

He argued that time is the target of the electronic market, the fall of which will signal a more transparent market, in which conventional currency will turn into a 'free-floating abstraction' (Barrett, 1996).

Even so, advertising is not necessarily a bad addition to the internet, because it can provide small groups with the funds to spread their opinions and broaden public debate. To this point, some add that the 'very architecture of the internet will work against the type of content control these folks [corporate monopolies] have over mass media' (Newhagen, as cited in McChesney, 1995). McChesney (1995) agreed that the internet will open the door to a cultural and political renaissance, despite the fact that large corporations will take up a fraction of it to launch their cyberventures. He argued that cyberspace may provide 'a supercharged, information packed, and psychedelic version of ham radio'.

McChesney admitted that capitalism encourages a culture based on commercial values, and that it tends to 'commercialize every nook and cranny of social life in way that renders the development or survival of nonmarket political and cultural organizations more difficult' (1995, p. 10). He maintained that there are several barriers to the internet reforming democracy, such as universal access and computer literacy. Computers are not affordable for a large section of the population. I would extend this to a global basis, and add that for several countries still struggling to keep up with technological changes brought along by the industrial era, the internet is a remote possibility. When just about 6% (Global Reach, 2001) of the global population has access to the internet, discussion of the democratizing potential of internet-related technologies seems at least a little hurried. At the present time, political discussions online are a privilege for those with access to computers and the internet. Those who would benefit the most from the democratizing potential of new technology do not have access to it.

Even more problematic, however, is the notion that technologies can unilaterally transform the nature of the political sphere. Our political system currently does suffer from decreased citizen involvement, and internet- related technologies have managed to amend that, but only to a certain extent. More important, however, is the fact that the power of our political system is negated by the influence of special interests, and generally by a growing dependency on a capitalist mentality. McChesney (1995) concluded that … bulletin boards, and the information highway more generally, do not have the power to produce political culture when it does not exist in the society at large … given the dominant patterns of global capitalism, it is far more likely that the Internet and the new technologies will adapt themselves to the existing political culture rather than create a new one (p. 13).

Capitalist patterns of production may commodify these new technologies, transforming them into commercially oriented media that have little to do with promoting social welfare. Even if this scenario does not materialize, can new technologies mitigate the influence of special interests on politics? Internet-related technologies can certainly help connect, motivate, and organize dissent. Whether the expression of dissent is powerful enough to effect social change is a question of human agency and a much more complex issue. New technologies offer additional tools, but they cannot single-handedly transform a political and economic structure that has thrived for centuries.

It seems that the discussion of information access, internet fragmentation, and commercialization leads back to a main point: how do we recreate something online, when it never really existed offline? It is not impossible, but it is not an instantaneous process either. Unfortunately, blind faith in information media is not enough to effect the social changes necessary for a more robust and fair public sphere. To paraphrase Adam Smith's legendary phrase, the invisible hand of information is not as mighty as several techno- enthusiasts contend it is. But it can be useful. Having reviewed the conditions that both extend and limit the potential of the internet as a public sphere, I address this specific issue further and discuss the nature of the virtual sphere in the following section.

6   A Virtual Sphere

Cyberspace is public and private space. It is because of these qualities that it appeals to those who want to reinvent their private and public lives. Cyberspace provides new terrain for the playing out of the age-old friction between personal and collective identity; the individual and community. Bellah et al. (1985) argued that individuals can overcome individualistic and selfish tendencies in favor of realizing the benefits of acting responsibly within a moralistic, transcendent social order. Is it possible to do so in cyberspace?

Some have argued that it is not. Cyberspace extends our channels for communication, without radically affecting the nature of communication itself. Ample evidence can be found in political newsgroup discussions, which are often dominated by arguments and conflicts that mirror those of traditional politics. Hill and Hughes (1998) concluded that 'people will mold the internet to fit traditional politics. The Internet itself will not be a historical light switch that turns on some fundamentally new age of political participation and grassroots democracy' (p. 186). McChesney (1995) agreed that new technologies will adapt to the current political culture, instead of creating a new one, and viewed the political uses of the internet as 'making the best of a bad situation' (p. 15). Ultimately, it is the balance between utopian and dystopian visions that unveils the true nature of the internet as a public sphere.

Fernback (1997) remarked that true identity and democracy are found in cyberspace 'not so much within the content of virtual communities, but within the actual structure of social relations' (p. 42). Therefore, one could argue that the present state of real life social relations hinders the creation of a public sphere in the virtual world as much as it does in the real one. This is an enlightened approach, because it acknowledges the occasionally liberating features of new technologies without being deterministic. It is the existing structure of social relations that drives people to repurpose these technologies and create spaces for private and public expression. The internet does possess the potential to change how we conceive ourselves, the political system, and the world surrounding us, but it will do so in a manner that strictly adheres to the democratic ideals of the public sphere.

The reason for this lies in the fact that we transcend physical space and bodily boundaries upon entering cyberspace. This has a fundamental impact on how we carry ourselves online, and is simply different from how we conduct ourselves offline.

A virtual sphere does exist in the tradition of, but radically different from, the public sphere. This virtual sphere is dominated by bourgeois computer holders, much like the one traced by Habermas consisting of bourgeois property holders. In this virtual sphere, several special interest publics co- exist and flaunt their collective identities of dissent, thus reflecting the social dynamics of the real world, as Fraser (1992) noted. This vision of the true virtual sphere consists of several spheres of counterpublics that have been excluded from mainstream political discourse, yet employ virtual communication to restructure the mainstream that ousted them.

It is uncertain whether this structure will effect political change. Breslow (1997) argued that the internet promotes a sense of sociality, but it remains to be seen whether this translates into solidarity. Social and physical solidarity is what spawned political and social change over the course of the century, and the internet's anonymity and lack of spatiality and density may actually be counterproductive to solidarity. Ultimately, he concluded: 'How should I know who is at the other end, and when the chips are down, will people actually strip off their electronic guises to stand and be counted?'(p. 255). The lack of solid commitment negates the true potential of the internet as a public sphere.

Melucci's (1996) approach to new social movements makes more sense in an age when individuals use machines, where movements such as May 1968 used the streets, to protest against the same things. His main argument is that social movements no longer require collective action that reflects the interest of a social group; they revolve more around personal identity and making sense of cultural information. Melucci contended that in the last 30 years, emerging social conflicts in complex societies have raised cultural challenges to the dominant language, rather than expressing themselves through political action. Although Melucci implied that such language shifts are ineffectual, the point is that collective action can no longer be overtly measured, but is still present in the creative proclamation of cultural codes. What Melucci termed 'identity politics' allows room for both the private and public uses of cyberspace. The virtual sphere allows the expression and development of such movements that further democratic expressions, by not necessarily focusing on traditional political issues, but by shifting the cultural ground.

In other words, it would seem that the internet and related technologies have managed to create new public space for political discussion. This public space facilitates, but does not ensure, the rejuvenation of a culturally drained public sphere. Cheap, fast, and convenient access to more information does not necessarily render all citizens more informed, or more willing to participate in political discussion. Greater participation in political discussion helps, but does not ensure a healthier democracy. New technologies facilitate greater, but not necessarily more diverse, participation in political discussion since they are still only available to a small fraction of the population. In addition, our diverse and heterogeneous cultural backgrounds make it difficult to recreate a unified public sphere, on or offline. Finally, decreased citizen participation is only one of the many problems facing our current political system. Dependence on special interests and a capitalist mode of production also compromise democratic ideals of equality.

Moreover, the quickly expanding commodification of internet-related resources threatens the independence and democratizing potential of these media.

Nevertheless, the most plausible manner of perceiving the virtual sphere consists of several culturally fragmented cyberspheres that occupy a common virtual public space. Groups of 'netizens' brought together by common interests will debate and perhaps strive for the attainment of cultural goals. Much of the political discussion taking place online does not, and will not, sound different from that taking place in casual or formal face-to-face interaction. The widening gaps between politicians, journalists, and the public will not be bridged, unless both parties want them to be. Still, people who would never be able to come together to discuss political matters offline are now able to do so online, and that is no small matter.

The fact that people from different cultural backgrounds, states, or countries involve themselves in virtual political discussions in a matter of minutes, often expanding each other's horizons with culturally diverse viewpoints, captures the essence of this technology. The value of the virtual sphere lies in the fact that it encompasses the hope, speculation, and dreams of what could be. Castells noted that 'we need Utopias—on the condition of not trying to make them into practical recipes' (interview with Ogilvy, 1998, p. 188). The virtual sphere reflects the dynamics of new social movements that struggle on a cultural, rather than a traditionally political terrain. It is a vision, but not yet a reality. As a vision, it inspires, but has not yet managed to transform political and social structures.

This does not mean that there is still no room for communication researchers to discuss and investigate the political potential of internet-related technologies. Our political experience online has shown that so far, the internet presents a public space, but does not yet constitute a public sphere. It still is a useful tool, however, and can serve to provide direct feedback to political representatives. Its technical capabilities enable discussions among voters and representatives, and relative anonymity encourages discussion participants to be more vocal and upfront about stating their beliefs.

Unfortunately, as online political discussions are frequently dominated by a few they have a debatable, if any, impact on policy formation.

Communication researchers should further investigate political discussions online and develop ways of gauging the responses of lurkers to online political discussion. This could help transform these discussions into a more representative indicator of public opinion. Patterns of online argumentation could be traced to learn more about the nature of online deliberation. Live chat or newsgroup discussions between online participants and politicians could also be monitored to ascertain whether and how the nature of online discussions changes when somebody with political clout is involved.

So far, considerable research has focused on the personal utility that online discussions can have for discussion participants. Research should tackle the effects question more aggressively, and try to determine the consequences of online political deliberation for individuals, social groups, and society as a whole. Case studies of instances where the internet was used to mobilize support could be pursued, to understand the process through which online discussions can begin to gain political weight. More experimental debates between politicians and online discussants could be arranged, monitored, and observed by communication researchers, starting at a local governance level. Online discussants should be surveyed or otherwise interviewed to determine how powerful the impact of their online opinions is.

Finally, the internet has served as a valuable tool for political underdogs, and should continue to do so. For example, in the 2000 presidential US election, independent candidate Ralph Nader was able to use his website to connect and mobilize a large network of supporters. For independent candidates with limited funds and sparse coverage from the mainstream media, the internet presents a cheap, convenient, and speedy way of reaching out to potential voters. A website may not make as much of a difference for major party candidates, who can afford campaign advertising and enjoy continuous coverage from the mainstream press, but it has proven to be a blessing for other political contenders. Communication researchers could study and compare how politicians make use of the internet, and their own websites in particular. For example, scholars could consider how politicians' websites reflect the personality, mentality, and ideology of the candidate in question. The use and impact of these websites could be evaluated and compared to more traditional mass media, such as television and print journalism.

These suggestions for future research should contribute to the creation of a substantial body of literature on the political uses of the internet. We have successfully documented that political deliberation can indeed take place online; we now need to move forward and consider the greater impact of such political deliberation. Understanding and documenting the consequences of political uses of the internet can help us determine whether this relatively new medium will manage to transcend from public space to a public, virtual sphere.

References

Abramson, J.B, F.C. Arterton and G.R. Orren. (1988). *The Electronic Commonwealth. The Impact of New Media Technologies on Democratic Politics.* New York: Basic Books.

Arterton, F.C. (1987). Teledemocracy. *Can Technology Protect Democracy?* Newbury Park, CA: Sage.

Bagdikian, B. (1983). *The Media Monopoly.* Boston, MA: Beacon.

Barlow, J.P. (1995). A Globe, Clothing Itself with a Brain. *Wired 3(6)*, p. 108.

Barrett, J. (1996). Killing Time: The New Frontier of Cyberspace Capitalism. In L. Strate, R. Jacobson and S.R. Gibson (eds.), *Communication and Cyberspace* (pp. 155–66). Cresskill, NJ: Hampton Press.

Bell, D. (1981).The Social Framework of the Information Society. In T. Forester (ed.), *The Microelectronics Revolution* (pp. 500–49). Cambridge, MA: MIT Press.

Bellah, R.N., R. Madsen, W.M. Sullivan, A. Swidler and S.M. Tipton. (1985). *Habits of the Heart.* Berkeley, CA: University of California Press.

Bowen, C. (1996). *Modem Nation. The Handbook of Grassroots American Activism Online.* New York: Random House.

Breslow, H. (1997). Civil Society, Political Economy, and the Internet. In S. Jones (ed.), *Virtual Culture. Identity and Communication in Cybersociety* (pp. 236–57). Thousand Oaks, CA: Sage

Browning, G. (1996). *Electronic Democracy. Using the Internet to Influence American Politics.*Wilton, CT: Pemberton Press.

Cappella, J. and K.H. Jamieson. (1996). News Frames, Political Cynicism, and Media Cynicism. *Annals of the American Academy of Political and Social Science 546*, pp. 71–85.

Cappella, J. and K.H. Jamieson. (1997). *Spiral of Cynicism: The Press and the Public Good.* New York: Oxford University Press.

Carey, J. (1995). The Press, Public Opinion, and Public Discourse. In T. Glasser and C. Salmon (eds.), *Public Opinion and the Communication of Consent* (pp. 373–402). New York: Guilford.

Dewey, J. (1927). *The Public and its Problems.* New York: Holt.

Douglas, S.J. (1987). *Reinventing American Broadcasting. Baltimore.* MD: Johns Hopkins University Press.

Ettema, J.S. and D.C. Whitney. (1994). The Money Arrow. An Introduction to Audience-making. In J.S. Ettema and D.C. Whitney (eds.), *Audiencemaking* (pp. 1–18). Thousand Oaks, CA: Sage.

Fallows, J. (1996). Why Americans Hate the Media. *The Atlantic Monthly (February) 277 (2)*, pp. 45–64.

Fernback, J. (1997). The Individual within the Collective. Virtual Ideology and the Realization of Collective Principles. In S.G. Jones (ed.), *Virtual Culture. Identity and Communication in Cybersociety* (pp. 36–54). Thousand Oaks, CA: Sage.

Fraser, N. (1992). Rethinking the Public Sphere: A Contribution to the Critique of Actually Existing Democracy. In C. Calhoun (ed.), *Habermas and the Public Sphere* (pp. 109–42). Cambridge, MA: MIT Press.

Garnham, N. (1992). The Media and the Public Sphere In C. Calhoun (ed.), *Habermas and the Public Sphere* (pp. 359–76). Cambridge, MA: MIT Press.

Global Reach. (2001). Global Internet Statistics. http://www.euromktg.com/globstats. (consulted January 2001)

Grossman, L.K. (1995). *The Electronic Republic.* New York: Viking.

Habermas, J. (1962/1989). *The Structural Transformation of the Public Sphere. An Inquiry into a Category of a Bourgeois Society.* Trans. T. Burger and F. Lawrence. Cambridge, MA: MIT Press.

Habermas, J. (1991). The Public Sphere. In C. Mukerji and M. Schudson (eds.), *Rethinking Popular Culture. Contemporary Perspectives in Cultural Studies* (pp. 398–404). Berkeley, CA: University of California Press.

Hart, R.P. (1994). Easy Citizenship: Television's Curious Legacy. *Annals of the American Academy of Political and Social Science 546*, pp. 109–20.

Hill, K.A. and J.E. Hughes. (1998). *Cyberpolitics: Citizen Activism in the Age of the Internet.* New York: Rowman & Littlefield.

Jankowski, N.W. and M. van Selm. (2000). The Promise and Practice of Public Debate in Cyberspace. In K. Hacker and J. Van Dijk (eds.), *Digital Democracy. Issues of Theory and Practice* (pp. 149–65). London: Sage.

Jones, S.G. (1997). The Internet and its Social Landscape. In S.G. Jones (ed.), *Virtual Culture: Identity and Communication in Cybersociety* (pp. 7–35). Thousand Oaks, CA: Sage.

Kling, R. (1996). Hopes and Horrors: Technological Utopianism and Anti-Utopianism. Narratives of Computerization. In R. Kling (ed.), *Computerization and Controversy* (pp. 40–58). Boston, MA: Academic Press.

Lyotard, J.F. (1984). *The Postmodern Condition.* Minneapolis: University of Minnesota Press.

McChesney, R. (1995). The Internet and US Communication Policy-Making in Historical and Critical Perspective. Journal of Computer-Mediated Communication 1(4), URL (consulted January 2001): http://www.usc.edu/dept/annenberg/vol1/issue4/mcchesney.html#Democracy.

Melucci, A. (1996). *Challenging Codes: Collective Action in the Information Age.* New York: Cambridge University Press.

Mitra, A. (1997a). Virtual Community: Looking for India on the Internet. In S.G. Jones (ed.), *Virtual Culture: Identity and Communication in Cybersociety* (pp. 55–79). Thousand Oaks, CA: Sage.

Mitra, A. (1997b). Diasporic Websites: Ingroup and Outgroup Discourse. *Critical Studies in Mass Communication 14(2)*, pp. 158–81.

Negroponte, N. (1998). Beyond Digital. *Wired 6(12)*, pp. 288.

Ogilvy, J. (1998). Dark Side of the Boom: Interview with Manuel Castells. *Wired 6(11)*, p. 188.

Patterson, T. (1996). Bad News, Bad Governance. *Annals of the American Academy of Political and Social Science 546*, pp. 97–108.

Pavlik, J.V. (1994). Citizen Access, Involvement, and Freedom of Expression in an Electronic Environment. In F. Williams and J.V. Pavlik (eds.), *The People's Right to Know: Media, Democracy, and the Information Highway* (pp. 139–62). Hillsdale, NJ: Erlbaum.

Poster, M. (1995). The Internet as a Public Sphere? *Wired 3(1)*, p. 209.

Putnam, R.D. (1996). The Strange Disappearance of Civic America. *The American Prospect 24(1)*, pp. 34–48.

Rash, W., Jr (1997). *Politics on the Nets: Wiring the Political Process.* New York: W.H. Freeman.

Rheingold, H. (1993). *The Virtual Community.* Cambridge, MA: Addison-Wesley.

Schement, J. and T. Curtis (1997). *Tendencies and Tensions of the Information Age: The Production and Distribution of Information in the United States.* New Brunswick, NJ: Transaction.

Schmitz, J. (1997). Structural Relations, Electronic Media, and Social Change: The Public Electronic Network and the Homeless. In S.G. Jones (ed.), *Virtual Culture: Identity and Communication in Cybersociety* (pp. 80–101). Thousand Oaks, CA: Sage.

Schudson, M. (1997). Why Conversation is Not the Soul of Democracy. *Critical Studies in Mass Communication 14(4)*, pp. 1–13.

Tocqueville, A.D. (1990). *Democracy in America.* Vol. 1. New York: Vintage Classics.

Williams, F. (1994). On Prospects for Citizens' Information Services. In F. Williams and J.V. Pavlik (eds.), *The People's Right to Know: Media, Democracy, and the Information Highway* (pp. 3–24). Hillsdale, NJ: Erlbaum.

Williams, F., and Pavlik, J.V. (1994). Epilogue. In F. Williams and J.V. Pavlik (eds.), *The People's Right to Know: Media, Democracy, and the Information Highway* (pp. 211–24). Hillsdale, NJ: Erlbaum.

Teil II
Transformationen des Privaten

Die Zurichtung des Privaten

Gibt es analoge Privatheit in einer digitalen Welt?

Armin Nassehi

Big Data ist ein Herrschaftsinstrument. Big Data ermöglicht totale Kontrolle, ist aber politisch unkontrollierbar. Big Data gefährdet unsere informationelle Selbstbestimmung. In Big Data kulminiert womöglich der alte Traum ökonomischer und politischer Beobachter, all die Informationen zusammenzubekommen, die eigentlich nicht zusammengehören. Big Data ist für Datenanwender ein Tool, das es erlaubt, etwas zu finden, wonach man gar nicht gesucht hatte, wobei man im Nachhinein erst wissen kann, was man hätte suchen können, hätte man nicht nur Daten, sondern Informationen. Big Data macht empirisch ernst mit der zuvor abstrakten Einsicht, dass Daten erst in bestimmten Anwendungskontexten und durch ihre Rekombination zu Informationen werden. Big Data verändert die Suchroutinen und das Bild der Gesellschaft ihrer selbst. Und das geschieht nicht erst seit gestern, sondern schon länger, aber es wird jetzt zum Thema, weil es an den Alltagserfahrungen von Usern ansetzt, die weit weg sind von Data-Mining-Strategien, Business-Konzepten und geheimdienstlicher Erkenntnisgewinnung. Sichtbar wird Big Data vor allem durch die merkwürdige Erfahrung, dass Big Data nicht mehr weit weg ist, sondern durch die Praktiken der Bevölkerung selbst gespeist wird, vor allem jener, die gar nicht wissen, dass sie sammeln und überall Spuren hinterlassen. Seit freilich diese Einsicht der fast völligen Unvermeidbarkeit, zu Big Data beizutragen, sichtbarer wird, kulminiert die Diskussion letztlich

Zuerst erschienen in: Kursbuch 177, 2017, Kursbuch Kulturstiftung gGmbH.

A. Nassehi (✉)
Ludwig-Maximilians-Universität München, München, Deutschland
E-Mail: Armin.Nassehi@soziologie.uni-muenchen.de

© Springer Fachmedien Wiesbaden GmbH, ein Teil von Springer Nature 2019
M. Stempfhuber und E. Wagner (Hrsg.), *Praktiken der Überwachten,*
https://doi.org/10.1007/978-3-658-11719-1_4

in einer konkreten Diagnose und Kritik: *Big Data gefährdet unsere Privatheit, unsere Privatsphäre, unsere persönliche Autonomie.*

Bis jetzt lief der Diskurs über das Internet, über Big Data und seine Folgen und über die Praktiken von Usern vor allem als ein Diskurs über einen neuen Strukturwandel der Öffentlichkeit – was eigentlich Privatheit in diesem Kontext bedeuten kann, bleibt fast ausgeklammert. Es lohnt sich also, den Fokus versuchsweise auf Privatheit zu richten, denn die Debatte kennt Privatheit tatsächlich zunächst nur als schützenswerten Raum, an dem die Macht zu brechen ist. Sie fokussiert sich derzeit vor allem auf Repolitisierung (Morozov 2014).[1]

1   Ein neuer Strukturwandel der Öffentlichkeit

Wenn die Privatsphäre der Raum unserer persönlichen Autonomie ist, dann ist Öffentlichkeit der Raum, der sich von dieser ursprünglichen Form dadurch entfernt, dass er einsehbar wird für andere – wie wir sozialhistorisch wissen, zunächst in Form von bürgerlichen Lesegemeinschaften, später in Vereinen und anderen Zusammenschlüssen, schließlich in medial vermittelten Diskussionsöffentlichkeiten von gebildeten belesenen Lesern, heute von bebilderten informierten Bürgern, die über die Gesellschaft das wissen, was in solchen Öffentlichkeiten sichtbar wird. Der Nationalstaat moderner Prägung seit Beginn des 19. Jahrhunderts hat letztlich die Bühnen der bürgerlichen Gesellschaft als System der Bedürfnisse und als Raum öffentlich zugänglicher Informationen wie als realer Staat, als Polizey, das heißt als öffentliche Ordnung zur Verfügung gestellt und gestaltet.

Über die Öffentlichkeit wird viel räsoniert – kann sie die normativen Energien freisetzen, die dafür sorgen, dass sich so etwas wie ein demokratisch gebildeter Wille durchsetzt? Kann sie zugänglich machen, was in früheren Gesellschaften nur für Eliten erreichbar war? Kann sie das Korrektiv für illegitime Macht und Herrschaft sein? Kann sie kulturelle Praktiken und Selbstverständlichkeiten öffnen, indem sie uns mit Alternativen versorgt? Bringt sie den kritischen Staatsbürger hervor, der wenigstens in Demokratietheorien noch nach dem Agora-Modell der attischen Demokratie imaginiert wird? Und was geschieht mit der Öffentlichkeit, wenn sie medial vermittelt wird? Seit dem Buchdruck gibt es überhaupt erst so etwas wie einen entfernten, einen imaginären Rezipienten in

---

[1]So etwa Morozov, Evgeny. 2014. „Wir brauchen einen neuen Glauben an die Politik!" *Frankfurter Allgemeine Zeitung* vom 14. 01. 2014, als Antwort auf Sascha Lobos Klage, das Internet sei inzwischen kaputt.

einer Vorform von Öffentlichkeit, die als Leserschaft imaginiert werden konnte. Und erst mit der Zeitung ist so etwas wie eine gemeinsame Realität einer Gesellschaft simulierbar, ist eine öffentliche Sprechergemeinschaft unter Fremden zumeist im Rahmen nationalstaatlicher Ordnung erst möglich. Medien sind stets der Filter, durch den das diffundiert, was als Thema in öffentlichen Räumen verhandelbar wird. Sie sind also zugleich Ermöglicher und Verhinderer, sie sind der Gatekeeper von Öffentlichkeiten – und mit jeder Medienrevolution ändern sich die Bedingungen dessen, was wir Öffentlichkeit nennen, also die Bedingungen im System der Bedürfnisse und im Staat. Das galt für das Radio ebenso wie für das Fernsehen, und es gilt auch für das Internet. Und stets hat man mit einem neuen Verbreitungsmedium ebenso große Erwartungen wie Befürchtungen verknüpft.

Bezogen aufs Internet reicht die Spanne von der Euphorie eines Howard Rheingold (1993), der virtuelle Gemeinschaften und eine neue demokratische Kultur in „virtuellen Gemeinschaften" (Rheingold 1993) am Horizont sah, bis zu Sascha Lobos Klage, das Internet sei inzwischen kaputt, weil es all diese Verheißungen praktisch dementiert. Grundtenor in der Reflexion des Internets ist aber nach wie vor das rheingoldsche Motiv der Vergemeinschaftung und des *social networks,* der Möglichkeit von Gegenöffentlichkeiten und des Zusammenbringens von Teilpublika, die ohne das Netz nicht erreichbar wären. Es ist letztlich ein Diskurs darüber, wie man den Vorteil schwacher Netzwerke ausnutzen kann: Das Netz bringt Leute zusammen, die sonst nicht zusammenkämen, und erzeugt dadurch adressierbare Räume, die andere Medien nicht in dieser Geschmeidigkeit herstellen können. Aus dem öffentlichen Raum der bürgerlichen Gesellschaft mit ihrem Wunsch nach dem einen legitimen Geschmack, der einen legitimen Lebensform, der einen sozialmoralischen Intuition und der Vereinheitlichung politischer Konfliktlinien entsteht ein *Pluralismus von communities,* die sich operativ neu bilden und nicht mehr die Gesellschaft repräsentieren, sondern letztlich ihre je eigene Sphäre in thematischer, ästhetischer und sozialmoralischer Absicht.

Der Internetdiskurs hat bis vor Kurzem vor allem dies gesehen – von Aktivisten erwartungsfroh und mit großem Vertrauen in neue Vergemeinschaftungs- und Demokratieformen gefeiert, von der akademischen Beobachtung des Internets mit einer gewissen Skepsis begleitet, aber doch auch an den Fragen der Chancen neuer Vergemeinschaftungsformen interessiert. Sozialwissenschaftliche Beobachter bleiben eben am Ende doch Anwälte einer besseren Welt, die sie sich vor allem als eine Welt mit hoher Konsensrate bei gleichzeitiger Diversifizierung von Möglichkeiten vorstellen. Was noch dazukommt, sind neue Praktiken, die das Private und Öffentliche, das Persönliche und das Sachliche in neuen Formen authentischer Gelegenheitskommunikation im Internet geradezu verschwimmen lassen – hin zu einer Netzwerkgesellschaft, in der wir anders leben können. Howard Rheingold spricht inzwischen von *Smart Mobs,* (Rheingold 2003) die nicht nur *virtual communities* von Individuen sind, sondern auch kollaborative Systeme mit kollektiver Intelligenz werden können.

Big Data ist anders. Vielleicht erzeugt Big Data tatsächlich so etwas wie Kollektivität – aber letztlich nur so etwas wie *collected collectivities.* Big Data erzeugt keine sozialen Gruppen, sondern statistische Gruppen. Soziale Gruppen sind auch im Internet *analoge* Phänomene, also sichtbar, deutlich adressierbar, identitätsstiftend, an natürlicher Sprache und Alltagspraktiken orientiert. Erst mit Big Data werden die Praktiken wirklich digitalisiert. Big Data macht aus analogen Anwendern *digitale* Phänomene. Big Data digitalisiert die Spuren analoger Praktiken – Bewegungsprofile auf Straßen und im Netz, Kaufverhalten, Gesundheitsdaten, Freizeitverhalten, Teilnahme an *social networks* etc. – in der Weise, dass zum einen Daten rekombiniert werden können, die gar nicht für die Rekombination gesammelt wurden. Zum anderen entstehen dadurch *statistische Gruppen,* die in der analogen Welt so gar nicht vorkommen – etwa potenzielle Käufer bestimmter Produkte, Verdächtige in Rasterfahndungen oder gesundheits- und kreditbezogene Risikogruppen. Hier dreht sich nun die Argumentations- richtung um. Big Data ist das, was das Unsichtbare am *social networking* im Internet abschöpft – lebte dies noch von dem Traum, Ressourcen privat-authenti- scher Kommunikation in öffentliche Kommunikation zu speisen und aus Gesell- schaft wieder mehr Gemeinschaft zu machen, dringt nun das Netz umgekehrt von außen in die Privatsphäre ein – wo es nichts zu suchen hat, es aber viel zu finden gibt.

2   Gefährdete Privatheit

Vielleicht ist diese Diagnose einer *Gefährdung von Privatheit* jener Umschlag- punkt, an dem die Diskussion aus den Expertenkulturen auswandert und jene Dichte bekommt, die wir gerade beobachten. Die Feuilletons versorgen uns mit technischen Details, informieren über ökonomische Strategien, politische Möglichkeiten, militärische Innovationen, medizinische Beobachtungs- und Kon- trollmöglichkeiten etc., die alle die Kumulation von gesammelten Daten und ihrer Rekombination und Verarbeitung als Grundlage verwenden. Auf einmal werden *Social Media* als Geschäftspraktiken sichtbar, und es entsteht eine Sensibilität dafür, dass all das harmloser aussieht, als es ist. Es wird vor Machtkonzentration gewarnt, auch davor, dass man zwischen ökonomischen und politischen Akteuren kaum mehr unterscheiden kann.

Dass Dinge zum Problem werden, wird symbolisch vielleicht daran deutlich, dass es inzwischen sogar *Abstinenzler* in der Generation der *Digital Natives* gibt, die dann ihrerseits medienwirksam in Szene gesetzt werden, so etwa den Blogger und ZDF-Journalisten Martin Giesler, der in seiner Facebook-Abstinenz (zumindest was seine privaten Kontakte angeht) an sich selbst erlebt, dass er nun viel bessere Kontakte zu seinen Freunden hat (Klub Konkret 2014). Die Alltagsreaktion auf die Big-Data-Bedrohung ist also eine sehr traditionelle: Es ist der Versuch, die eigene Privatsphäre gegen Zugriff von außen zu schützen, gewissermaßen den persönlichen Nahraum von der Öffentlichkeit abzugrenzen und wenigstens hier selbst bestimmen zu können, was die oftmals unsichtbare Membran zwischen dem privaten Nahraum und der Welt passieren kann und darf. Letztlich ist Privatheit das normative Kriterium der Kritik an den neuen Möglichkeiten des Internets und der Big-Data-gestützten neuen Such- und Findepraktiken. Der private Nahraum ist letztlich die Welt, in der wir lebensweltlich geschützt leben wollen – und so verliert alle Kritik der „neuen" Medien seine Abstraktion, wenn dieser private Nahraum unter Beschuss und Beobachtung gerät. Dahinter steckt ein Narrativ, an das wir uns gewöhnt haben: dass es eine klare Grenze gibt zwischen dem privaten Raum der Selbstbestimmung und idiosynkratischer Lebensformen und dem öffentlichen Raum der Erreichbarkeit für andere. Aus der Perspektive gelebter Lebensformen selbst erscheint die Gesellschaft tatsächlich als eine konzentrisch gebaute Form, in der die Bedeutung und Unverwechselbarkeit von Personen mit zunehmender Ferne abnimmt. Letztlich richten sich Lebensformen in Familien, Freundesnetzwerken und konkret erreichbaren Personen ein, während der Raum der „Gesellschaft" wie ein öffentlicher Raum erscheint, in dem eher universalistische Spielregeln gelten – von Höflichkeitsroutinen über Straßenverkehrsregeln bis hin zu einem allgemeinen Set von Verhaltensstandards für jenen Raum, den wir eher Öffentlichkeit nennen. Die Grenze zwischen diesen Räumen wird architektonisch durch die Haus-/Wohnungstür und sozial durch die Sichtbarkeit von Idiosynkrasien markiert. So kann es sogar gelingen, dass man unter vielen privat sein kann, wie Kommunikationspraktiken des Lautstärkemanagements, des bewussten Weghörens und des Takts gegenüber privaten Fragen belegen. Privat ist das, was anderen nicht zugänglich gemacht wird – es ist gewissermaßen der Raum der geringsten Allgemeinheit und der größten Besonderheit. Und es wird als der Raum eines unmittelbaren, ursprünglichen, wirklich an der konkreten Person erlebten Lebens erlebt.

Unser Bild von der Privatheit ist gewissermaßen die fleischgewordene Idee der Sittlichkeit aus Hegels Rechtsphilosophie. Hegel unterscheidet drei Ebenen der Sittlichkeit, die Familie, die bürgerliche Gesellschaft und den Staat, wobei die Familie als die ursprüngliche Form der Sittlichkeit die partikularste Form der

Sittlichkeit darstellt, in der sich unverwechselbare Personen bis zur physischen Symbiose begegnen, während in der bürgerlichen Gesellschaft, im „System der Bedürfnisse" (Wirtschafts-)Subjekte ihre Interessen vertreten und als selbstbewusste Individuen auftreten.

Der Staat als „Wirklichkeit der sittlichen Idee" dagegen verlangt von diesen Individuen dann wiederum weniger Selbstbewusstsein als Unterwerfung aus freien Stücken unter ein Allgemeines – Unterwerfung als Freiheitsgeste. Die Versöhnung dieser drei Stufen der Sittlichkeit stellen wir uns letztlich wie Hegel so vor, dass die Unterwerfung unter den Staat genau genommen dadurch erkauft wird, dass die symbiotische Form der Familie in Ruhe gelassen wird und wir in der bürgerlichen Gesellschaft unser Aus- und Einkommen finden. Familie und Privatheit sind darin als die zwar partikularste, aber auch ursprünglichste, sinnlichste Form der Sittlichkeit gedacht. Dies, die Authentizität und Ursprünglichkeit, man könnte fast sagen: unmittelbarste Menschlichkeit, die sich in dieser partikularen Sphäre der Sittlichkeit ausdrückt, ist so etwas wie die Grundintuition öffentlicher Debatten über den Schutz der Privatheit. Zu dieser Grundintuition gehört auch, dass Privatheit ein fast gesellschaftsfreier Raum ist, wenn nicht real, dann wenigstens als normative Vorstellung.

Es lohnt sich deshalb, der Privatheit mehr Aufmerksamkeit zu widmen. Oder so gesagt: Wer sich für *Privatheit 2.0* interessiert, sollte zunächst genauer wissen, was eigentlich *Privatheit 1.0* war. Es gehört zu den Grunderfahrungen der sozialen Evolution, dass Diskurse über gegenwärtige Veränderungen oft ein erstaunlich einfaches Bild der Vergangenheit imaginieren, um die Veränderung klarer auf den Begriff bringen zu können. Deutlicher formuliert: Oft wird der Verlust von etwas beklagt oder etwas zu retten versucht, das es so nie gab. So tun manche Klagen über die Säkularisierung oder die Gottlosigkeit der modernen Welt so, als seien frühere Zeiten wirklich religiös integriert gewesen; so treten Kritiken an der Komplexität, an der Arbeitsteilung, an der Unübersichtlichkeit der modernen Welt oftmals mit einer sehr schlichten Vorstellung über geteilte Weltbilder und nahezu konfliktfreie Lebensformen der Vormoderne an; die gegenwärtig beliebte Beschleunigungskritik, die sich gerne als eine Art neuer Kritischer Theorie geriert, imaginiert frühere Zeiten als ruhigere Zeiten; die Kritik der industriellen Produktion glaubte oft, dass die Überlebensstrategien in früheren Mangelgesellschaften weniger entfremdete Verhältnisse waren; Urbanitätskritik lebte stets von einem romantischen Bild ländlicher Idylle; gegen die Hirnforschung und ihre zum Teil aufregenden Ergebnisse wird ein freier Wille gerettet, den man vorher in dieser Form nicht kannte; und Technikkritik übersieht gerne, woran frühere Sozialformen oft gekrankt haben. So ähnlich könnte es auch der Kritik an der *Privatheit 2.0* gehen, deshalb widme ich mich zunächst der

Privatheit 1.0 – und das übrigens keineswegs, um die Kritik an der Gefährdung von Privatheit durch Big Data zu korrumpieren, sondern ganz im Gegenteil: um genauer zu wissen, was wir da kritisieren und verteidigen.

3   Privatheit 1.0

Privatheit ist schon länger ein öffentliches Kampffeld. Dass das Private politisch sei, war eine der wirksamsten Kritiken sozialer Bewegungen, etwa der Kulturrevolution der sogenannten 68er oder später der Frauenbewegung. Sie entdeckten gewissermaßen die Gesellschaftlichkeit des Privaten, in der sich die Vermittlung von Allgemeinem und Besonderem zeigt – was ja letztlich schon in Hegels Legeshierarchie der drei Sittlichkeitsformen angelegt ist und bis heute in dieser Weise diskutiert wird, denkt man etwa an Rahel Jaeggis neuestes Buch, dessen Hauptthese lautet, Lebensformen und ihre Legitimation seien explizit keine Privatsache (Jaeggi 2013). Aber gerade im Konflikthaften dieses Anspruchs bestätigt sich die Grundintuition, das Private sei etwas, das dem gesellschaftlichen Zugriff entzogen sei, das ganz andere, in dem wir die sind, die wir sind.

Um der Entstehung von Privatheit, wie wir sie kennen, auf die Spur zu kommen, möchte ich Michel Foucaults Studie *Sexualität und Wahrheit* zu Hilfe nehmen, weil Sexualität vielleicht als der privateste Bereich der Gesellschaft anmutet, insbesondere in der bürgerlichen Gesellschaft, die von einer merkwürdigen Gleichzeitigkeit von Prüderie und Sexualisierung gekennzeichnet ist. Dass Sexualität in der bürgerlichen Gesellschaft zur Individualisierung der Person beiträgt, hängt auch damit zusammen, dass sexuelles Begehren als die authentischste und individuellste Form des Begehrens gilt – letztlich bis heute in den bürgerlich-antibürgerlichen *queer studies,* die nach authentischem Begehren suchen, soweit es nur nicht zu konventionell dem Diktat der „Zwangsheterosexualität" folgt.

Foucault beschreibt, dass die bürgerliche Gesellschaft des 19. Jahrhunderts eine „Gesellschaft der blühendsten Perversion" (Foucault 1989, S. 63) gewesen sei, in der die Einhegung der Sexualität in der Ehe zugleich dafür gesorgt hat, so etwas wie Gegenkräfte aufzubauen, gegen die wiederum bestimmte Sozialtechniken helfen sollten. Foucault nennt als die entscheidende Technik das Geständnis. Um den Sex herum, schreibt Foucault, hat man „einen unübersehbaren Apparat konstruiert …, der die Wahrheit produzieren soll" (Ebd., S. 73). Die Vorläufer des modernen Geständnisses sind etwa die Ausgestaltung des Bußsakraments durch das Laterankonzil von 1215, aber auch andere Ermittlungsmethoden, etwa die Inquisition, die nicht einfach Schuld nachweisen wollte, sondern ein

Geständnis von Beschuldigten anstreben. Die neue Instanz, die diese Aufgabe übernimmt, ist nun die Wissenschaft, eine *scientia sexualis,* die den Geständigen mit Kriterien darüber versorgt, was eine Perversion ist und was nicht, und damit eine spezifische Macht erzeugt, die jene Sexualität erst formt, die als sozial verträgliche Variante einer wirklich authentischen privaten Lebensform gelten kann und die allgegenwärtige Perversion zu einem Anlass für Geständnisse macht, in denen das Individuum zu jenem Subjekt wird, das sich selbst regiert und in einer Weise vernünftig wird, dass die Gesellschaft einen *privat* genannten Bereich des Lebens vorsehen kann. Die Haus- oder Wohnungstür kann man nur schließen und den Bereich dahinter unbeobachtet lassen, wenn man weiß, dass sich die Subjekte dahinter selbst beobachten. Sie werden bürgerliche Subjekte dadurch, dass sie sich selbst regieren, beziehungsweise dadurch, dass sie wollen, was sie sollen. Diese Versöhnung von Wollen und Sollen hatte übrigens auch Hegels Legeshierarchie im Blick, die das Besondere mit dem Allgemeinen vermittelt. Wie Marx freilich Hegel vom Kopf auf die materialistischen Füße gestellt hat, hat Foucault Hegel (natürlich implizit) von der Vermittlung des Geistes auf die Kontrolle des Körpers umgestellt.

Was der Grundintuition des Bürgers als die Freiheit und die Abwesenheit äußerer Kontrolle erscheint, ist in Foucaults Interpretation das Ergebnis eines neuen Sozialtyps, der sich rechtfertigen muss. Er ist frei zu tun, was er will, soll aber wollen, was er soll. Deshalb wird er immer wieder Situationen ausgesetzt, Auskunft über sich selbst zu geben – über das, was er will. Foucault schreibt sehr deutlich: Nun „liegt die Herrschaft nicht mehr bei dem, der spricht (dieser ist der Gezwungene), sondern bei dem, der lauscht und schweigt; nicht mehr bei dem, der weiß und antwortet, sondern bei dem, der fragt und nicht als Wissender gilt" (Ebd., S. 81).

Privatheit 1.0 ist nach diesem Verständnis das Ergebnis von Überwachungstechniken, die Daten in Anspruch nehmen, um so etwas wie eine Normalität und Normalisierung der individuellen Lebensführung hervorzubringen. Was Foucault mit seinem berühmten Topos der *Biopolitik der Bevölkerung* beschreibt, ist im Wortsinne *collected collectivity,* gesammelte Kollektivität, in Foucaults Formulierung „die sorgfältige Verwaltung der Körper und die rechnerische Planung des Lebens" (Ebd., S. 167), die vor allem durch Organisationsmitgliedschaft in Schulen, Kasernen, Betrieben usw. vermittelt wird. Foucaults Formulierungen wie die, es gehe um die „Lebenskraft des Gesellschaftskörpers" (Ebd., S. 176), werden gerne mit einer Art wohligem Schauer über vergangene Disziplinarzeiten zitiert. Aber ganz im Gegenteil sind sie an Aktualität kaum zu überbieten. Dass Sexualität der größte Machtproduzent in der bürgerlichen Gesellschaft war und dass gerade die Sexbesessenheit traditioneller Moralinstanzen wie Kirchen nach wie vor statthat, mag der besonderen historischen Situation geschuldet sein. Heute hat die Körperkontrolle das enge Feld der Sexualität längst verlassen und richtet sich auf Schönheit, Gesundheit, Authentizität des Wollens und Begehrens und nicht zuletzt auf die Erlebnisfähigkeit einer erholungsbedürftigen und erschöpften Subjektivität – erschöpft von der Schnelligkeit und Komplexität der Welt und nicht zuletzt erschöpft als theoretisches und normatives Konzept zur Erklärung der Welt. Das Subjekt ist das Ergebnis von Selbsttechniken, die eine Reaktion auf äußere Erwartung und Sammeltechniken sind. Die Ordnung der Subjektivität wie die Ordnung der Privatheit sind erwartungsgeleitete Normalisierungsstrategien, die sich letztlich Erwartungsstrukturen verdanken, die durch Big Data zustande kommen.

4   Privatheit 1.0 als Ergebnis von Big Data?

Was ich mit Foucault als Privatheit 1.0 beschreibe, ist genau genommen die Frage nach der Anwendung von Big Data. Die „Biopolitik der Bevölkerung" kann man fast mit denselben Kategorien beschreiben, mit denen man auch die heutigen Big-Data-Strategien beschreiben kann. Die Entstehung staatlicher Kontroll- und Normalisierungsinstanzen, die Sammlung von Daten über die Bevölkerung, die Steuerung kollektiver Verhaltensweisen, die datengestützte Form der Sozialplanung, die Versorgung von Bevölkerungen, die auf arbeitsteilige Produktion von Konsum- und Substitutionsgütern angewiesen sind, all das erforderte eine Sammlung von Daten, für die neue Instanzen gesucht wurden, die genau das gemacht haben, was Foucault beschrieben hat: Sie haben nicht gesprochen, sondern geschwiegen. Ähnlich wie der Beichtvater zuvor zugehört hat und damit Macht ausgeübt hat, ist es nun der Staat, der still und leise sammelt und daraus seine Schlüsse zieht. Als 1872 das „Statistische Amt des Deutschen Reiches" gegründet wurde, galten die Daten nicht umsonst als Staatsgeheimnis. Sie wurden nicht veröffentlicht, weil man genau wusste, dass sie das eigentliche Machtmittel zur Steuerung der Gesellschaft sind. Und man musste sich erst daran gewöhnen, dass man mit statistischen Daten auf merkwürdige Regelmäßigkeiten stieß, obwohl die Menschen doch alles, was sie tun, aus freiem Willen tun. Es war Big Data, das erst jenes „Volk" erzeugte, das man da führen sollte. Vorher wusste man nichts über das Volk. Es war da. Jetzt wird es erzeugt.

Auch aus dem Volk oder der Bevölkerung wird nun das, was ich oben ein *digitales* Phänomen genannt habe. Als analoges Phänomen haben es die vordergründigen politischen Ideologen behandelt – man hat ihnen Sinn und Erhabenheit, Anerkennung und Gemeinschaft versprochen. Der abstrakte Mensch der

Menschenrechte wurde zum Bürger einer konkreten analogen Gemeinschaft, genannt Nation, während die Verwaltung und die von Foucault sogenannte Bio-Politik daraus ein digitales Phänomen gemacht hat, das man steuern, lenken und gestalten kann.

Genau genommen ist die Privatheit 1.0, also die Privatheit der Rückzugsräume und der Schutzrechte, die Privatheit der Innerlichkeit und der subjektiven Unverwechselbarkeit seit dem Beginn der Moderne schon von der Privatheit 2.0 der *collected collectivities* flankiert gewesen, sodass das Erstaunen über die Macht und die Techniken des Big Data heute einerseits erstaunt, andererseits eine Art Aufklärungsprojekt ist.

Ich behaupte, dass unser Unbehagen gegenüber Big Data sehr produktiv ist. Es konfrontiert uns mit unserer Naivität, mit der wir uns in dieser Welt einrichten. Die Kritik an Big Data ist eine oberflächliche Kritik, wenn sie wirklich daran glauben sollte, dass man staatliche Schutzrechte gegenüber dem Staat einfordern kann, wenn man weiß, dass die Staatlichkeit des modernen Staates seit dem 18. Jahrhundert gerade darin gründet, dass er sich mit digitalisierten Daten versorgt – und das letztlich, seit es so etwas wie eine zentrale Planung von Bevölkerungen gibt. Die merkwürdige Regelmäßigkeit des Verhaltens individuell freier Subjekte bringt einerseits das Konzept der Subjektivität als Individualprinzip zu Fall, andererseits ist es genau ihr Ausgangspunkt. Subjekte dürfen nur frei sein, wenn sie auch vernünftig sind – und die wichtigsten Vernunftgeneratoren in der Geschichte der westlichen Moderne waren Professionelle wie Ärzte und Juristen, Lehrer, Professoren und Sozialplaner, die Polizei und das Strafsystem. Nicht zufällig sind das die Instanzen, die ihre eigene Vernünftigkeit, ihre eigenen Kriterien, ihre Handlungsanweisungen und ihr Expertenwissen dem Big Data statistischer Ämter, wissenschaftlicher Erhebungen und nicht zuletzt dem machtvollen „Zuhören" verdanken. Sie wussten um Privatheit 2.0, sie hatten *digitale Daten* über *collected collectivities,* und ihre Professionalität bestand darin, dieses Wissen zu übersetzen in *analoge Handlungsanweisungen,* die Klienten zu vernünftigen Menschen gemacht haben – sich um ihre Gesundheit sorgende Patienten, sich an normative Regeln haltende Rechtssubjekte, sich der resozialisierenden Strafe aussetzende Bestrafte, Schüler mit Motivation zu guten Leistungen usw. Was zum Normallebenslauf der klassischen Moderne gehört – beschützte Kindheit, lange Ausbildungsphasen, Arbeitsmotivation um ihrer selbst willen, Wille zur Karriere und zur Familiengründung, Loyalität demokratischen Entscheidungen gegenüber, ein Gemeinschaftsgefühl einer Solidarität unter Fremden – all das ist nicht einfach da, sondern muss von jenen moralisch und mit professioneller Güte und Vernunft, aber auch Härte und Strenge gefordert werden, die wissen, wie der Hase läuft – von jenen nämlich, die Zugang zu Big Data haben.

5   Big Data und die Privatheit 2.0

Die Privatheit, die wir heute kennen und gegen die Strategien des Big Data verteidigen – ich habe sie Privatheit 1.0 genannt –, ist selbst das Ergebnis einer Datenverarbeitungsstrategie. Der Verzicht auf unmittelbare Kontrolle des privaten Lebens war für den Staat und für die Öffentlichkeit nur möglich, weil man es mit einem Personal zu tun hatte, das durch entsprechende Asymmetrien zwischen paternalistischen Normalisierungsagenten – Ärzten, Lehrern, Militärs, Sozial-, Stadt- und Hygieneplanern, Polizei und Gerichten – und ihren Klienten so etwas wie einen selbstkontrollierten Menschen hervorgebracht hat, der in der Privatheit einerseits die erlernte Selbstkontrolle fortführte, andererseits eine gewisse Fluchtmöglichkeit fand. Die Gleichzeitigkeit von Prüderie und sexuellen Perversionen mag dafür ein Indiz sein. Wenn sich etwa der Sozialphysiker Adolphe Quetelet, einer der Ersten, die statistische Verfahren auf die Gesellschaft angewandt haben, im 19. Jahrhundert darüber wundert, wie regelmäßig sich die Menschen verhalten, etwa wenn es ums Heiratsverhalten geht, dann ist das bereits das Ergebnis einer Normalisierungsstrategie, die zugleich auch Ausdruck einer starken Normativität ist. Quetelet hat Abweichungen von der Normalverteilung als Störung aufgefasst und war letztlich fasziniert von einem *homme moyen,* einem Mittelwertmenschen, den man entsprechend berechnen kann und der zugleich die Grundlage für all jene Praktiken bildet, in denen die Menschen als selbstverantwortliche Individuen geformt werden (Döring 2011).

Erst vor diesem Hintergrund wird das Besondere heutiger Big-Data-Strategien sichtbar. Deutlich sollte geworden sein, dass die Idee bürgerlicher Privatheit seit ihren Anfängen das Ergebnis gesellschaftlicher/staatlicher Kontrollstrategien war. Es sind dies zum einen Kontrollstrategien, die das Individuum dazu bringen, auskunftsfähig über sich selbst zu werden. Erst wenn in die Subjektivität des Individuums eine Idee von Selbstrechtfertigung gepflanzt wird, kann es einer aus der Perspektive gesellschaftlicher Kontrolle unordentlich wirkenden Privatheit freigegeben werden. Und erst dort, wo ein Gewissen und auf Innerlichkeiten bezogene Kommunikationsformen entstehen, kann man sich darauf verlassen, dass die normative Idee, ein Leben nach dem Bilde des *homme moyen* zu führen, tatsächlich vorausgesetzt werden kann. Die Instanzen, die den Menschen jene Normalisierung nahebringen, sind autoritative Sprecher in Form von Professionellen und Experten, die mit so etwas wie Benchmarks und Grenzwerten versorgt sind, aus denen sich Kriterien für das richtige Verhalten erschließen lassen. Man darf gerade die Bedeutung dieser autoritativen professionellen Sprecher für die Formung von privaten Lebensformen nicht unterschätzen. Sie erzeugen erst jene Klienten, denen vernünftige Privatheit zumutbar ist (Nassehi 2010).

Freilich unterscheiden sich die heutigen Big-Data-Strategien von den klassischen seit der Sozialphysik und Sozialstatistik des 19. Jahrhunderts. Hatten diese Strategien den *homme moyen* und damit eine gewissermaßen überindividuelle normative Struktur im Blick, sind neue Big-Data-Strategien an Einzelfällen beziehungsweise Sondergruppen interessiert. Denkt man etwa an Dienstleister, die mithilfe von Big Data die Kreditwürdigkeit von potenziellen Bankkunden untersuchen, (Kreditech Holding 2016) dann geht es nicht um Mittelwerte oder Benchmarks, sondern um die Individualisierung von Informationen[2]. Aus Daten über bisheriges Konsumverhalten, Zahlungsmoral, aber auch über die Netzwerke und Kontakte von Personen, über Verbindungsdaten, über Informationen über den Lebenswandel, inklusive womöglich das Gesundheitsverhalten wird ein Profil einer Person erstellt, das dazu dient, ihre Kreditwürdigkeit einzuschätzen. Der große Unterschied zu früheren Daten besteht darin, dass hier nun Daten ausgewertet werden, die nicht für den genannten Zweck erhoben wurden. Die Datenspuren stammen aus ganz anderen Zusammenhängen und werden erst im Nachhinein zu Informationen für einen bestimmten Zweck. Aktuelle Big Data sind in der Lage, ganz unterschiedliche Datenquellen miteinander kompatibel zu machen. Letztlich kommt hier die besondere Fähigkeit der computergestützten Form des Rechnens erst zu voller Geltung. Computergestütztes Rechnen zeichnet sich dadurch aus, dass die Digitalisierung von Daten erst die Grundlage für ihre Rekombinierbarkeit bietet. Big Data rekombiniert Daten, die letztlich nicht füreinander bestimmt waren, und erzeugt durch die Rekombination erst einen Mehrwert. Im Falle der Kreditwürdigkeit können etwa gesundheitsbezogene Daten herangezogen werden, um den Gesundheitszustand der Person oder auch den Stand seiner methodischen Lebensführung abzulesen. Dabei geht es weniger um prinzipiell geheime Daten von Krankenkassen oder gar Ärzten – diese zu verwenden wäre illegal. Der Clou ist der, dass immer mehr Anwender solche Daten selbst in Clouds oder in sozialen Netzwerken hinterlassen, etwa mithilfe von gesundheitsbezogenen Apps im eigenen iPhone, die zum Selbstmonitoring dienen. Überhaupt stammen immer mehr Daten von Netzusern von ihnen selbst, denn alle netzgestützten Monitoring-Programme hinterlassen Datenspuren – Gesa Lindemann nennt sie in diesem *Kursbuch* die „Matrix der digitalen Raumzeit".

In dieser Matrix hinterlässt eine typische Alltagspraxis in unserer Gesellschaft fast unvermeidlich Daten. Wer eine Kreditkarte besitzt, ist in seinem Zahlungsverhalten rekonstruierbar; wer mit einem Automobil über Autobahnen fährt, wird

---

[2]Sehr aufschlussreich die Website der Firma Kreditech, Hamburg: www.kreditech.com.

gescannt und gespeichert; wer sich auf Flughäfen oder Bahnhöfen aufhält, wird das potenzielle Objekt von Gesichtserkennungssoftware; wer ein Mobiltelefon besitzt, hinterlässt Verbindungsdaten und Bewegungsprofile usw. Man könnte fast sagen, dass unsere gesamte Gesellschaft von Aufzeichnungsapparaten durchzogen ist – und das, wie ich gezeigt habe, seit dem 19. Jahrhundert.

Inzwischen wird aber ohne konkrete Fragestellung aufgezeichnet. Die Vorratsdatenspeicherung ist erst der zweite Schritt – wir haben zunächst eine *Vorratsdatenerhebung,* die die Ressource für neue Fragestellungen in sich trägt. Diese Fragen werden erst später vom Anwender entwickelt und durch Rekombination von voneinander unabhängigen Daten erzeugt – etwa von einem Dienstleister, der die Kreditwürdigkeit potenzieller Kreditnehmer unter die Lupe nimmt, oder eben von staatlichen Instanzen der Terrorabwehr, was fast jede Überwachungspraktik zu legitimieren scheint. Gerade weil nicht mit konkreten Intentionen und Fragestellungen erhoben, gescannt und gespeichert wird, sind die gesammelten Daten eine lukrative Ware, weil sie an diejenigen weitergegeben werden können, die ganz andere Fragen haben.

Die eigentliche Ironie freilich besteht darin, dass inzwischen ein Großteil dieser Daten nicht einfach unintendierte Spuren sind, die tatsächlich nachgerade unvermeidbar sind, wenn man nicht auf die üblichen Kulturtechniken verzichten will. Foucault hatte beschrieben, die Macht liege nun bei denen, die schweigen und beobachten, nicht bei denen, die sprechen und über sich Auskunft geben. Über sich selbst Auskunft zu geben, ist aber eine der Praktiken, die im Netz immer mehr gepflegt werden. Das bereits erwähnte Selbstmonitoring des Gesundheitsverhaltens wäre ein solches Beispiel, ein anderes wären die Selbstauskünfte über den eigenen Alltag, über den eigenen Standort usw. in *social networks* oder aber die permanente Kommentierung von allem Möglichen im Netz. Die Ironie besteht darin, dass es sich dabei nur um eine aufgrund neuer technischer Möglichkeiten erweiterte, aber strukturell durchaus ähnliche Form handelt wie das von Foucault sogenannte Geständnis. Selbstauskünfte sind subjektbildend – und sie machen das Individuum sichtbar und kalkulierbar. Es geht nicht mehr um den *homme moyen,* aber das liegt nur an der Pluralisierung der Gesellschaft und an der Pluralisierung der Konsumstile. Letztlich zielen auch heutige Big Data auf Mittelwerte und typische Profile, um aus den Abweichungen Kapital zu schlagen – bei der staatlichen Verfolgung von Kriminellen und Terroristen, um diese zu identifizieren, bei den Kunden etwa von Musik im Netz zur Identifizierung von typischen Kaufprofilen, um Kaufvorschläge zu machen.

6   Privatheit retten?

Welche Privatheit wollen wir nun retten? Es dürfte reichlich naiv sein, so etwas wie eine unbeobachtbare, authentische, autonome Privatheit retten zu wollen – diese hat es nie gegeben. Private Lebensformen waren stets auch das Resultat von Überwachungs- und Geständnistechniken, und es waren diese Techniken, die das Bild der autonomen privaten Person erst ermöglicht haben. Vielleicht kann man von *embedded privacy* sprechen, zumal der Zwang von außen keineswegs als unmittelbarer Zwang erlebt wurde. Die heutige Gefährdung privater Lebensführung durch Big Data ist ganz ähnlich wie frühere Praktiken zugleich ihre Ermöglichung, denn gerade in der Generation der sogenannten *Digital Natives* sollte man die Praktiken des Hinterlassens von Spuren im Netz nicht einfach als Anomalie, Betriebsunfall oder Abweichung ansehen. Vielleicht müssen wir uns daran gewöhnen, dass die Matrix des Netzes eine ähnliche Erweiterung der eigenen Person geworden ist, wie es zuvor autoritative Sprecher und Expertenkulturen waren, die auch eine Art Netz über die Gesellschaft gelegt und Fremdbestimmung als Selbstbestimmung ausgegeben haben.

Big Data und die Folgen können derzeit womöglich als Gelegenheit für eine große Selbstaufklärung gelesen werden, eine Selbstaufklärung darüber, dass private Lebensformen stets „gesellschaftlicher" waren, als es den gewohnten Anschein hat. Big Data ist letztlich nur eine Vervollkommnung der quantitativen Erfassung und Vermessung der Gesellschaft, wie sie Ende des 18. Jahrhunderts begonnen hatte. Neu ist dabei freilich, dass die Grenzen zwischen politischen/staatlichen und

ökonomischen Akteuren zu verschwimmen beginnen, was auch daran liegt, dass moderne Marketingstrategien in diversifizierten Konsummärkten darauf angewiesen sind, ähnlich auf Bevölkerungen zuzugreifen wie die Sozialplanung.

Wenn heute eine Repolitisierung des Problems gefordert wird – ich habe Evgeny Morozovs Appell erwähnt –, dann ist das in der Tat konsequent und richtig, denn was soll eine Gesellschaft sonst tun, als irgendwie kollektiv bindende Entscheidungen über ihren Problembestand zu fällen. Und in der Tat besteht ein erheblicher Regelungsbedarf für unterschiedliche Fragen. Nur los wird man die Netzwerk- und Matrixstruktur des Internets und seiner Big-Data-Möglichkeiten nicht mehr, wenn all die Sensoren und Messpunkte, mit denen die Gesellschaft sich ausstattet und mit denen sich auch Akteure selbst ausstatten und sie willig bedienen, Daten über Daten sammeln. Vielleicht sind dann auch Rechtsfiguren wie die informationelle Selbstbestimmung oder die Wahrung der Privatsphäre geradezu anachronistische Figuren, weil sie kaum Abwehrrechte gegen den Staat oder gegen Dritte formulieren können, sobald ganze Lebensformen sich darin eingerichtet haben, sich in Clouds mit sich selbst zu synchronisieren, den Nahraum von Gelegenheitskommunikation durch das Netz zu erweitern und das Download-Internet längst schon zum Upload-Internet gemacht zu haben. Das sollte man weder fatalistisch noch irgendwie affirmativ lesen, sondern als eine Neujustierung dessen, was heute Privatheit heißen kann – und sicher kann dabei helfen, dass das, was ich Privatheit 1.0 genannt habe, auch ganz anders strukturiert war als unser nachgerade romantisches Bild privater Lebensformen.

Gar nicht wundern übrigens sollte man sich darüber, dass Geheimdienste alles an Daten nutzen, was sie kriegen können – was sollten sie auch sonst tun? Es wäre absurd, zu erwarten, dass nicht abgeschöpft wird, was technisch möglich ist – und genau so absurd wäre es, wenn es keine heftige Kritik daran gäbe. Die Ironie der derzeitigen Kritik etwa an der NSA besteht aber darin, dass offensichtlich auch sie Spuren hinterlassen hat, die man überwachen und abschöpfen kann. Edward Snowden – sicher nicht zufällig selbst der Generation der *Digital Natives* entstammend – hat Daten an die *Washington Post* und den *Guardian* weitergegeben, die der NSA-Selbstdokumentation entstammen, also selbst auf Servern lagen, die er abschöpfen konnte. Angeblich sollen alle brisanten Dateien Platz auf einem Stick gehabt haben. Ein Effekt von Big Data ist eben auch, dass Informationen klein und handhabbar werden.

Literatur

Döring, Daniela. (2011). *Zeugende Zahlen. Mittelmaß und Durchschnittstypen in Proportion, Statistik und Konfektion des 19. Jahrhunderts.* Berlin: Kadmos.

Foucault, Michel. (1989). *Der Wille zum Wissen. Sexualität und Wahrheit 1.* Frankfurt a. M.: Suhrkamp.

Jaeggi, Rahel. (2013). *Kritik von Lebensformen.* Frankfurt a.M.: Suhrkamp.

Klub Konkret. (2014). ARD-Sender EinsPlus vom 22. 01. 2014. http:// www.ardmediathek. de/einsplus/klub-konkret/ich-und-mein-netz-brauchen-wir-eigentlich-privatsphaere?documentId=19211364.

Kreditech Holding. (2016). Kreditech. Banking. Redefined. Digital. https://www.kreditech.com/.

Morozov, Evgeny. (2014). Wir brauchen einen neuen Glauben an die Politik! *Frankfurter Allgemeine Zeitung, 14. 01. 2014.*

Nassehi, Armin. (2010). Asymmetrien als Problem und als Lösung. In Bijan Fateh-Moghadam, Stephan Sellmaier und Wilhem Vossenkuhl (Hrsg.), *Grenzen des Paternalismus,* (S. 341–356). Stuttgart: Kohlhammer.

Rheingold, Howard. (1993). *The Virtual Community. Homesteading on the Electronic Frontier.* Reading: Addison-Wesley.

Rheingold, Howard. (2003). *Smart Mobs. The Next Social Revolution.* Jackson: Basic Books.

Überwachung und die Digitalisierung der Lebensführung

Jochen Steinbicker

1 Das Internet als Überwachungsinstanz

In einem ersten Interview nach der Veröffentlichung der NSA-Files erklärte Edward Snowden: „The NSA has built an infrastructure that allows it to intercept almost everything. With this capability, the vast majority of human communications are automatically ingested without targeting. (…) I don't want to live in a society that does these sort of things (…) I do not want to live in a world where everything I do and say is recorded."[1] Auch wenn viele der von Snowden dokumentierten Praktiken schon zuvor bekannt waren, wurde durch die Veröffentlichung aus begründeten Vermutungen eine kaum bestreitbare Gewissheit über das Ausmaß staatlicher Überwachung mittels des Internet.[2] Es schließt sich damit ein Kreis, denn genau dieses Bild eines Orwell'schen Überwachungsstaats, dem nichts und niemand entgeht, steht auch am Anfang der Vernetzung von Computern vor gut 40 Jahren. Die Schlagzeile in *Le Monde* im Frühjahr 1974 stimmte denselben Ton an wie heute *The Guardian* angesichts der Snowden-Enthüllung: „SAFARI ou

---

[1] The Guardian, 10. Juni 2013, „Edward Snowden, NSA-Files Source: If they want to get you, in time they will."

[2] Wohlgemerkt seitens der Geheimdienste eines eigentlich befreundeten Landes und unter Mithilfe der deutschen Geheimdienste; frühe Anhaltspunkte auf Überwachungsaktivitäten lieferte etwa die Electronic Frontier Foundation, www.eff.org; zur sich verändernden Rolle des Staats Goldsmith und Wu (2008); Steinbicker (2013).

J. Steinbicker (✉)
Humboldt-Universität zu Berlin, Berlin, Deutschland
E-Mail: j.steinbicker@sowi.hu-berlin.de

© Springer Fachmedien Wiesbaden GmbH, ein Teil von Springer Nature 2019
M. Stempfhuber und E. Wagner (Hrsg.), *Praktiken der Überwachten*,
https://doi.org/10.1007/978-3-658-11719-1_5

la chasse aux Français?". Damals waren es Enthüllungen zu dem Projekt SAFARI (Système automatisé pour les fichiers administratifs et le répertoire), einem Verwaltungsprojekt zur Zusammenlegung sämtlicher aktenkundigen Personendaten in einer einheitlichen Zentraldatenbank: Wollte der französische Staat etwa „chasse aux Français", Jagd auf Franzosen machen, wie *Le Monde* titelte?[3] Es erhob sich ein gewaltiger öffentlicher Protest, das Vorhaben wurde abgeblasen, im selben Jahr noch die Kommission „Informatique et libertés" einberufen und Anfang 1978 das französische Datenschutzgesetz verabschiedet. Aus heutiger Sicht hat es fast den Anschein, als habe das Datenschutzrecht wenig an der Grundproblematik bewirken können: Statt staatlicher Zentraldatenbanken werden oligopolistisch strukturierte privatwirtschaftliche Datensammlungen genutzt und im Übrigen gesetzlich Ausnahmetatbestände formuliert, Geheimdiensten Sonderstatus zugesprochen oder gleich jegliche rechtliche Schranken durch Notstandsgesetze nichtig gemacht.

Mit diesem Szenario totalitärer Überwachung verliert das Internet die Unschuld eines offenen, neuen Territoriums jenseits staatlicher Gewalt (so etwa Barlow 1996), in dem sich virtuelle Gemeinschaften (Rheingold 1993) frei und unbeschwert von zugeschriebenen „realen" Identitäten bilden können (Haraway 1991). Privatheit schien dem Internet qua Anonymität eingeschrieben, und so mussten auch die aufkommenden wirtschaftlichen Interessen an Nutzerdaten allenfalls als eine Horde „kleiner Schwestern" erscheinen, die mehr enervieren als tatsächlich eine Gefahr darzustellen (Castells 2000).

Der enorme Umschwung lässt sich vielleicht am besten dadurch illustrieren, dass die Praxis, die im eigenen Notebook eingebaute Kamera ostentativ zu überkleben, längst nicht mehr als paranoid angesehen wird. Fern von einem Hort der Anonymität gilt das Internet heute als eine Instanz der Überwachung, gegenüber der es nur zwei Auswege zu geben scheint: höchste Vorsicht – oder bedingungslose Preisgabe der längst anachronistischen Vorstellungen von Privatheit.[4] Während im einen Fall Technologie den Ausweg aus technisch induzierten Problemen

---

[3] Le Monde v. 21. März 1974, „SAFARI ou la chasse aux Français?".

[4] Sosehr diese beiden Extrempositionen in der Öffentlichkeit gehandelt werden, so wenig stehen sie natürlich für das Gros der User. Wer hält es schon durch, einen zusätzlichen Computer ohne jegliche Netzanbindung für alle privaten Angelegenheiten zu unterhalten und alle denn doch notwenigen Verbindungen zum Internet durch VPN und Verschlüsselung zu schützen? Und wer mag schon dem gegenlaufenden Programm folgen und tatsächlich alles offen legen? Die meisten User sind sich der Überwachungsmöglichkeiten mehr oder weniger bewusst, ohne jedoch notwendig ihr Verhalten daran auszurichten.

weist, ist im anderen Fall Technologie ein unausweichliches Schicksal. Doch wie in früheren Diskursen um die neuen Technologien wird auch bei diesen Perspektiven die gesellschaftliche Einbettung der Technik völlig ausgeblendet. So wie staatliche Pläne zur datenmäßigen Erfassung der Bevölkerung an den Reaktionen der Öffentlichkeit oder Verfassungsgerichten scheiterten, so scheiterten die Utopien der Internetpioniere an den Machtinteressen von Staaten und Unternehmen. Tatsächlich ist Technik Teil der Lebenswelt, in der sich die Menschen einrichten, d. h., der sie nicht einfach ausgeliefert sind, sondern die sie in ihre Lebenszusammenhänge einpassen und ihren Bedürfnissen nach strukturieren, vielleicht sogar dem eigentlichen Zweck entgegen gebrauchen (de Certeau 1988). Und zugleich ist Technik Teil umfassenderer sozialer Beziehungen und Verhältnisse, die über die unmittelbaren, technisch vermittelten Zusammenhänge hinausgehen. Das heißt nun nicht, die technisch vermittelten Überwachungskapazitäten kleinzureden, die ohne Frage enorm sind und von privatwirtschaftlicher wie staatlicher Seite umfänglich genutzt und eben auch leicht missbraucht werden können. Der Punkt ist aber, dass die Sachlage mehrdeutiger, komplexer und sozial strukturierter ist, als die global intonierte Diagnose der Gefährdung oder des drohenden Endes von Privatheit vermuten lässt.[5]

2   Jenseits der Privatsphäre

Privacy bzw. Privatheit oder Privatsphäre ist tatsächlich ein zentraler Begriff der US-amerikanischen Diskussion und auch in Deutschland wird häufig auf das in den USA von Brandeis und Warren 1890 formulierte „right to be left alone" verwiesen (Warren und Brandeis 1890; Glancy 1979). Interessant ist aber, dass das deutsche Datenschutzrecht, das auch beim europäischen Datenschutzrecht Pate gestanden hat, gerade nicht auf Privatheit bzw. Privatsphäre abstellt, sondern auf die Sammlung und Verknüpfung von personenbezogenen Daten, und ferner im Begriff der informationellen Selbstbestimmung auf die grundrechtlich geschützten Persönlichkeitsrechte. Diese Konzeption geht wiederum zurück auf das in vielen Punkten nach wie vor aktuelle Gutachten von Steinmüller et al. von 1971

---

[5]Öffentliche Debatten um Gefährdungen der Privatsphäre sind gesellschaftspolitisch von großer Bedeutung, um das Ausmaß und die möglichen Folgen der technischen Überwachungsmöglichkeiten herauszustellen; das ändert aber nichts an den Obliegenheiten wissenschaftlicher Analyse, die um eine differenziertere und in ihren Ergebnissen vielleicht weniger zur Zuspitzung geeignete Betrachtung nicht herumkommt.

zu *Grundfragen des Datenschutzes* (Steinmüller et al. 1971), wo in einer entscheidenden Passage und auch in Auseinandersetzung mit der US-amerikanischen Zugrundelegung von Privatheit argumentiert wird, dass „Privatheit" und „Privatsphäre" gerade *nicht* geeignet sind, das durch Gesetzgebung zu schützende Gut zu bezeichnen.[6] Ihre Argumentation deckt sich weitgehend mit dem, was auch in der soziologischen Diskussion hervorgehoben wird (etwa Altman 1975, 1976; Wohlrab-Saar 2011): erstens lässt sich Privatheit nicht absolut bestimmen, sondern verändert sich nach Ort und Zeit; zweitens ist Privatheit relativ zu den beteiligten Personen in dem Sinne, dass das, was für A privat ist, nicht unbedingt für B privat sein muss und mehr noch, was A gegenüber B als privat ansieht, für A im Verhältnis zu C wiederum nicht privat sein muss; und drittens lässt sich Privatheit auch nicht über den Gegenbegriff Öffentlichkeit konkretisieren, als sich beide erst wechselseitig in ihrer Relationierung bestimmen. Der Ausweg aus diesem Problem besteht nach Steinmüller et al. in der Prozessualisierung hin zu einem, wie sie es nennen, „phasenorientierten Modell", das auf die Verknüpfung personenbezogener Daten abstellt und alles verbietet, was nicht – v. a. gegenüber dem Staat – durch Gesetz ausdrücklich erlaubt oder – im Bereich des Privatrechts – durch Vereinbarung ausdrücklich gestattet ist, mit der zusätzlichen Anforderung der Zweckbindung.[7] In diesem Gutachten wurde bereits der Begriff der informationellen Selbstbestimmung geprägt, der durch das Verfassungsgericht dann 1983 Grundrechtsstatus erhielt als fundamentales Persönlichkeitsrecht.

Mit diesem phasenorientierten Modell, das sich auf die Speicherung, Verarbeitung, Verknüpfung und Weiterleitung von Daten richtet, bezogen Steinmüller et al. (1971) ihre Konzeption direkt auf die mit den neuen digitalen Technologien enorm verschärfte gesellschaftspolitische Problematik staatlicher Überwachungskapazitäten. Waren bisher die ungeheuren Datenmengen, die in modernen staatlichen Verwaltungen anfallen, durch Amtskompetenzen und fachliche Spezialisierung in hohem Maße fragmentiert, so bot die automatisierte Verknüpfung

---

[6]„Privacy" kann natürlich dennoch als Oberbegriff für einen Problembereich dienen, der eigentlich keinen gemeinsamen Kern hat, siehe etwa den neueren Klärungsversuch von Solove (2008); zur internationalen Entwicklung vgl. Bennett und Raab (2003).

[7]Was auf den ersten Blick als Stärke dieser Konzeption erscheint, die zunächst eben alles an Verarbeitung personenbezogener Daten verbietet, was nicht ausdrücklich erlaubt oder vereinbart ist, sollte sich tatsächlich als eine wesentliche Schwäche erweisen. Denn das dadurch implizierte Erfordernis, immer eine besondere Gesetzesgrundlage bzw. Vereinbarung – sprich: eine Ausnahme von der Regel des Verbots zu schaffen – hat die paradoxe Folge, dass die Ausnahme zur Regel wird (etwa Bull 2011).

mittels der neuen Technologien eine verlockende und praktikable Option – während zugleich ins Bewusstsein gerufen wurde, wie sehr Überwachung einen wesentlichen Charakterzug des modernen Staates und moderner Verwaltung darstellt (Foucault 1976, 1977; Giddens 1985).

Diese Problematik betrifft nun nicht allein die staatliche Verwaltung, sondern lässt sich mit James Beninger (1986) umfassender begreifen als jüngste Etappe einer bereits Ende des 19. Jahrhunderts einsetzenden Kontrollrevolution, die neben dem Staat auch die Sphären der Produktion und Konsum einbegreift.[8] Beninger zufolge geht mit den ökonomischen und politischen Umwälzungen des 18. und 19. Jahrhunderts eine Krise der Kontrolle einher, die ihre Ursache darin hat, dass die enorme Steigerung der Produktions-, Distributions- und Machtmittel die Grenzen der Leistungsfähigkeit verfügbarer Kontrollmittel beständig sprengt. Dieser Krise begegnet bereits das ausgehende 19. Jahrhundert mit einer beständigen Woge von Innovationen, um die Anwendungen der Dampfkraft und später dann der Elektrizität zu kalibrieren, zu koordinieren und zu steuern, kurz: mit einer Kontrollrevolution, die darauf zielt, den neuen Produktions-, Distributions- und Machtmittel beizukommen. In diesem Sinne gelten ihm die Entwicklungen im Bereich der neuen Informations- und Kommunikationstechnologien keineswegs als Bruch, sondern allenfalls als jüngste Phase dieser Kontrollrevolution und damit als Fortführung grundlegender Tendenzen der modernen Industriegesellschaft, als „evolution of control" (ebd., S. 61). Seine Untersuchung bezieht sich primär auf die Bereiche Produktion, Konsumption und Verwaltung, auf Wirtschaft und Politik, doch weist sie zugleich darüber hinaus, denn erstens ist die Kontrollrevolution nicht nur reaktiv zu verstehen, sondern entwickelt eine Eigendynamik: „information processing and flows need themselves to be controlled, so that informational technologies must continue to be applied at higher and higher layers of control – certainly an ironic twist to the Control Revolution" (ebd., S. 434 f.); und zweitens lässt sich ihre Relevanz nicht auf Produktion, Konsumption und Verwaltung einschränken, sondern bezieht sich letztlich auf alle Aspekte menschlicher Gesellschaft, soweit sie auf Kommunikation, Koordination und Kontrolle beruhen (ebd., S. 436).

---

[8]Tatsächlich hebt auch Foucault den Zusammenhang zwischen den Bereichen Macht und Produktion hervor, etwa insofern „Überwachung sowohl ein Element im Produktionsapparat wie auch ein Rädchen innerhalb der Disziplinargewalt ist" (Foucault 1976, S. 226 f.). Benigers Betrachtungsweise ist insofern weiter gefasst, als er die verschiedenen Sphären gleichermaßen in den Mittelpunkt stellt und dabei die Kontrollproblematik nicht nur auf Individuen bezieht, sondern auch Dinge und Abläufe einbegreift.

Es ist nun zunächst eingängig, dass diese von Wirtschaft und Staat vorangetriebene Kontrollrevolution mit einer wachsenden Überwachung der Bevölkerung einhergeht, wie sie in den Diskussionen zu Überwachung und Privatsphäre thematisiert wird. Doch der Gegenstand der Überwachung lässt sich nicht nur *ex negativo* als Rückzugsort der Privatsphäre bestimmen, sondern auch positiv als Bereich der Lebensführung, der in einer hoch differenzierten und komplexen Gesellschaft selbst in der Balancierung der Anforderungen unterschiedlicher Lebenssphären eine Krise der Kontrolle erfährt (Projektgruppe „Alltägliche Lebensführung" 1995; Jurczyk et al. 2016). In diesem Sinne lässt sich auch für die Lebensführung von einer Kontrollrevolution sprechen, was die enorme Verbreitung von Internet und mobilen digitalen Geräten bis hin zur immer realer werdenden Vision eines „Internet der Dinge" anschaulich vor Augen führt. Damit erweitert sich der Bezugsrahmen von Überwachung erheblich: Erstens geht es im Kontext einer Kontrollrevolution der Lebensführung um deutlich mehr als nur um die Gefährdung von Privatsphäre oder Privatheit durch Überwachung, die eben nur einen Aspekt von Kontrolle darstellt; und zweitens geht es nicht nur um Überwachung in der heimischen Privatsphäre, sondern zugleich auch um Überwachung in öffentlichen Räumen oder am Arbeitsplatz sowie insgesamt um die Zusammenhänge und Wechselwirkungen zwischen der Kontrollrevolution in den verschiedenen gesellschaftlichen Sphären.

3   Social Surveillance

Die digitale Durchdringung unserer Lebensführung lässt sich an der Allgegenwärtigkeit und dem beständigen Mitführen von Smartphones ablesen, die uns mithilfe ihrer Apps in allen den kleinen, alltäglichen Angelegenheiten des Lebens behilflich sein sollen. Sich mit anderen absprechen und koordinieren, Orte und Wege finden, Termine und Einkaufslisten bereit haben, Preise vergleichen, Dinge und Begebenheiten fotografisch festhalten und umgehend mit anderen teilen, die Heizung daheim von unterwegs kontrollieren, Bekanntschaften machen, Ernährung und Gesundheit im Auge behalten, das alles und noch viel mehr wird durch das kaum überschaubare Angebot von Apps ermöglicht. Für die nahe Zukunft verspricht das Internet of Things (IoT) vernetzte Sensoren in Kleidung, Kühlschränken und allen nur denkbaren Gegenständen des Alltags, ein feinmaschiges Netz, das sich um alle Aspekte unserer Lebensführung zu spinnen vermag.

Damit verbinden sich jedoch weitreichende Implikationen, denn je personalisierter die Geräte und Systeme in ihren Hilfestellungen für die Lebensführung werden sollen, je mehr Informationen von und über uns benötigen sie, gar nicht einmal primär im Sinne persönlicher Bedeutung, Relevanz oder Zurechnung, sondern weit umfassender: so viel wie möglich Information, auf deren Grundlage die Maschinen erst die für ihre jeweiligen Funktionen notwendigen Fähigkeiten entwickeln und weiterentwickeln können. Siri, der von Apple angebotene persönliche digitale Assistent, Cortana, das Pendant von Microsoft, Amazons Alexa und der Google Assistant[9] brauchen unsere Spracheingabe nicht nur, um uns zu verstehen und uns behilflich zu sein, sondern zugleich auch, um generell die Sprache und die Wünsche von Menschen – bei all ihren Unterschieden, Eigenheiten und Vorlieben – immer besser interpretieren zu lernen. Google Maps nutzt unsere Standortinformationen nicht nur, um unseren Wegen zu folgen und uns die Richtung zu weisen, sondern auch, um Wege und Strecken verorten und vermessen zu können. Microsofts Handschrifterkennung liest nicht nur unsere Handschrift, sondern möchte unsere Eingaben auch gerne über die Serveranbindung nutzen, um die Vielfältigkeit der Schreibweisen besser beherrschen zu können. Dies sind Beispiele, wie die Nutzung und Verbesserung solcher Systeme Hand in Hand gehen dadurch, dass Daten über die Nutzung zurückgespielt und in die Lernalgorithmen der Systeme eingespeist werden. Die Google-Suchmaschine gehört auch zu dieser Kategorie, insofern, als unsere Suchmuster und das, was wir als interessante Ergebnisse anklicken, zur Verbesserung der angezeigten Suchergebnisse genutzt werden, bis hin zu prognostischen Vorschlägen, was wir wohl als nächstes suchen werden.

Am Beispiel der Google-Suche werden die problematischen Nebenaspekte besonders deutlich, die mit diesen Rückkopplungen einhergehen, denn unsere Suchmuster werden etwa auch ausgewertet, um Werbung – nicht nur auf der Google-Seite – passgenau auf die vermeintlichen individuellen Interessen zu schalten. Vielleicht bedeutsamer noch ist der Punkt, dass mit der Optimierung auch eine Personalisierung der Suchfunktion ermöglicht wird, die zwar unter Umständen tatsächlich das idiosynkratisch gemeinte treffsicher zu finden hilft, aber zugleich den User auch in eine „Filter-Blase" (Pariser 2011) einschließt, die bei gleichen Suchparametern für jede Person ein anderes Ergebnis liefert. Und schließlich eröffnen die zunächst vielleicht ohne schlechte Absichten und beiläufig angesammelten Datenberge allen nur möglichen, mehr oder weniger missbräuchlichen Verwendungen Tor und Tür, von Hackern, die schlecht gesicherte

---

[9]Googles digitaler Assistent hat keinen Eigennamen, bei den übrigen sind es tatsächlich durchgehend Frauennamen.

Datenbanken plündern, bis hin zu Polizei und Geheimdiensten, die sich mit oder auch ohne gesetzliche Grundlage Zugriff verschaffen.[10]

Nimmt man aber einmal die Kontrolle im Bereich des Konsums, etwa über Marktforschung oder personalisierte Werbung, und kriminellen wie geheimdienstlichen Missbrauch aus der Betrachtung aus, dann lässt sich ersehen, wie die Digitalisierung der Lebensführung auch unabhängig davon auf eine rigorose Vermessung der Lebenswelt angewiesen ist, und wie, wenn auch vielleicht mit Einschränkungen, eine solche rigorose Vermessung durchaus etwas ist, das in seinem Vorgehen die Personalisierung der Daten unter Umständen einschränken, wenn nicht sogar zu Anonymisierung übergehen kann, und in seinen Zielsetzungen oft gar nichts mit den privaten und persönlichen Informationen Einzelner mehr zu schaffen haben muss.

Was nun in diesem Kontext soziale Online-Netzwerke („Social Network Sites", SNS) zu einem besonders interessanten Fall macht, ist, dass hier die User an einer Umgebung teilhaben, die unmittelbar durch die Weitergabe persönlicher Informationen konstituiert wird und ohne diese keinen Nutzen oder Sinn hätte. Während die Optimierung von Karten, Spracherkennung oder Konsumentenprofilen einen abstrakten und von den Anbietern als intellektuelles Eigentum angeeigneten Nutzen darstellen, sind die sozialen Beziehungen und Kommunikationen, um die es in SNS geht, etwas, das konkret und unmittelbar mit der persönlichen Lebensführung verbunden ist. Suchmaschinen, die Sucheingaben auf technischem Wege personal zurechenbar machen, schneiden die Eingaben ihrer User mit, überwachen sie also, und das in der Regel ohne deren Wissen; SNS hingegen *erhalten* personalisierte Eingaben der User, allenfalls regen sie ihre User an, die Selbstauskunft zu vervollständigen, zu erweitern oder zu überprüfen[11] – SNS müssen also

---

[10]Angemerkt sei, dass gar nicht mal so sehr gespeicherte Daten, sondern vor allem Datenkommunikation über Backbones und Exchanges bis hin zum Anzapfen von Glasfaserleitern im Visier der Geheimdienste stehen, so etwa für den NSA im Rahmen von PRISM, wie die von Snowden veröffentlichen Daten belegen. In diesem Kontext wurde auch publik, dass der BND keineswegs so zurückhaltend oder technisch eingeschränkt ist, wie es oftmals den Anschein hatte, und etwa Zugriff auf den großen internationalen Frankfurter Exchange de-cix sowie Backbones der Deutschen Telekom hat; mit dem am 21. Oktober 2016 verabschiedeten „Gesetz zur Ausland-Ausland-Fernmeldeaufklärung des Bundesnachrichtendienstes" wurde jüngst eine neue Grundlage für diese Aktivitäten geschaffen, wobei zumindest umstritten ist, ob eine Eingrenzung des dort vorgesehenen „Ausland-Ausland"-Bereichs technisch tatsächlich realisierbar ist, siehe das Gutachten von Rechthien (2016).

[11]Dies im Rahmen der generellen strategischen Ausrichtungen von SNS auf die Intensivierung der Nutzung, sowohl quantitativ wie qualitativ (van Dijck 2013; Gillespie 2014).

nicht überwachen, sondern können auf die Selbstüberwachung der User setzen.[12] Gerade dieser Punkt hat dazu geführt, dass die User von SNS in ganz besonderen Maße für die Folgen ihrer ja tatsächlich willentlichen Preisgabe von Informationen verantwortlich gemacht werden, während die Kritik etwa bei ungeschützter Nutzung von Google oder dem Besuch von Webseiten mit Google-Analytics-Scripten – gegenwärtig 55 % aller Webseiten weltweit[13] – zumeist nicht an die User, sondern den Anbieter, in diesem Fall Google, adressiert wird.[14] Doch statt um Schuld- und Verantwortungszuweisungen dieser Art müsste es zunächst einmal darum gehen, diesen für SNS – und mutmaßlich auch für andere Aspekte der Digitalisierung der persönlichen Lebensführung – charakteristischen Beitrag der Überwachten an ihrer Überwachung besser zu verstehen, und das heißt zunächst einmal, ihn als eigenständiges Phänomen wahrzunehmen.

Als ein erster Schritt in diese Richtung lassen sich mindestens vier Dimensionen eines solchen eigenständigen Beitrags der Überwachten zu ihrer Überwachung ausmachen:

Vernetzung richtet sich auf die Beziehungen und Beziehungsmuster innerhalb von SNS, einerseits Beziehungen zu anderen Usern, andererseits aber auch zu solchen Entitäten, die nicht als persönliches Gegenüber fungieren, wie Events, Aktivitäten, öffentlichen Profilen von Prominenten, durch Interessen definierte Gruppen, anderen Sites etc. Das schließt expressive Aspekte nicht aus, doch geht es unmittelbar um die Beziehungen als solche und die sich daraus ergebenden Beziehungsmuster.

Selbstdarstellung als die Formen der Präsentation des Selbst vor anderen ist offenkundig das wesentliche Element der Preisgabe persönlicher Informationen und Kommunikationen in SNS wie Facebook, LinkedIn, Grinder oder Twitter, die der Anbahnung oder Pflege von Beziehung dienen, privat bei Facebook, beruflich bei LinkedIn, für direkten Kontakt bei Grinder und für Kommunikation bei Twitter.

---

[12]Es handelt sich hier um eine Heuristik zur Darstellung prinzipieller Zusammenhänge; tatsächlich schickt zum Beispiel Facebooks Code jede Tastatureingabe auf der Site, etwa in der eingebauten Suche, sofort an den Server, auch wenn sie gar nicht abgesendet, sondern gleich wieder gelöscht wurde.

[13]Aktuelle Daten unter https://w3techs.com/technologies/overview/traffic_analysis/all.

[14]Wichtige Aufschlüsse zur Analyse der Schuldzuweisung bei Grenzüberschreitungen liefert Goffman (1971, S. 49 ff.).

Selbstüberwachung ist anders als Selbstdarstellung nicht primär die Spiegelung zu anderen, sondern selbstbezüglich. Anreize, dies im Rahmen von SNS zu betreiben, stellen etwa Optionen zur Quantifizierung des Selbst dar, von Diät-Apps über Jogging-Apps bis hin zu Performance-Apps, wobei sich viele dieser Anwendungen grundsätzlich auch allein, d. h. ohne „soziale" Komponente nutzen lassen – tatsächlich jedoch spielt auch hier der Anschluss an Gruppen oder an zum Vergleich herangezogene Kollektive eine wichtige Rolle (Lomborg und Frandsen 2016; Gillespie 2014; Whitson 2013).

Wechselseitige Überwachung findet grundsätzlich in allen SNS statt, insofern wechselseitig beobachtet, beurteilt und mithin informelle soziale Kontrolle ausgeübt wird. Eine kondensierte und formale Form erhält diese gegenseitige Überwachung in Reputationssystemen, wie etwa die Bewertungen auf Plattformen wie eBay und AirBnB, oder aber die Nutzung des Facebook-Profils als Reputationsgaranten (Tadelis 2016).

Da es in diesen unterschiedlichen Dimensionen um die persönliche Lebensführung im engeren Sinne geht, *müssen* diese Daten auch aus Sicht der User personalisiert sein. Die Google-Suche ließe sich auch mit anonymisierten Daten optimieren, wohingegen das Interesse der User an personalisierter Werbung nicht allzu groß sein dürfte, und ähnlich ließe sich bei vielen anderen Diensten und Plattformen argumentieren, die Userdaten zur Optimierung von Algorithmen und Datenbeständen einsetzen. Bei SNS hingegen geht es gerade um die persönlichen Aspekte, und daher haben auch die Einwände, die immer wieder gegen die eindringliche Rede von der Gefährdung der Privatsphäre durch SNS ins Feld geführt werden, eine starke Berechtigung. Was oben als aktive Beteiligung der Überwachten an ihrer Überwachung beschrieben wurde, fasst Albrechtslund (2008) in diesem Sinne als „participatory surveillance", die gerade nicht im Sinne eines Blicks von oben auf die Subjekte, sondern als horizontales Verhältnis zu verstehen sei: „a hierarchical conception of surveillance represents a power relation which is in favor of the person doing the surveillance. The person under surveillance is reduced to a powerless, passive subject under the control of the ‚gaze.' When we look at online social networking and the idea of mutuality, it appears that this practice is not about destructing subjectivity or lifeworld. Rather, this surveillance practice can be part of the building of subjectivity and of making sense in the lifeworld." (ebd.).

Betrachtet man aus dieser Perspektive das viel diskutierte „privacy paradox", d. h. das anscheinende Missverhältnis zwischen geäußerter Wertschätzung der Privatsphäre einerseits und tatsächlicher Preisgabe von Informationen gerade auf SNS andererseits, so wäre das Paradox keineswegs auf der Seite der User zu sehen, sondern eher auf der Seite der Verhältnisse, als *soziologische Ambivalenz* (Merton 1976): Sie werden vor die Wahl gestellt zwischen der unbedingten Wahrung ihrer Privatsphäre und der – mit Preisgabe privater Informationen, also Offenheit verbundenen – Entfaltung ihrer Subjektivität. Wo angesichts dieser Ambivalenz die Grenze jeweils gezogen wird, ist, wie oben schon angeklungen, abhängig von Zeit und Raum, von Präferenzen ebenso wie von den kulturellen Mustern von Gruppen und Kollektiven, mit anderen Worten: etwas, das tatsächlich empirisch zu untersuchen statt normativ vorauszusetzen ist.[15]

Tatsächlich trifft sich das, was Albrechtslund (2008) als „building of subjectivity and of making sense in the lifeworld" anführt, mit einem der zentralen Ergebnisse der Forschungen zur „alltäglichen Lebensführung" der gleichnamigen Münchner Projektgruppe (Jurczyk et al. 2016). Sie betrachten insbesondere die Rationalisierung und Individualisierung der Lebensführung, stellen das Muster einer situativ-rationalen Lebensführung als eine Reaktionsweise auf eine dynamischere und unbestimmtere Umwelt heraus, und bestimmen Individualisierung nicht nur im negativen Sinne als Freisetzung des Subjekts, sondern zugleich auch als Aktivierung – was bedeutet, dass die Menschen „es selbst in die Hand nehmen müssen, dass und wie sie überhaupt einen „Ort" in der immer komplexeren und dynamischeren Gesellschaft finden", und darüber hinaus darauf angewiesen sind, „angesichts immer komplizierterer Lebensumstände aktiv auf soziale Strukturen einzuwirken oder sogar gezielt soziale Zusammenhänge zu konstruieren, auf die bezogen eine Lebensführung praktiziert werden kann." (Jurczyk und Voß 1995, S. 388). Es liegt auf der Hand, dass die neuen digitalen Technologien und ganz besonders die SNS einen wesentlichen Beitrag zur Lösung genau dieser Erfordernisse und Probleme individueller Lebensführung leisten können – und dass damit dann auch neue Risiken und Kosten verbunden sind. Zu diesen gehört auf der einen Seite sicherlich, dass die besonderen Merkmale von SNS – nach boyd und Ellison (2007) Persistenz, Durchsuchbarkeit, Replizierbarkeit und unsichtbares Publikum – die aus nicht-virtuellen Interaktionskontexten bekannten Gefahren

---

[15]Auffällig ist, dass – ausgehend vom Social Science Citation Index – die große Masse der wissenschaftlichen Literatur zu SNS Facebook zum Thema haben, an zweiter Stelle kommen abgeschlagen andere SNS aus dem amerikanischen Kontext, die großen asiatischen SNS ebenso wie das russische VKontakte werden nur vereinzelt thematisiert. Kulturvergleichende Analysen, zumindest jenseits des Aufzeigens von Diversität und Vielfalt der Verwendungsweisen (etwa Miller 2011), finden sich kaum, und was es an Studien zu SNS und Privatheit gibt, beruht in der Masse auf dem Privacy-Calculus-Ansatz (Dinev und Hart 2006; Vitkauskaite 2016; Morando et al. 2014; Bauer und Schiffinger 2016; eine Ausnahme bilden Miltgen und Peyrat-Guillard 2014).

in Interaktionen verschärfen.[16] Auf der anderen Seite richtet sich der Blick auf die Formen, Ordnungen oder, mit van Dijck (2013), technisch-kulturellen Konstrukte von SNS, die die Aktivitäten der Nutzer rahmen und lenken und die jeweiligen Plattformen erst ausmachen – verbunden mit der Frage, welche Modelle von Interaktion und Sozialem darin Realisierung finden (Couldry und van Dijck 2015; Gillespie 2010; Gillespie 2014).

4   Data-Doubles

Die heuristische Annahme, dass persönliche Informationen nur im Anwendungsfeld der SNS blieben, ist empirisch natürlich nicht gegeben. Lyon (2001) hat in diesem Sinne von „leaky containers" gesprochen und damit die beständige Tendenz und Verlockung bezeichnet, Datenbestände zusammenzuführen. Die Finanzierung von SNS durch Marktforschung und Werbung macht bereits deutlich, dass sie grundsätzlich offen sind hin zur Seite der wirtschaftlichen Verwertung persönlicher Informationen im Bereich der Konsumption (van Dijck 2013; Fuchs 2012; Scholz 2013).[17] Die Snowden-Enthüllungen zeigen nicht nur die Offenheit hin zur Seite des Staats und der Geheimdienste, sondern bringen zugleich drastisch in das öffentliche Bewusstsein, wie groß die Löcher in den Containern des Internet sind, die bis zur physischen Infrastruktur, zu den Glasfaserkabeln und Exchanges reichen. Und passgenau zu den „leaky containers" wird Big Data als Technologie angepriesen, mit der sich auch aus heterogenen Datenbeständen noch verlässliche Informationen gewinnen lassen sollen.[18]

---

[16]Ausgehend von Goffmans (1971) detaillierter Analyse dieser Gefahren wäre es eine spannende empirische Frage, inwiefern sich nicht nur die Umgangsformen in SNS entsprechend akkommodieren (etwa Wagner 2014), sondern sich vielleicht auch neue Abhilfemechanismen ausmachen lassen. Zur Bedeutung von Geheimnis und Information in der Interaktion vgl. auch die wichtigen Hinweise bei Simmel 1992, S. 383 ff., dazu Marx/Muschert 2009.

[17]Immerhin ist bisher nicht bekannt, dass SNS Informationen an Arbeitgeber weiterleiten, was allerdings zumindest in Deutschland auch ein völlig illegales Geschäftsmodell wäre. Anders als oftmals zu hören dürfen prospektive wie aktuelle Arbeitgeber in Deutschland ausschließlich beruflich orientierte Informationsquellen nutzen, LinkedIn also etwa durchaus, aber keineswegs Facebook oder Twitter; auch in den USA darf eine Recherche in SNS zumindest nicht zu Diskriminierung führen, ist also auch nicht der Willkür überlassen.

[18]Es sollte nicht vergessen werden, dass Big Data zunächst ein Sammelbegriff für kommerzielle Datenanalytikprodukte ist, die mit großen Versprechungen an den Markt gebracht werden; einige kritische Hinweise zur tatsächlichen Leistungsfähigkeit von Big Data finden sich etwa bei boyd und Crawford (2012).

Der Effekt dieser übersteigerten Möglichkeiten der Überwachung, des automatisierten Sammelns, Zusammenführens und Auswertens von Daten über Personen ist allerdings *gerade nicht* der viel beschworene „gläserne Mensch", sondern vielmehr ein „data image" (Lyon 1994), eine „digital persona" (Clark 1994) bzw. ein „data double" (Poster 1990; Haggerty und Ericson 2000) oder schlicht: ein Profil. Wie Poster etwa schreibt, handelt es sich um eine „multiplication of the individual, the constitution of an additional self, one that may be acted upon to the detriment of the ‚real' self without that ‚real' self ever being aware of what is happening." (Poster 1990, S. 97 f.). Nicht ein Innerstes als Kern unserer Persönlichkeit wird hervorgekehrt, sondern ganz im Gegenteil zeigt dieses Profil, wie wir im Licht der Daten erscheinen; und es geht auch gar nicht darum, unsere Wahrheit hervorzukehren, sondern um Mustererkennung, Profiling und Kategorisierung eben zu Zwecken von Marktforschung und Werbung, wie bei SNS selbst, oder zu Zwecken von Gefahrenabwehr, Terrorismus- und Kriminalitätsbekämpfung, wenn sich der Staat dieser Daten bedient. Diese Realabstraktion bleibt, wie Poster schreibt, nicht ohne Konsequenz, was am klassischen Beispiel der Kreditauskunfteien, etwa der Schufa, schnell deutlich wird, wenn aus unerfindlichen Gründen der Abschluss eines Mietvertrags oder eines Kredits verweigert wird und sich dann herausstellt, dass Bonitätseinstufungen auf der Basis veralteter oder nicht korrekter Daten erfolgt sind. Unpassende Identifikationen etwa bei in Facebook geschalteter personalisierter Werbung oder bei Buchempfehlungen bei Amazon sind lästig, lassen sich aber auch mit Humor nehmen. Doch es verbirgt sich hier ein enormes Problem der Kumulierung sozialer Ungleichheiten und Diskriminierung durch datenbasierte Kategorisierungen (Gandy 2009, Lyon 2003), wie sich an dem ganz „analogen" Fall illustrieren lässt, dass in Frankreich Jugendliche aus den Banlieues allein aufgrund ihrer Anschrift aussortiert werden, wenn sie sich um eine Arbeitsstelle bewerben (Wacquant 2007).

Die Problematik des Data-Doubles könnte sich auch über die Lebenschancen hinaus direkt in der Lebensführung zur Geltung bringen, denn angesichts der Versprechungen des „Internet der Dinge" („Internet of Things", IoT), durch das die Gegenstände des Alltags ein Eigenleben gewinnen, ist es nur folgerichtig, dass in der Informatik ein „Internet of People" (IoP) diskutiert wird, in dem Personen über mobile Geräte als digitale Dienste implementiert werden („People as a Service", PeaaS) (Miranda et al. 2015). Zwar können wir uns gegenwärtig noch ganz gut um die überschaubaren digital vernetzten Geräte in unserer Lebensführung kümmern, etwa die Heizung zu Hause mit dem Smartphone regulieren. Doch je mehr unsere Lebensführung mit solchen Geräten durchsetzt ist, umso weniger können und wollen wir uns noch um sie kümmern müssen (Smith 2016).

Hinzu kommen natürlich auch Aspekte von Expertise und Rationalisierung, denn beispielsweise eine Heizungssteuerung sollte nicht nur die Wärme entsprechend der Bedürfnisse regulieren, sondern dies zugleich auch auf eine Weise tun, die den Energieverbrauch minimiert. Die zentrale Idee hinter dem Internet der Dinge ist, Abläufe zu vereinfachen – bezogen auf Lebensführung also: das Leben zu vereinfachen. Und das lässt sich nur realisieren, wenn zwischen den Menschen und den Geräten eine Instanz zwischengeschaltet wird: die Menschen eben nicht *in persona*, sondern als *digitaler Dienst* – im Sinne der Informatik – implementiert werden. Analog zur oben skizzierten Problematik liegt auch hier das Problem weniger darin, dass die Maschinen zu viel über uns wissen, sondern dass sie Annahmen über uns machen, die reale Konsequenzen haben, mit denen wir uns dann konfrontiert sehen. So schön die Vorstellung ist, dass die Kaffeemaschine an einem Tag mit einem besonders frühen Termin uns automatisch den Kaffee bereitet, umso unangenehmer wird es, wenn wir uns tagtäglich mit den Erwartungshaltungen digitaler Assistenten und Geräte herumschlagen müssen, die unser Leben bereits nach ihren Algorithmen durchrationalisiert haben und uns dann vielleicht auch noch zu einer gesünderen Lebensführung und mehr Sport mahnen.

Die Frage ist aber, ob ein solcher Einzug des Data-Doubles in der Lebensführung tatsächlich *nur* neue Zumutungen und Anforderungen mit sich bringt, schon allein aus dem Grund, dass es sich nicht um *ein* Data Double, sondern um eine Vielzahl handelt, die aus der Kombinatorik unterschiedlichster öffentlicher und privater Datenansammlungen und -auswertungen hervorgehen, zusammen mit einer Datenwüste nicht länger gepflegter, falsch zugeordneter oder schlicht überholter Doubles. Wie Simmel (1992, S. 456 ff.) im Konzept der Kreuzung sozialer Kreise so treffend aufgezeigt hat, birgt eine solche überlagernde Vereinnahmung des Menschen in unterschiedlichen, nicht subsumierbaren Kontexten ein wesentliches Moment individueller Freiheit, da er sich aufgrund dieser Überdetermination gerade nicht mehr eindeutig einordnen und verorten lässt. Luhmann (1989, 1995) hat diese Grundüberlegungen für die moderne funktional differenzierte Gesellschaft dann auf den Begriff der Exklusionsindividualität gebracht, die sich recht eigentlich erst dadurch konstituiert, dass sie in den verschiedenen gesellschaftlichen Teilsystemen immer nur entsprechend der jeweiligen Leistungsrollen adressiert, also teilinkludiert wird – und das Individuum als solches in Ruhe lässt. Es erscheint gegenwärtig vollkommen offen, ob ganz entsprechend nicht auch die übergriffige Datensammlung und Profilerstellung – ganz entgegen aller Dystopien vom „Ende des Privaten" – zu einer erneuten, vielleicht auch ganz anders gelagerten Betonung von Individualität und Privatissimum führt. Wie Simmel vor gut einem Jahrhundert schrieb: „Wenn wir jetzt die Vorstellung haben, in die Geselligkeit kämen wir rein ‚als Menschen', als das, was wir wirklich sind, unter Abwerfung all der Belastungen, der Hin- und Hergerissenheiten, des Zuviel und Zuwenig, womit das reale Leben die Reinheit unseres Bildes entstellt, so liegt das daran, dass das moderne Leben mit objektivem Inhalt und Sachforderungen überlastet ist." (Simmel 1984, S. 57).

5 Schluss

Von der leitenden Perspektive ausgehend, Überwachung in den Kontext von Kontrollrevolution und Digitalisierung der Lebensführung zu stellen, lassen sich eine ganze Reihe stärkerer und schwächerer Überlagerungen und Wechselwirkungen ausmachen. Ein offensichtliches Beispiel wäre etwa die Sharing-Industrie, die angetreten ist, in der Lebensführung ungenutzte Ressourcen – Wohnung, Auto, freie Zeit – ökonomisch verwertbar zu machen auf Plattformen, die dann ihrerseits über SNS-gestützte Reputationssysteme das zu diesen Transaktionen notwendige Vertrauen hervorbringen. Ein ganz anders gelagertes wären die Sensoren in privaten Kraftfahrzeugen, die Daten primär für Zwecke der Produktion und Produktoptimierung sammeln, diese aber durchaus auch mit den Strafverfolgungsbehörden teilen. Was diese beiden Beispiele der Tendenz nach scheidet, ist das Interesse und der Beitrag der Überwachten an dieser Überwachung: Muss sich letztere, zumindest in dieser Form, an die problematische Legitimation nach dem Motto „wer nichts zu verbergen hat, braucht sich nicht zu verstecken" halten, so kann erstere auf den bereitwilligen Beitrag der Überwachten rechnen. *Politisch* ist Überwachung heute wie vor 40 Jahren eine Frage institutioneller Trennungen und der grundgesetzlich garantierten Persönlichkeitsrechte. *Soziologisch* hingegen gilt es darüber hinaus, Überwachung und Selbstüberwachung nicht isoliert normativen Vorstellungen von Privatheit gegenüberzustellen, sondern sie auch im größeren Zusammenhang einer Digitalisierung der Lebensführung zu sehen und die zugrunde liegenden Strukturen und Prozesse zu erforschen.

Literatur

Albrechtslund, Anders. (2008). Online social networking as participatory surveillance. *First Monday*.

Altman, Irwin. (1975). *The environment and social behavior. Privacy, personal space, territory, crowding*. Monterey, Calif.: Brooks/Cole Pub. Co.

Altman, Irwin. (1976). Privacy: A Conceptual Analysis. *Environment and Behavior* 8(1): (S. 7–30).

Barlow, John S. (1996). A Declaration of the Independence of Cyberspace. https://projects. eff.org/~barlow/Declaration-Final.html. Zugegriffen Oktober 2011.

Bauer, Christine und Michael Schiffinger. (2016). *Perceived risks and benefits of online self-disclosure: affected by culture? A meta-analysis of cultural differences as moderators of privacy calculus in person-to-crowd settings.* AIS Electronic Library, Research Paper 68.

Beniger, James. (1986). *The Control Revolution.* Cambridge, Mass., London: Harvard University Press.

Bennett, Colin J. und Charles D. Raab. (2003). *The governance of privacy. Policy instruments in global perspective.* Aldershot: Ashgate.

boyd, danah und Kate Crawford. (2012). Critical questions for big data. *Information, Communication & Society* 15(5), S. 662–679.

boyd, danah; Ellison, Nicole B. (2007). Social Network Sites: Definition, History, and Scholarship. *Journal of Computer-Mediated Communication* 13(1), (S. 210–230).

Bull, Hans Peter. (2011). *Informationelle Selbstbestimmung - Vision oder Illusion? Datenschutz im Spannungsverhältnis von Freiheit und Sicherheit.* Tübingen: Mohr Siebeck.

Castells, Manuel. (2000). *End of millennium. The information age,* Bd. 3. Oxford: Blackwell.

de Certeau, Michel. (1988). *Kunst des Handelns.* Berlin: Merve.

Clarke, Roger. (1994). The digital persona and its application to data surveillance. *The Information Society* 10(2), S. 77–92.

Couldry, Nick und José van Dijck. (2015). Researching Social Media as if the Social Mattered. *Social Media + Society* 1(2).

van Dijck, José. (2013). *The culture of connectivity. A critical history of social media.* Oxford, New York NY: Oxford University Press.

Dinev, Tamara und Paul Hart. (2006). An Extended Privacy Calculus Model for E-Commerce Transactions. *Information Systems Research* 17(1), S. 61–80.

Foucault, Michel. (1976). *Überwachen und Strafen. Die Geburt des Gefängnisses.* 1. Aufl. Frankfurt am Main: Suhrkamp.

Foucault, Michel. (1977). *Der Wille zum Wissen. Sexualität und Wahrheit,* Bd. 1. Frankfurt am Main: Suhrkamp.

Fuchs, Christian. (2012). The Political Economy of Privacy on Facebook. *Television & New Media* 13(2), S. 139–159.

Gandy, Oscar. (2009). *Coming to terms with chance: Engaging rational discrimination and cumulative disadvantages.* Farnham: Ashgate.

Giddens, Anthony. (1985). *The nation-state and violence.* Cambridge: Polity Press.

Gillespie, Tarleton. (2010). The politics of "platforms." *New Media & Society* 12, S. 347–364.

Gillespie, Tarleton. (2014). The relevance of algorithms. In Tarleton Gillespie, Pablo Boczkowski und Kirsten Foot (Hrsg.), *Media technologies: Essays on communication, materiality, and society,* (S. 167–194). Cambridge, MA: MIT Press.

Glancy, Dorothy J. (1979). The Invention of the Right to Privacy. *Arizona Law Review* 21(1), S. 1–39.

Goffman, Erving. (1971). *Relations in Public. Microstudies of the Public Order.* New York, NY: Basic Books.

Goldsmith, Jack L. und Tim Wu. (2008). *Who controls the internet? Illusions of a borderless world.* Oxford: Oxford Univ. Press.

Haggerty, Kevin D. und Richard V Ericson. (2000). The surveillant assemblage. *British Journal of Sociology* 51(4), S. 605–622.

Haraway, Donna. (1991). A Cyborg Manifesto: Science, Technology, and Socialist-Feminism in the Late Twentieth Century. In Donna Harraway (Hrsg.), *Simians, Cyborgs and Women: The Reinvention of Nature.* (S. 149–181). New York: Routledge.

Jurczyk, Karin und G. Günter Voß. (1995). Zur gesellschaftsdiagnostischen Relevanz der Untersuchung von alltäglicher Lebensführung. In Projektgruppe „Alltägliche Lebensführung" (Hrsg.), Alltägliche Lebensführung. Arrangements zwischen Traditionalität und Modernisierung, (S. 371–407). Opladen: Leske+Budrich.

Jurczyk, Karin; G. Günter Voß und Margit Weihrich. (2016). Alltägliche Lebensführung – theoretische und zeitdiagnostische Potentiale eines subjektorientierten Konzepts. In Erika Wlleweldt, Anja Röcke und Jochen Steinbicker (Hrsg.), *Lebensführung heute – Klasse, Bildung, Individualität,* (S. 53–87). München: Beltz Juventa.

Lomborg, Stine und Kirsten Frandsen. (2016). Self-tracking as communication. *Information, Communication & Society* 19(7), S. 1015–1027.

Luhmann, Niklas. (1989). Individuum, Individualität, Individualismus. In Niklas Luhmann (Hrsg.), *Gesellschaftsstruktur und Semantik 3*, (S. 149–258). Frankfurt am Main: Suhrkamp.

Luhmann, Niklas. (1995). Die gesellschaftliche Differenzierung und das Individuum. In Niklas Luhmann (Hrsg.), *Soziologische Aufklärung 6. Die Soziologie und der Mensch*, (S. 125–141). Opladen: Westdeutscher Verlag.

Lyon, David. (1994). *The electronic eye. The rise of surveillance society.* Minneapolis: University of Minnesota Press.

Lyon, David. (2001). *Surveillance society: Monitoring everyday life.* Buckingham: Open University Press.

Lyon, David (Hrsg.). (2003). *Surveillance as social sorting. Privacy, risk, and digital discrimination.* London: Routledge.

Marx, Gary T. und Glenn W. Muschert. (2009). Simmel on Secrecy. A legacy and Inheritance for the sociology of information. In Cécile Rol und Christian Papilloud (Hrsg.), *Soziologie als Möglichkeit. 100 Jahre Georg Simmels Untersuchungen über die Formen der Vergesellschaftung*, (S. 217–233). Wiesbaden: VS Verlag für Sozialwissenschaften.

Merton, Robert K. (1976). *Sociological ambivalence and other essays.* New York, NY: Free Press.

Miller, Daniel. (2011). *Tales from facebook.* Cambridge: Polity Press.

Miltgen, Caroline L. und Dominique Peyrat-Guillard. (2014). Cultural and generational influences on privacy concerns: a qualitative study in seven European countries. *European Journal of Information Systems* 23(2): 103–125.

Miranda, Javier et al. (2015). From the Internet of Things to the Internet of People. *IEEE Internet Computing* 19(2), S. 40–47.

Morando, Federico; Raimondo Iemma und Emilio Raiteri. (2014). Privacy evaluation: what empirical research on users' valuation of personal data tells us. *Internet Policy Review* 3(2), S. 1–11.

Pariser, Eli. (2011). *The Filter Bubble: What the Internet Is Hiding from You.* New York: Penguin.

Poster, Mark. (1990). *The Mode of Information.* Cambridge, Mass.: Polity Press.

Projektgruppe „Alltägliche Lebensführung" (Hrsg.). (1995). *Alltägliche Lebensführung. Arrangements zwischen Traditionalität und Modernisierung.* Opladen: Leske+Budrich.

Rechthien, Kay. (2016). Sachverständigen-Gutachten gemäß Beweisbeschluss SV-13, 30. September 2016. https://www.ccc.de/system/uploads/220/original/beweisbeschluss-nsaua-ccc.pdf. Zugegriffen 15. Oktober 2016.

Rheingold, Howard. (1993). *The virtual community. Homesteading on the electronic frontier.* Reading, Mass. u.a.: Addison-Wesley.

Scholz, Trebor. (2013). *Digital labor. The Internet as playground and factory.* London: Routledge.

Simmel, Georg. (1984). *Grundfragen der Soziologie.* Berlin, New York: de Gruyter.

Simmel, Georg. (1992). Soziologie. *Untersuchungen über die Formen der Vergesellschaftung.* Frankfurt am Main: Suhrkamp.

Smith, Gavin J. D. (2016). Surveillance, Data and Embodiment. In *Body & Society* 22(2), S. 108–139.

Solove, Daniel J. (2008). *Understanding privacy.* Cambridge, Mass.: Harvard University Press.

Steinbicker, Jochen. (2013). Der Staat und das globale Internet. *Zeitschrift für Politik,* Sonderband 5, S. 197–217.

Steinmüller, Wilhelm et al. (1971). Grundfragen des Datenschutzes. *Gutachten im Auftrag des Bundesinnenministeriums.* Bonn.

Tadelis, Steven. (2016). Reputation and Feedback Systems in Online Platform Markets. *Annual Review of Economics* 8(1), S. 321–340.

Vitkauskaite, Elena. (2016). Cross-Cultural Issues in Social Networking Sites: Review of Research. In Mehmet Huseyin Bilgin, Hakan Danis, Ender Demir und Ugur Can (Hrsg.), *Business Challenges in the Changing Economic Landscape,* Vol. 2, 2/2, (S. 293–307). Cham: Springer International Publishing.

Wacquant, Luc. (2007). Territorial stigmatization in the age of advanced marginality. *Thesis Eleven* 91, S. 66–77.

Wagner, Elke. (2014). Intimate Publics 2.0. In Kornelia Hahn (Hrsg.), *E < 3Motion,* (S. 125–149). Wiesbaden: Springer Fachmedien.

Warren, Samuel D. und Louis D. Brandeis. (1890). The right to privacy. *Harvard Law Review* IV(5), S. 193–220.

Whitson, Jennifer R. (2013). Gaming the quantified self. *Surveillance & Society* 11(1/2), S. 163–176.

Wohlrab-Sahr, Monika. (2011). Schwellenanalyse – Plädoyer für eine Soziologie der Grenzziehungen. In Kornelia Hahn und Cornelia Koppetsch (Hrsg.), *Soziologie des Privaten,* (S. 33–52). Wiesbaden: VS Verlag für Sozialwissenschaften.

Autonomie und Kontrolle nach dem Ende der Privatsphäre

Felix Stalder

Eines der wesentlichen Merkmale der westliche Moderne – jener kulturelle Epoche, die Marshall McLuhan (2011) mit Verweis auf das zentrale Kommunikationsmedium, den Buchdruck, die Gutenberg Galaxis nannte – war die Spannung zwischen den gegensätzlichen, aber gemeinsam das Feld des politischen Handelns strukturierenden Dynamiken: staatliche Planung und Kontrolle auf der einen Seite und Autonomie des Individuums auf der anderen. Ersteres wurde angetrieben durch die Herausbildung hierarchischer Bürokratien als Organisationsform des kollektiven Handelns letzteres durch die Herausbildung des (männlich-weißen) Bürgers als politisches Subjekt. Das Konzept der Privatsphäre spielte dabei eine wesentliche Rolle, um das Verhältnis zwischen diesen beiden Dynamiken auszutarieren und in der demokratischen Öffentlichkeit zu verhandeln.

Heute erleben wir, wie diese Struktur auseinanderbricht. Sowohl die Formen der institutioneller Kontrolle wie auch die Subjektivierungsweisen politischer Akteure verändern sich. In Folge kann das klassische Konzept der Privatsphäre wesentliche Aspekte seiner politischen Funktion nicht mehr erfüllen. Das „Ende der Privatsphäre" verweist in diesem Sinne auf eine doppelte Transformation hin. Zum einen, wie Menschen versuchen, Autonomie zu erreichen zum anderen, wie Kontrolle ihr Leben durchzieht.

F. Stalder (✉)
Zürcher Hochschule der Künste, Zürich, Schweiz
E-Mail: felix.stalder@zhdk.ch

© Springer Fachmedien Wiesbaden GmbH, ein Teil von Springer Nature 2019
M. Stempfhuber und E. Wagner (Hrsg.), *Praktiken der Überwachten*,
https://doi.org/10.1007/978-3-658-11719-1_6

1   Bürokratie und Bürger, 1700–1950

Die Herausbildung eines neuen Typus großer, bürokratisch-verfasster Institutionen begann zunächst auf dem Gebiet der öffentlichen Verwaltung, seit der zweiten Hälfte des 19 Jahrhunderts wurde diese Organisationsform auch auf dem Gebiet der industriellen Produktion dominant (Chandler 1977). Denn diese neuen Institutionen vermochte kollektives Handeln verschiedenster Art in bisher nicht gekannten Dimensionen – in Bezug auf deren räumliche und zeitliche Ausdehnung, wie auch inneren Komplexität – zu organisieren. Dazu benötigten sie umfassende und detaillierte Informationen über die Menschen und Dinge, die es zu organisieren galt. Bereits 1686 schlug Marquis de Vauban Ludwig XIV vor, er solle eine jährliche (!) Volkszählung durchführen lassen, damit er, der Sonnenkönig, „von seinem Schreibtisch aus, innerhalb einer Stunde, den Zustand des großen Landes, dass er regiere, begutachten könne und um mit Gewissheit festzustellen, woraus seine Größe, sein Reichtum und seine Macht bestehe" (Scott 1998, S. 11). Die dafür notwendige Erfassung der Bevölkerung durchzuführen war aus praktischen Gründen allerdings nicht möglich. Die Vision jedoch blieb bestehen und inspirierte eine ganze Reihe von neuen Ideen und Verfahren, um die Welt in dieser Weise greifbar zu machen. 1749 brachte der deutsche Gelehrte Gottfried Achenwall (1719–72) diese unter dem Begriff Statistik zusammen, die er als „Lehre von den Daten über den Staat" verstand. 1753 ordnete Kaiserin Maria-Theresia die erste Volkszählung in Österreich an, das Königreich Preußen zählte seine Bevölkerung 1816 zum ersten Mal und das neu gegründete Deutsche Reich schuf 1872 eine modernde statistische Zentralbehörde, das *Kaiserliche Statistische Amt*, in dessen direkter Kontinuität das heutige *Statistische Bundesamt* steht.

Dabei musste aber das Problem gelöst werden, dass je besser und umfassender die Datenerhebung organisiert wurde, desto mehr auch der Aufwand anwuchs, all diese Daten auszuwerten. Den ersten dramatischen Höhepunkt erreichte diese Krise 1889 in den Vereinigten Staaten, als man feststellte, dass die Daten der Volkszählung aus dem Jahr 1880 noch nicht ausgewertet waren, im Jahr darauf aber die nächste Zählung anstand. Für den Historiker James Beniger kam darin die sich ausbreitende „Kontrollkrise" zum Ausdruck, denn die bisherigen Mechanismen der Informationsverwaltung reichten nicht mehr aus, um die durch die Industrialisierung rasch wachsende Komplexität der kommerziellen wie staatlichen Verwaltung zu bewältigen (Beniger 1986). Gerade die fortschrittlichsten Organisationen drohten an ihrem eigenen Wachstum zu scheitern und erhebliche Mittel wurden nun freigemacht, um Abhilfe zu schaffen. So organisierte das Innenministerium noch im selben Jahr eine Konferenz, um verschiedene Methoden für die schnellere Auswertung zu testen. Als klarer Sieger ging das von Hermann Hollerith entwickelte System der mechanischen Verarbeitung auf Lochkarten gespeicherter Daten hervor. Es beruhte auf Holleriths Beobachtungen beim Ver- und Entkoppeln von Zugwaggons, welche er als modulare, beliebig kombinierbare Einheiten interpretierte. Die Lochkarte übertrug diesen Ansatz auf das Informationsmanagement. Daten wurden nicht länger in fixen, linearen Ordnungen (Tabellen und Listen) gespeichert, sondern in kleinen Einheiten (den Lochkarten), die sich wie Zugwaggons beliebig kombinieren ließen. Der Effizienzgewinn – in Bezug auf Geschwindigkeit *und* Flexibilität – war enorm, und die Maschinen wurden umgehend und umfassend eingeführt. Der Bedarf nach solchen Maschinen war groß und wuchs immer weiter. Denn ohne die systematische Erfassung von standardisierter Informationen und deren Auswertung zu handelbaren Wissen, hätten sich keine der Funktion eines modernen Staates und der modernen Wirtschaft entwickeln können, angefangen von der umfassenden Steuererhebung, über den Aufbau von stehende Armeen, wohlfahrtsstaatliche Einrichtungen oder nationale und internationale Produktions- und Handelsbeziehungen, wie sie die globalisierte Wirtschaft im 19. Jahrhundert hervorzubringen begann.

Die Moderne, insbesondere die industrielle Hochmoderne, war gekennzeichnet durch die Ausweitung großer Bürokratien, deren Fähigkeiten immer weitere Bereiche des Lebens zu erfassend und regulierend einzugreifen darauf beruhten, dass die große Daten- und Aktenmengen prozessieren konnten. In ihnen wurde Menschen das standardisiere Datensets entworfen, die es zu verwalten und formen galt. Aber solange das Leben in weitgehend analogen Umgebungen gelebt wurde, so lange war das Sammeln umfassender Daten derart arbeitsintensiv, dass nur sehr große Bürokratien dies bewältigen konnten. Die – aus heutiger Sicht – relativ beschränkten, analogen Informationsverarbeitungskapazitäten, zwangen die Bürokratien dazu, die Komplexität der Prozesse stark zu reduzieren. Deren strikte Regelgebundenheit und Unpersönlichkeit bestimmten, so Max Weber, das Wesen der Bürokratie und deren Siegeszug drohte, so seine berühmte Prophezeiung, die Gesellschaft in „eine Polarnacht von eisiger Finsternis und Härte" zu führen.

Dem gegenüber stand eine Entwicklung, die sich zunächst gegen den ganzheitlichen Anspruch feudaler Ordnungen wandte (die keine Trennung zwischen Privaten und Öffentlichen Angelegenheiten kannte) und danach sich im Kontext dieser Ausweitung der (staatlichen) Kontrolle fortsetzte. Ihr gelang es, neue Räume der Freiheit und Selbstbestimmung erkämpft. Zunächst im patriarchalen, städtischen Bürgertum entstand eine neue Subjektivierungsweise.

Die Bürger entwarfen sich immer weniger als Mitglieder traditioneller (ständischer) Kollektivorganisationen (etwa einer Zunft) sondern zunehmend als Personen mit individuellen geistigen Fähigkeiten und mit Selbstverantwortung und damit mit einer gewissen Distanz zu und Freiheit von den alten wie auch neuen Kollektivorganisationen. Wesentlich für diese neue Subjektivität war die weltliche Vorstellung einer geistigen Innenwelt und darauf beruhend der Fähigkeit zur Reflexion und zur Vernunft (siehe Taylor 2012). Diese war die Voraussetzung um „sich seines Verstandes ohne Leitung eines anderen … bedienen" zu können, wie es Immanuel Kant in „Was ist Aufklärung" (1784) formulierte. Während diese Fähigkeit in der Innenwelt des einzelnen Menschen verankert war, entwarf Kant Vernunft als etwas Universelles. In Prinzip würde jedermann (Frauen wurde diese Fähigkeit noch lange abgesprochen) durch Reflexion zu denselben vernünftigen Schlussfolgerungen gelangen. Es war diese universelle Dimension des vernünftigen Denkens, die das individuelle Subjekt dazu ermächtigte, traditionelle Autoritäten infrage zu stellen.

Das Konzept der Privatsphäre schütze diese innere Welt (und, als Erweiterung, das Heim und die Familie) gegen den Einfluss externer Autoritäten und schütze damit die Fähigkeit des Bürgers zu reflektierten und so vernünftige Ansichten über die Welt zu bilden. In der liberalen politischen Theorie ist es diese innere Welt, die die Grundlage dazu bietet, dass sich jedermann eine eigene Meinung bilden kann, die dann in der Öffentlichkeit mit anderen Meinungen verhandelt werden kann, um so zu einer vernünftigen Erörterung der alle betreffenden Angelegenheiten zu gelangen (siehe Habermas 1990[1962]). Diese Fähigkeit zur rationalen Erörterung war die Grundlage der Legitimität für die Forderung, dass diese vernünftigen Bürger am politischen Leben beteiligt werden und dass sie, mit ihren Methoden, die Geschickte des Staates leiten sollten. Diese Argumentation war so erfolgreich, dass sie zunehmend als die einzig legitime Basis für die Autorität des Staates gesehen wurde und andere, wie Tradition oder göttlicher Wille weitgehend verdrängten (zumindest bis zur Iranischen Revolution von 1979). Ihren deutlichsten Ausdruck findet sie im Prinzip der freien und geheimen Wahlen verankert. Diese findet, bezeichnenderweise, in einem abgeschlossenen Raum statt, wo jeder einzelne, alleine und ohne Einfluss von Außen, anonym seine/ihre Stimme abgeben kann, einzig dem eignen Gewissen verpflichtet. Die wesentlichen, politischen Argumente für die Verteidigung der Privatsphäre stammen entsprechend aus dieser klassischen, liberalen Tradition (Sofsky 2007; Rössler 2002).

Seit dem späten 19. Jahrhundert hat sich allerdings die Konzeption dieser inneren Welt radikal gewandelt. Mit der Entstehung der Konsumgesellschaft, verwandelte sie sich in ein Projekt und Fragen des seelisch-geistigen Zustands wurde zu einem Problem von einer bis dahin nicht da gewesenen Dringlichkeit.

Die innere Welt wurde nicht mehr verstanden als der Hort eines relativ engen Sets von kohärenten Universalien, die zusammen eine transzendentale Vernunft ergaben, sondern als ein unübersichtlicher Raum widersprüchlicher Triebe und Begierden, deren Dynamiken ein für jeden Menschen einmaliges Muster ergeben, in dem die Vernunft nur noch eine untergeordnete Rolle spielt. Sigmund Freud wurde zum führenden Theoretiker dieser psychologischen Spannungen, welche, so der Historiker der Psychoanalyse, Eli Zaretsky (2005), die widersprüchlichen Anforderungen der (fordistischen) Konsumgesellschaft reflektierten. Die innere Welt wurde zu dem Ort, an dem Individualität und nicht Universalität verankert war. Die Privatsphäre beschützte nun die komplexe Erforschung dieses potenziell gefährlichen Territoriums, mit dem sich jeder und jede auseinander setzen sollten, um mit den Spannungen, die den Kern der vom Unterbewusstsein geprägten Individualität ausmachten, umgehen zu lernen. Die Konsumgesellschaft, die den Verkauf von Waren nicht mehr über die Notwendigkeit sondern über das Begehren organisierte, verstärkte diese Spannungen und bot gleichzeitig deren Auflösung durch den Erwerb von zunehmend informationell und emotional aufgeladenen Waren an. Folgt man Zaretskis Argumentation, dass die Transformation der Subjektivierungsweise stark durch die Transformationen des Kapitalismus beeinflusst werden, dann wird sichtbar, dass der Subjekttypus, den Freud beschrieb, um Verlaufe der 1960er Jahre in die Krise geriet, parallel zur Krise der auf Massenproduktion beruhenden Konsumgesellschaft.

Ein Zeichen dieser Krise war die Entstehung einer neuen Subjektivierungsweise, deren erste massenhafte Artikulation in den „neuen sozialen Bewegungen" Ende der 1960er Jahre geschah. Diese nahmen die neuen Möglichkeiten und Zwänge der „post-industriellen" Gesellschaft auf, und begannen, angepasst Normen des Denkens und Fühlens zu propagieren. Anstatt weiterhin auf Introspektion zu fokussieren, wurden nun kommunikative, intersubjektive Elemente wie Expressivität, Flexibilität, und Kooperation als positive Persönlichkeitsmerkmale propagiert. Gleichzeitig unterzogen Feministinnen den traditionellen Begriff der Privatsphäre einer intensiven Kritik, in dem sie das Familienleben nicht mehr als gegengewichtig zum Kapitalismus konzipierten, sondern als dessen patriachale Fortsetzung. Entsprechend bietet das Konzept der Privatsphäre keinen Schutz vor Macht und Kontrolle, sondern es verlagert sie vom ökonomischen Feld auf jenes der Beziehungen der Geschlechter (MacKinnon 1989). Die freiheitsorientierten sozialen Bewegungen formulierten ebenfalls eine umfassende Kritik der bürokratischen Organisationsform es gelang ihnen aber nicht, ihre gesellschaftliche Dominanz zu brechen. Und so verlor das Konzept der Privatsphäre, gerade auch im Kontext der Bürgerbewegungen, zunächst wenig an Mobilisierungskraft als Gegenmittel gegen staatliche Überwachung. Einen letzten Höhepunkt erreichte dies Mitte der 1980er Jahre, als der Versuch eine „statistische Totalerhebung" in Deutschland durchzuführen auf erbitterten und breit abgestützten Widerstand stieß (Bergmann 2009).

2 Vernetzter Individualismus und personalisierte Institutionen

Machen wir einen Sprung in die Gegenwart. Viele Staaten, auch Deutschland, führen überhaupt keine Volkszählungen im klassischen Sinne mehr durch. Denn die Daten sind schon lange erhoben und können nun flexibel aus den verschiedensten öffentlichen und privaten Datenbanken zusammengeführt werden. Eine immer größere Zahl von Personen benutzen nicht nur Systeme, in denen ihre Handlungen minutiös aufgezeichnet werden, sondern sie veröffentlichen selbst aktiv Informationen über sich selbst, die weder öffentlich noch privat im klassischen Sinne sind. Auch wenn die meisten Menschen, wenn sie in Umfragen darauf angesprochen werden, dem Schutz der Privatsphäre einen hohen Stellenwert zuschreiben, so lassen viele Alltagspraktiken diese Sorgen nur sehr bedingt erkennen. Woher kommt dieser scheinbare Widerspruch zwischen Bewusstsein und Praxis? Und welche Folgen ergeben sich daraus? Im Folgenden werde ich mich auf zwei Aspekte dieses Themenkomplexes konzentrieren. Erstens die Entstehung einer neuen allgemeinen Subjektivierungsweise, unter den Bedingungen der „Kultur der Digitalität" (Stalder 2016). Zweitens die sich verändernde Beziehung zwischen dem/der Einzelnen und großen Institutionen, die immer stärker von Personalisierung und nicht von der für klassische Bürokratien so typischen Standardisierung geprägt sind.

Die Werte, welche in den sozialen Bewegungen der 1960s Jahre artikuliert wurden und die eine sich veränderte Subjektivierung zum Ausdruck brachten, haben sich im Verlaufe der nächsten drei Jahrzehnte, quer durch die Gesellschaft verbreitet. Dabei wurden sie aus ihrem spezifischen politischen Kontext gelöst, und dienten in der Folge vor allem, um dem Kapitalismus einen „neuen Geist" einzuhauchen (Boltanski und Chiapello 2003). Sie sind dadurch kulturell dominant geworden. Flexibilität, Kreativität und Kommunikationsfähigkeit werden heute als allgemeine, positive menschliche Eigenschaften gesehen, die notwendig sind, um in der Gesellschaft erfolgreich agieren zu können und die, in der einen oder anderen Weise, dem „wahren Wesen" des Menschen entsprächen. Während traditionelle Institutionen immer weniger in der Lage sind, das Leben der Menschen verlässlich zu organisieren (etwa in der Form von sicheren Anstellungen und planbaren Karrieren) müssen die Menschen, ob sie dazu in der Lage sind oder nicht, ihre eigenen Orientierungen finden.

Während dies lange Zeit primär negativ als Prozess der Atomisierung gesehen wurde (siehe etwa den Klassiker von Putnam 2000) können wir heute sehen, dass dies die Grundlage für eine neue Form der Subjektivierung darstellt. Diese beruht auf den neuen (relativ) kostengünstigen Kommunikations- und Transportinfrastrukturen, zu denen breite Bevölkerungsschichten in Europa heute Zugang haben. Die Soziabilität, die auf Basis dieser Möglichkeiten entsteht, unterscheidet sich deutlich von jenen Formen, die auf lokaler Co-Präsenz beruhten. Im „Raum der Flüsse" (Manuel Castells) Sozialität erzeugen zu können, muss jeder einzelne zuerst mal sichtbar werden. Anwesenheit alleine genügt nicht mehr als Voraussetzung, um mit jemandem in Kontakt treten zu können. Konkret bedeutet dass, dass jedeR seine/ihre eigene Repräsentation schaffen muss, in dem er/sie beginnt zu kommunizieren, und sei uns nur ein persönliches Profilbild auszuwählen oder ein paar *likes* zu klicken. Das alleine reicht aber nicht, um attraktiv zu sein, also um die Chance zu erhöhen, mit anderen interagieren zu können. Es wird von jedem/r verlangt, die sozialen Konventionen und Orientierungen, die ein bestimmtes Netzwerk ausmachen, zu respektieren, und gleichzeitig sich im richtigen Maße von den anderen zu unterscheiden, also in irgendeiner weise kreativ zu sein, und so zum gemeinschaftlichen Austausch, zur sich formenden Sozialität etwas beizutragen. Sowohl positive Versprechen und negative Drohungen haben dazu geführt, dass diese Form der Sozialisierung und damit auch der Subjektivierung, in den letzten Jahren allgegenwärtig wurden. Zum einen besteht die Gefahr, einfach unsichtbar, ignoriert und umgangen zu werden. Nicht in dieser Weise zu kommunizieren bedeutet, für die allermeisten heute in ein hohes Risiko für die soziale Existenz einzugehen. Positiv wirkt das Versprechen, so nun genau diejenigen zu finden, mit denen man wirklich Interessen teilt, nun endlich die eigene Persönlichkeit frei entfalten zu können. Soziologen haben diese Form Betonung der eigenen Persönlichkeit unter Rückgriff auf verteilte soziale Netzwerke „networked individualism" genannt (siehe Rainie und Wellman 2012). „Individuen," so Manuel Castells, „ziehen sich nicht in die Isolation der ‚virtuellen Realität' zurück. Ganz im Gegenteil, sie erweitern ihren sozialen Kreis in dem sie viel Vielzahl der Kommunikationsnetzwerke, die ihnen zu Verfügung stehen, nutzen. Aber sie tun dies selektiv. Sie konstruieren ihre kulturellen Welten im Einklang mit ihren Haltungen und Projekten, und sie verändern diese wie sich ihre Interessen und Werte verändern " (Castells 2009, S. 121).

Das diese Netzwerke der Soziabilität horizontale Organisationsformen sind, die auf selbst-gewähltem freiwilligen Zusammenschluss basieren, ist ein gewisses Maß an Vertrauen zwischen den involvierten Personen notwendig. Im Zuge längerer

Interaktion und Zusammenarbeit vertieft sich das Vertrauen, wie das immer passiert, aber es muss schon ein Minimum an vertrauen bestehen, damit der Austausch überhaupt beginnen kann. Was ein unlösbares „Huhn-oder-Ei" Problem (was kommt zuerst, Vertrauen oder Zusammenarbeit?) sein könnte, wird in der Praxis dadurch entschärft, dass es möglich ist, sich relativ einfach einen Überblick über die Aktivitäten einer Person zu verschaffen, weil ja immer mehr Menschen, mehr oder weniger freiwillig, Informationen über ihre Aktivitäten und Interessen veröffentlichen. Mit anderen Worten, expressiv zu sein, zu kommunizieren – egal worüber – ist eine Grundvoraussetzung, damit über die digitalen Netzwerke so etwas wie Soziabilität entstehen kann (siehe Aguiton und Dominique 2007). Diese Notwendigkeit, seine Vorlieben und Passionen auszudrücken, als Voraussetzung, um ein soziale Beziehungen eintreten zu können, die wiederum der Kontext zur Entwicklung der eigenen Singularität darstellen, lässt die Grenzen zwischen dem, was traditionellerweise als „innere" und „äußere" Welt unterschieden wurden, verschwimmen, damit erodiert jene Unterscheidung, die für die Subjektivität der westlichen Moderne, der Gutenberg Galaxis, so zentral war. In ihre Stelle treten Subjektivierungsformen, die weniger auf Introspektion denn auf Interaktion beruhen (Stalder 2014). Privatheit im klassischen Sinne bedeutet in diesem Kontext weniger die Möglichkeit der Entwicklung des wahren Kerns der Persönlichkeit – jenseits aller sozialen Zwänge – sondern die Gefahr des Abreißens der Verbindungen, in einer Welt, in der das eigene Soziale Umfeld durch dauernde Interaktion aufrecht erhalten werden muss. Geschieht das nicht, so rekonfiguriert sich das Netzwerk um, was einem, in letzter Konsequenz, der Möglichkeit berauben würde, seine eigene Persönlichkeit und sein eigenes Leben zu entwickeln.

Dieser veränderte Persönlichkeitstyp ist eingebettet in ebenfalls veränderte institutionelle Formen. Eines der progressiven Versprechen des modernen liberalen Staates und seiner bürokratisch organisierten Organe war, die Abschaffung von Privilegien und das versprechen, jeden Menschen gleich zu behandeln. Diese Behandlung sollte frei von Ansehen der Person erfolgen, sondern einzig auf Basis von Gesetzen, beziehungsweise, schriftlichen, einsehbaren Regeln. Das Prinzip der Rechtsstaatlichkeit sollte garantieren, dass niemand über oder unter dem Gesetz stünde, sondern, dass es für alle gleich zu gelten habe. Der Preis, der in der Praxis dafür zu zahlen war, war die Inflexibilität und Unpersönlichkeit des Verwaltungshandelns. Max Weber, der den rasanten Wachstum der Bürokratien zu Beginn des 20. Jahrhunderts analysierte, fürchte, dass die überlegene Rationalität der Bürokratie die Gesellschaft in ein „stahlhartes Gehäuse" zwängen würde. Heute sind wir hingegen geneigt, solche Unpersönlichkeit weder als Befreiung von der Ungerechtigkeit der Privilegienordnung, noch als Höhepunkt der Rationalität zu sehen, sondern als die tote Hand der Bürokratie, die Leben,

Dynamik und Kreativität erstickt. Denn, so die Kernthese der neoliberalen Ideologie, wir sind nicht alle gleich, sondern jedeR ist einzigartig. Diese Annahme schafft sowohl Anreize als auch Zwänge, die das Verhältnis zwischen Einzelnen und großen Institutionen verändern.

So wird auch großen Institutionenzunehmend erwartet, dass sie fähig sind, auf die besondere Situation jeder und jedes Einzelnen einzugehen. Besonders gut erfüllen können diese Erwartungen jene Institutionen, die von Anfang an darauf ausgerichtet waren. Diese großen Unternehmen, die heute das Internet dominieren, sind in ihrem Kern auf Personalisierung all ihrer Dienstleistungen ausgerichtet. Damit sie diese erbringen können, benötigen sie große Mengen an personenbezogenen Daten, die entweder explizit von den Nutzern zu Verfügung gestellt werden (etwa wenn diese ein Formular ausfüllen, um sich zu registrieren, das eigene Adressbuch hochladen, einen online Kalender nutzen, Bookmarks anlegen etc.) oder implizit, in ihre Handlungen beobachtet, aufgezeichnet und analysiert werden (siehe Stalder und Mayer 2009). Google und Facebook sind hier die erfolgreichsten Beispiele vom auf Personalisierung und Flexibilität ausgerichteten Institutionen, aber im Prinzip keineswegs einzigartig. Denn dies ist keine Entwicklung, die nur die Medien- bzw. Kommunikationsindustrie betrifft, sondern symptomatisch für die institutionelle Transformation in vielen Bereichen. In der industriellen Produktion vollzog sich dieser Wandel als Abkehr von der fordistischen Massenproduktion hin zu einem post-fordistischen System der vernetzten, flexiblen Produktion für immer kleinere und enger-definierte Nischen, die, im Extrem, die Größe eines einzigen Konsumenten haben können, was in der Managementliteratur als „individualisierte Massenfertigung" bezeichnet wird (Piller 2000). In der Dienstleistungsbereich vollzog sich dieser Wandel hin zur personalisierten Dienstleitungen durch die massenhafte Einführung von „customer relationship management" Software, die große Mengen an Informationen über die einzelnen Kunden erfassen, speichern und analysieren können, um so optimale Angebote erstellen, beziehungsweise „unprofitable" Kunden möglichst frühzeitig aussortieren können. Hier begegnen sich Erwartungen der Kunden, die nicht mehr als anonyme Masse behandelt werden wollen, den Profitinteressen der Firmen, die schon lange erkannt haben, dass sie durch die großflächige Datenerhebung und das *fine-tuning* der Angebote sich besser und erfolgreicher im Markt behaupten können.

So ist ein neue Konstellation entstanden, in der sich Erwartungen und Zwänge in einer Weise verbinden, dass sie von den meisten Nutzern/Konsumenten akzeptiert oder zumindest als unabänderlich hingenommen werden: Im Austausch gegen persönliche Daten erhalten sie personalisierte Produkte und Dienstleistungen, unter der Annahme, dass personalisiert immer besser sei als standardisiert, was natürlich nicht immer der Fall ist (erstmals festgestellt von Gandy 1993). Um in diesen veränderten Bedingungen erfolgreich agieren zu können, versuchen auch große Bürokratien weniger hierarchisch, flexibler und persönlicher zu werden, und treten so in eine intime Beziehung mit den Menschen, deren Leben sie verwalten haben.

3 Kontrolle und Autonomie

Das lange bestehende politische Kräftefeld bestehend aus Dynamiken der Autonomie und solchen der Kontrolle, verkörpert durch den Bürger auf der einen und die Bürokratie auf der anderen Seite, vermittelt durch das Konzept der Privatsphäre, hat sich radikal gewandelt. Autonomie entsteht heute immer öfters in semi-öffentlichen Netzwerken, die durch kontinuierliche Kommunikation aller Beteiligten, und mehr oder weniger häufige physische Begegnungen zusammengehalten werden (siehe Larsen; Urry und Kay 2006). Neue Projekte der Autonomie – das ist, die Fähigkeit von Menschen, ihr Leben nach ihren eigenen Wünschen zu gestalten – entstehen im Großen wie im Kleinen, und mit höchst unterschiedlichen Ausrichtungen. Für viele charakteristisch ist, dass die Voraussetzungen für Autonomie nicht mehr in der inneren Welt, mit einer gewissen Distanz zur sozialen Welt, verortet werden, sondern als basierend auf vernetzten Projekten, in denen Sozialität verhandelt und gelebt wird. Solche Projekte können Kampagnen für Globale Gerechtigkeit, oder das Wiedererstarken lokaler Identitäten sein, sie können sich oder eng koordinieren. Ihre Ausrichtung kann politisch links oder rechts, sie können konstruktiv oder destruktiv sein. Die Teilnahme an solchen Projekten ist immer freiwillig und sie werden konstituiert und zusammengehalten durch gemeinsame Kommunikationsprotokolle (im technischen wie im kulturellen Sinne), basierend auf dem Vertrauen der Akteure untereinander. Dass man Menschen, die man nicht kennt, überhaupt vertrauen kann, wird dadurch erleichtert, dass es relativ einfach ist, sich über die andere Personen ins Bild zu setzen, genauso wie diese das über einem selbst tun können. Man kann sagen, dass gewisse Eigenschaften traditioneller, größenmäßig begrenzter Gemeinschaften – jeder kennt jeden – nun durch die kontinuierliche Selbstkommunikation transformiert und auf eine andere Größenordnung gehoben werden. Es ist zwar nicht mehr möglich, alle zu kennen, und Menschen wirklich kennen zu lernen bleibt ein aufwendiger und langsamer Prozess. Die aktuellen Technologien erleichtern es nicht entscheidend, jemanden in diesem umfassenden, emphatischen Sinne zu kennen (siehe Saramäki et al. 2014). Was sie aber sehr stark erleichtern ist, dass es zu jedem, der einem relevant erscheint, möglich ist, rasch genug Informationen zusammen suchen, um einschätzen zu können, ob es interessant/lohnend ist, mit dieser Personen in den Austausch zu treten und so gegebenenfalls das Vertrauen zu vertiefen. Dies ist möglich, weil immer mehr Menschen, freiwillig und aktiv Informationen über ihre Vorlieben, Aktivitäten und Pläne veröffentlichen, die für andere einsichtig sind. Das ist natürlich nicht nur unproblematisch, wie viele in Zwischenzeit selbst erfahren haben, so bietet das doch die Grundlage für neue, horizontale und reziproke Formen der Koordination, Interaktion und Sozialisierung. Diese drückt sich aus in einem Anstieg von freiwilligen Kooperationen, durch die Menschen, mal im Kleineren, mal im Größeren, echte Erfahrung von Autonomie – als Teil einer Gruppe von Gleichgesinnten – machen können.

Dem steht zunehmende Bedeutung personalisierender Institutionen gegenüber. Mit der immer größeren Komplexität der Dienstleistungen, kann Personalisierung durchaus im Interesse der NutzerInnen sein und die tote Hand der Bürokratie kann eben auch tödlich sein. Aber, in Summe, verstärken Mechanismen der Personalisierung und Individualisierung die Macht und Kontrolle, die solche Institutionen ausüben können, auch wenn sie ihre Dienstleistungen meist als „empowerment" der NutzerInnen darstellen. Denn all das Wissen, das benötigt wird, um den Charakter der Personalisierung festzulegen (welche Aspekte der Person sollen erfasst werden und wie werden diese dann gewichtet?) und auszuführen, wird von den Institutionen selbst angesammelt und diese Verfügen damit über ein immer feingliedrige Mittel, um die Beziehungen zu den NutzerInnen zu optimieren. Dass dabei die Interessen jener Partei im Zentrum stehen, die diese Optimierung vornimmt, kann ohne große Spekulation vorausgesetzt werden und spiegelt sich u. a. in der enormen Profitabilität der kommerziellen Akteure, die diese Strategie verfolgen wieder. Solange die Interessen der NutzerInnen mit jenen der Institutionen übereinstimmen, solange ist diese Macht nicht weiter problematisch, sondern drückt sich darin aus, dass nützliche Dienstleitungen weiter verbessert werden. Sobald die Interessen der NutzerInnen jedoch nicht mehr mit denen der Institutionen übereinstimmen, sei es, dass diese unprofitabel handeln oder Ziele verfolgen, die jenen der Institution direkt widersprechen, dann kann Personalisierung sehr rasch und sehr subtil neue Formen der Diskriminierung bedeuteten, ausgeführt durch technische Systeme, die in die bestimmte Annahmen und Handlungsweisen codiert sind (Lyon 2003). Diese Formen der Diskriminierung sind kaum wahrzunehmen, denn das ganze Konzept der Diskriminierung geht ja davon aus, dass im Grunde alle gleich behandelt werden, es aber Fälle gibt, in denen einige ungerechtfertigterweise schlechter behandelt werden. Um Diskriminierung also artikulieren zu können, muss es irgendwo einen Standard geben, welcher durch bestimmte Handlungen verletzt wird. Auch wenn man subjektiv feststellen kann, dass die eigene Interaktion mit einer Institution anders abläuft als die von anderen, so ist es das Wesen der Personalisierung, genau das als positiv und nicht als negativ zu konzipieren. Wenn also Beispielsweise gewisse Informationen aus den Suchresultaten verschwinden, ist dass dann als Service oder als Zensur zu werten? (siehe zu einem eindeutigen Fall Wragge 2012). Diese Frage ist ohne genaues Wissen um die Mechanismen, die zu einer bestimmten Auswahl geführt haben, kaum zu beantworten und das Wissen um diese Mechanismen ist streng geheim.

Es entsteht also ein neues politische Kräftefeld. Auf der einen Seite werden die Möglichkeiten, sich relevante Räume der Autonomie zu schaffen vergrößert durch die Möglichkeiten der freiwilligen, horizontalen Assoziation, welche die Interessen und Begehren ihrer Mitglieder direkt zum Ausdruck bringen. Auf der anderen Seite, auf Basis derselben Infrastruktur, kann man eine Rückkehr von Privilegien und Diskriminierungen feststellen, weil es den zentralen, mächtigen Institutionen heute möglich ist, jedes ihrer Subjekte anders zu behandeln, und damit deren Leben mal subtiler mal deutlicher in Bahnen zu lenken, die für die Institutionen selbst von Vorteil sind. Was wir also feststellen können, ist eine strukturelle Transformation der Bedingungen, unter denen Dynamiken der Autonomie und solche der Kontrolle die Gesellschaft durchziehen. Das Konzept der Privatsphäre ist nicht mehr dazu geeignet, zwischen diesen Dynamiken zu vermitteln.

Aber was nun? Der naive „Post-Privacy" Diskurs führt in Sackgassen. Sowohl mit der utopischen Behauptung, dass die Offenlegung alles Privaten zu einer neuen Dimension gesellschaftlicher Toleranz führen würde (siehe Heller 2011). Diese ist, möglicherweise aufgrund der Privilegiertheit der VertreterInnen, völlig blind gegenüber den neuen Mechanismen der Diskriminierung. Aber auch die dystopische Prognose, die gleich das Ende der Möglichkeiten des Denkens und der politischen Handelns heraufbeschwört, ist steril, denn in der Verkennung der neuen Möglichkeiten der Autonomie, verkommt sie zur reaktionären Nostalgie, die sich nach den klaren Verhältnissen von Autorität und Unterwerfung sehnt (siehe Han 2015).

Interessanter scheint es mir zu sein, Strategien der horizontalen Sichtbarkeit mit jenen der vertikalen Opazität zusammen zu bringen. Horizontale Sichtbarkeit bedeutet, dass Personen sich gegenseitig, mit den Spuren ihrer bisherigen Tätigkeit im Netz, sehen können, denn dies ist, wie bereits ausgeführt, eine wesentliche Voraussetzung, damit neue Formen der freiwilligen, horizontalen Organisation über die miteinander bereits eng verbundene Kleingruppe, wachsen können. Anderseits muss verhindert werden, dann neue vertikale Sichtbarkeits-, Wissens- und Machtdifferenziale entstehen, in dem Sinne, dass an einigen wenigen Stellen im Netzwerk alle Aktivitäten beobachtet können, ohne dass die so angehäuften Daten wiederum allen zu Verfügung gestellt werden. Dies kann dadurch erreicht werden, dass die Informationsarchitektur und die Netzwerktopologie so dezentral gestaltet wird, dass von keinem Punkt aus alle Daten eingesehen werden können. Oder das kann dadurch geschehen, dass die zentral anfallenden Daten, als „open data" von externen Abrufbar sind. Ein Beispiel für das erstere ist Email. Bei diesem Protokoll können die Daten verteilt auf vielen Servern liegen, sodass sie nicht an zentralen Knotenpunkten des Netzes in großem Umfang überwacht werden können. Ein Beispiel für das letztere wäre etwas Wikipedia, das zwar eine sehr zentralisierte Infrastruktur aufweist, die anfallenden Daten aber frei zu Verfügung stellt. Beide Ansätze haben ihr Vorteile und sind wohl in vielen Fällen kombinierbar, je nachdem, um welche Daten es sich handelt.

Man könnte diese Kombination aus horizontaler, reziproker Sichtbarkeit und vertikaler Opazität vielleicht als Privatsphäre 2.0 bezeichnen. Sie könnte ähnlich wie die klassische Privatsphäre Räume der Autonomie gegenüber dem Kontrollverlangen großer Institutionen absichern. Insofern hätte sie dieselbe politische Funktion. Was sie aber radikal von der ersten Konzeption der Privatsphäre unterscheidet, ist, dass als Ort des Privaten nicht mehr das individuellen Denken und Fühlen, in der inneren Welt, konzipiert wird, sondern der soziale Raum des Austausch innerhalb von freien, horizontalen Assoziationen. Wie dieser Raum ausgebaut werden kann, ohne gleichzeitig, oder gar primär, die zentrale Überwachung und Kontrolle auszubauen, das ist die Herausforderung für eine demokratische Politik nach dem Ende der (klassischen) Privatsphäre.

Literatur

Aguiton, Christophe, & Cardon, Dominique. (2007). The Strength of Weak Cooperation. An Attempt to Understand the Meaning of Web 2.0. *Communications & Strategie 65*, S. 51–65.

Beniger, James R. (1986). *The Control Revolution: Technological and Economic Origins of the Information Society*. Cambridge, MA: Harvard University Press.

Bergmann, Nicole. (2009). *Volkszählung und Datenschutz. Proteste zur Volkszählung 1983 und 1987 in der Bundesrepublik Deutschland*. Hamburg: Diplomica Verlag.

Boltanski, Luc, & Ève Chiapello. (2003). *Der Neue Geist Des Kapitalismus*. Konstanz: UVK.

Castells, Manuel. (2009). *Communication Power*. Oxford: Oxford University Press.

Chandler, Alfred D. Jr. (1977). *The Visible Hand. The Managerial Revolution in American Business*. Cambridge, MA, London: Harvard University Press.

Gandy, Jr., Oscar H. (1993). *The Panoptic Sort. A Political Economy of Personal Information*. Boulder: Westview Press.

Habermas, Jürgen. (1990[1962]). *Strukturwandel der Öffentlichkeit. Untersuchungen zu einer Kategorie der bürgerlichen Gesellschaft*. Frankfurt a. Main: Suhrkamp.

Han, Byun Chul. (2015). *Transparenzgesellschaft*. Berlin: Matthes & Seitz.

Heller, Christian. (2011). *Post Privacy. Prima leben ohne Privatsphäre*. München: Beck.

Larsen, Jonas; Urry, John, & Axhausen, Kay. (2006). *Mobilities, Networks, Geographies*. Aldershot: Ashgate.

Lyon, David. (ed.). (2003). *Surveillance as Social Sorting. Privacy, Risk and Automated Discrimination*. London, New York: Routledge.

McLuhan, Marshall. (2011). *Die Gutenberg-Galaxis die Entstehung des typographischen Menschen*. Hamburg; Berkeley, Calif: Gingko Press.

MacKinnon, Catherine. (1989). *Toward a Feminist Theory of the State*. Cambridge: Harvard University Press.

Piller, Frank Thomas. (2000). *Mass customization. Ein wettbewerbsstrategisches Konzept im Informationszeitalter*. Gabler-Edition Wissenschaft Markt- und Unternehmensentwicklung. Wiesbaden: Dt. Univ.-Verl.

Putnam, Robert. (2000). *Bowling Alone. The Collapse and Revival of American Community*. New York: Touchstone Books/Simon & Schuster.

Rainie, Harrison & Wellman, Berry. (2012). *Networked. The new social operating system*. Cambridge, Mass: MIT Press.

Rössler, Beate. (2002). *Der Wert des Privaten*. Frankfurt a.M.: Suhrkamp.

Saramäki, Jari et al. (2014). Persistence of social signatures in human communication. *Proceedings of the National Academy of Sciences 111/3* (online) Quelle: http://www.pnas.org/content/111/3/942 (Abrufdatum: 31.07.2018).

Scott, James C. (1998). *Seeing Like a State: How Certain Schemes to Improve the Human Condition Have Failed*. Yale, MA: Yale University Press.

Stalder, Felix, & Christine Mayer. (2009). Der zweite Index. Suchmaschinen, Personalisierung und Überwachung. In Konrad Becker und Felix Stalder (Hrsg.), *Deep Search. Die Politik des Suchens jenseits von Google* (S. 112–131). Innsbruck: Studienverlag.

Stalder, Felix. (2014). *Digitale Solidarität*. Berlin: Rosa Luxemburg Stiftung.

Stalder, Felix. (2016). *Kultur der Digitalität*. Berlin: Suhrkamp.

Sofsky, Wolfgang. (2007). *Verteidigung des Privaten. Eine Streitschrift*. München: Beck.

Taylor, Charles. (2012). *Quellen des Selbst: die Entstehung der neuzeitlichen Identität*. Frankfurt a. Main: Suhrkamp.

Wragge, Alexander. (2012). *Google-Ranking: Herabstufung ist ‚Zensur light*. hirights.info. Zugegriffen: 23. August 2012.

Zaretsky, Eli. (2005). *Secrets of the Soul. A Social and Cultural History of Psychoanalysis*. New York: Vintage.

Verhaltenslehren der Kälte – private Kommunikation auf Facebook

Niklas Barth

1 Einleitung

Schaut man auf die historische Genese moderner Privatheit, so zeigt sich einerseits, dass die Grenzen zwischen Öffentlichkeit und Privatheit stets unscharf waren. Für Jürgen Habermas entwickelt sich die Idee bürgerlicher Öffentlichkeit bekanntlich „gleichsam aus der Mitte der Privatsphäre" (Habermas 1990, S. 13). Dabei wurden diese Grenzen andererseits immer auch durch die medialen Infrastrukturen ihrer Zeit gezogen. Das private Subjekt war seit jeher auch ein medialer Effekt, und dies nicht erst, seitdem es sich in den „Beichtstuhl" digitaler Medien begeben hat (vgl. Bublitz 2010). Die Grundthese dieses Beitrags hebt nun darauf ab, dass Formen von Privatheit gewissermaßen immer schon hochgradig mit Gesellschaft durchsetzt waren. Damit ist im Grunde noch nicht mehr benannt als die Geschäftsgrundlage jeder Art von Soziologie, die nach den gesellschaftlichen Bedingungen jener Refugien der bürgerlichen Privatheit fragt, die selbst hoch voraussetzungsreiche historische Errungenschaften sind und gerade deshalb auch so hartnäckig verteidigt werden. Die historischen Medien, über die sich eine bürgerliche Privatheit entfaltet, sind unter anderem das bürgerliche Tagebuch (vgl. Niggl 1977), die Beichte und das Bekenntnis (vgl. Foucault 1986), das Postwesen (vgl. Siegert 1993) und der Brief (vgl. Koschorke 1999; Habermas 1990), die Kleinfamilie und deren Wohnung (vgl. Elias 1976; Gleichmann 1979), aber auch die abschließbare Tür zum eigenen Zimmer (Simmel 1909), der Roman (vgl. Luhmann 1982; Kittler 1980) und natürlich die Bildung (vgl. Koselleck 1990). Ohne an dieser Stelle die

N. Barth (✉)
Ludwig-Maximilians-Universität München, München, Deutschland
E-Mail: niklas.barth@soziologie.uni-muenchen.de

© Springer Fachmedien Wiesbaden GmbH, ein Teil von Springer Nature 2019   111
M. Stempfhuber und E. Wagner (Hrsg.), *Praktiken der Überwachten,*
https://doi.org/10.1007/978-3-658-11719-1_7

Implikationen dieses relativ weit gefassten Medienbegriffs zu erläutern, zeichnet sich bereits hier ein entscheidender Hinweis auf das Argument dieses Textes ab. Diese Medien dienten allesamt als *gesellschaftliche* Medien für die *privaten* Selbstentwürfe ihrer NutzerInnen.

Blickt die Soziologie heute auf das Verhältnis von Öffentlichkeit und Privatheit im Internet, dann stößt sie wieder auf Unschärfen – und damit auch auf die Verunsicherung ihrer eigenen Begriffe. Jan Schmid (2009) beschreibt das Web 2.0 als hybridisierte „persönliche Öffentlichkeiten", Danah Boyd hingegen als Mischform der „networked publics" (Boyd 2007). Patricia Lange (2007) konstatiert für die Kommunikationspraktiken der NutzerInnen auf der Videoplattform Youtube ein „Switchen" zwischen einem „publicly private" einerseits und einem „privately public" andererseits. Und Sherry Turkles Online-Protagonisten sind „always on" (Turkle 2011, S. 151 ff.), wodurch es zu einer eigenartigen Vermischung von öffentlichen und privaten Sphären komme. Allen Positionen gemeinsam ist die Diagnose eines neuen Strukturwandels der Öffentlichkeit, der sich in der Grenzerosion zwischen ehemals privaten und öffentlichen Sphären manifestiere. Einerseits lassen sich diese Phänomene des Unscharfwerdens kritisch lesen: als Kolonialisierung der Vernunftpotenziale öffentlicher Kommunikation durch massenmediale Logiken oder als die Überfrachtung bürgerlicher Distanzressourcen durch eine „Tyrannei der Intimität" (vgl. Sennett 2002; Habermas 1990; Imhof/Schulz 1998). Andererseits werden digitale Öffentlichkeiten seit ihrer Entstehung mit sozialen Erwartungen geradezu überfrachtet, ja gar als telematische Pfingstgemeinschaften gefeiert, sodass Enttäuschungen gleichsam vorprogrammiert scheinen. Sie sollen vor allem für mehr Partizipationsmöglichkeiten sorgen, unvermachtete Gegenöffentlichkeiten erzeugen und somit gesellschaftliche Demokratiepotenziale freisetzen (vgl. Flusser 2009). Zu dieser öffentlichkeitskritischen oder -optimistischen Mediendebatte ist in jüngster Zeit jedoch verstärkt der Diskurs um eine *gefährdete Privatheit* getreten.

In diesem Diskurs wird vor allem kritisiert, dass die im Zuge von Web 2.0 und Big Data entstehenden neuen Beobachtungs-, Kontroll- und Verwertungsmöglichkeiten im Umgang mit privaten Daten zu einem Verlust der Privatsphäre führen (vgl. Reichert: 2014, kritisch: Wagner 2014). Es gehöre dabei „zur Grundintuition öffentlicher Debatten über den Schutz der Privatheit", so merkt Armin Nassehi auch in seinem Beitrag für diesen Band kritisch an, „dass Privatheit ein fast gesellschaftsfreier Raum ist, wenn nicht real, dann wenigstens als normative Vorstellung" (Nassehi 2014, S. 33). Diese Idee des Privaten als *gesellschaftsfreier Raum* manifestiert sich in der Debatte um Privatheit im Web 2.0 im Narrativ der unzulässigen Grenzverletzung. Dessen Leitmotiv besteht darin, dass die Grenze zwischen Öffentlichkeit und Privatheit überschritten werden kann und eine räumliche Sphäre durch die andere gewissermaßen dauerhaft *verunreinigt* wird (vgl. Kap. 2). Der öffentliche Skandal um Schlegels Briefroman der *Lucinde* von 1799 liefert bis heute eine Art Blaupause für diese Form der Grenzverletzungen. Die intimen Bekenntnisse des Julius an seine geliebte Lucinde waren nun nicht deshalb so anstößig, weil die sexuellen Darstellungen und intimen Details selbst zu obszön gewesen wären. Man nahm daran Anstoß, so rekonstruiert Heide Volkening dessen Kritiker von Novalis bis Marcuse, weil mit der *Lucinde* etwas „auf die Szene gebracht wird, was seinen Raum hinter den Kulissen hat"– also eher „obszön" im Sinne von „off the scene" wäre, als moralisch und sittlich verwerflich (Volkening 2007, S. 138). Das Skandalon des Romans läge demnach in der „Vertauschung zweier Räume, d. h. der Überschreitung der Grenze des Privaten in die Öffentlichkeit" (ebd.). Man könnte also einwenden, diese Praktiken der Grenzverletzung waren schon immer möglich: Briefe konnten abgefangen und gelesen, Gespräche abgelauscht, illegitime Blicke durch das Schlüsselloch erhascht, Körper unsittlich berührt oder sich Zutritt zu abgeschlossenen Räumen verschafft werden. Im Fall der digitalen Plattformen wird Privatheit heute auch zu einem ganz analogen Problem, weil auch hier nicht mehr klar ist, welche privaten Daten für wen zugänglich sind. Im Alltag der NutzerInnen ist die Überschreitung der Grenze des Privaten in die Öffentlichkeit technisch auf Dauer gestellt. Digitale Medienkulturen, die auf die stete Vernetztheit ihrer NutzerInnen abzielen, unterhöhlen dabei gerade jene liberal-normative Idee der Privatheit, die als das Abwehrrecht, alleine gelassen zu werden, veranschlagt wird (vgl. Warren/Brandeis 1890). Der internetsoziologische Diskurs arbeitet sich über die Wärme/Kälte-Metapher an digitalen Privatheiten ab, um dann in den durch Markt, Medien oder Macht vermittelten „Cold Intimacies" (Illouz 2007) nur die Schrumpfform „warmer" Privatheit unter den Bedingungen der digitalen Ko-Präsenz zu sehen. Es ist eine Eigenheit dieses Diskurses, dass sie die Legitimation zur Rettung einer gefährdeten Privatheit aus der zu starren Gewissheit schöpfen, was privat ist – und was nicht. Ich habe versucht, das an anderer Stelle ausführlicher zu rekonstruieren (vgl. Barth 2016). *Warme* Privatheit wird ganz im Sinne von Nassehis oben zitierter Kritik stets als der eigentliche Ort der Selbstbestimmung, des authentischen, weil „unvermittelten Menschseins" (Nassehi 2014, S. 33) verstanden. Die konstitutive Medialität und Sozialität des Privaten gerät dabei aus dem Blick.

Wenn die Kritik an *gefährdeten Privatheiten* in digitalen Netzwerken eine *unvermittelte Privathei*t retten will, so versucht sie womöglich etwas zu retten, was es in dieser Reinheit nie gab. Methodisch unternimmt der Beitrag deshalb einen Vergleich der privaten Kommunikation auf Facebook mit der des Briefwechsels der

Empfindsamkeit im 18.Jahrhundert, um (Dis-)Kontinuitäten der Privatheit sichtbar zu machen. Eine literale bürgerliche Privatheit entzog sich nicht den Blicken
der Anderen, sondern konstituierte sich mitunter erst im Medium der Schrift und
geradezu auch vor den lesenden Augen eines Publikums. Privatheit will ich also als
„Einmalerfindung" (Baecker 2007) fassen, die zwar der Logik einer spezifischen
Medienepoche unterliegt, deren Figurationen aber durch neue Medienkulturen
nicht einfach verdrängt oder abgelöst werden. Vielmehr wird der mediale Sinnüber-
schuss, mit dem neue Medien eine Gesellschaft konfrontieren, in einem Prozess der
kommunikativen Aneignung stets umgeschrieben (vgl. Balke 2000). Die Grund-
frage lautet also: Was ändert sich im Verhältnis von Öffentlichkeit und Privatheit,
wenn eine Gesellschaft vermehrt von Literarizität auf Digitalität umstellt? Anhand
von empirischem Material (Interviews; Screenshots von Nutzungspraktiken auf
Facebook), das im Rahmen des DFG-Forschungsprojekts „Öffentlichkeit und
Privatheit 2.0"[1] erhoben wurde, soll gezeigt werden, wie es gerade die konkreten
Praktiken der NutzerInnen im Umgang mit dem Medium des Sozialen Netzwerks
Facebook sind, aus denen eine Veränderung privater Kommunikationen hervorgeht.
Die empirische Analyse, die um den Medienvergleich literaler Kommunikation mit
den kommunikativen Praktiken der Facebook-NutzerInnen gebaut ist, versucht zu
zeigen, dass sich diese Transformation in einem *modifizierten Stil der Kommunikation* niederschlägt. Der kommunikative Stil des Briefs der Empfindsamkeit, so hat
es Albrecht Koschorke herausgearbeitet, entschlüsselt sich nach einem *Code der
Wärme,* der authentische Verbundenheit inszenierte, um räumliche Distanzen der
einsamen Briefeschreiber zu überbrücken. Der kommunikative Stil auf Facebook,
so legen es die empirischen Ergebnisse des DFG-Projektes nahe, folgt einem *Code
der Kälte*[2], der Distanzen in die Kommunikation der User einbaut, um private Nähe

---

[1]Die Projektarbeiten erfolgen seit April 2014 in Kooperation der Universitäten Hamburg
(UHH; Prof. Martin Stempfhuber; STE 2244/2–1) und Mainz (JGU, Jun.-Prof. Elke Wagner; WA3374/2–1).

[2]Wenn ich jedoch nachfolgend selbst die Kältemetapher bemühe, meine ich damit gerade
nicht diese Form „sozialer Kälte", die Adorno noch als Kritik einer verwalteten und ent-
fremdeten Welt im Blick hatte (vgl. Adorno 1971). Vielmehr will ich sie lediglich als eine
medientheoretische Heuristik nutzen (vgl. McLuhan 1964). Hier soll gewissermaßen mit
kaltem medientheoretischen Blick auf die technischen Dispositive der Privatheit und deren
Kulturtechniken geschaut werden. Um Techniken und deren Modulationen sozio-kulturel-
ler Prozesse systematisieren zu können, führt Marshall McLuhan die Unterscheidung zwischen heißen und kalten Medien ein. McLuhans Unterscheidung wurde vielfach für ihre
Unschärfe kritisiert (vgl. Sandbothe 1996). Entscheidend für ihn ist jedoch, dass nicht
jeweils Medien *an sich* kalt oder heiß sind, sondern sie sind es nur jeweils im direkten Vergleich mit anderen Medien. Und gerade nur als *Vergleichs*heuristik zwischen einem literalen und einem digitalen Medium soll sich die Unterscheidung heiß/kalt hier bewähren.

zu erzeugen. Es ist gerade die Medialität des Netzwerks, die einen Kontext digitaler Ko-Präsenz auf Dauer stellt. Ein kommunikativer *Code der Kälte* findet seine soziale Funktion dann darin, die In- und Exklusion (un-)bestimmter Publika im Netzwerk zu regulieren und Nähe und Distanz kommunikativ auszutarieren (vgl. Wagner/Stempfhuber 2012; 2014).[3] Die *Aushandlungsprozesse der Privatheit* stehen im Mittelpunkt des Beitrags. Dieser Beitrag fragt also nicht nach *Privatheit,* sondern unterscheidungslogisch nach Formen *privater Kommunikation.* Eine Theorie, die sich über die Unwahrscheinlichkeit von kommunikativer Ordnung wundert, kann dann *Öffentlichkeit* und *Privatheit* als unterschiedliche operative Modi des Kommunizierens fassen (vgl. Luhmann 1984). Dazu soll nach den *empirischen Praktiken* der NutzerInnen gefragt werden.

2   Literale Privatheit 1.0 – die „Ergießung der Herzen"

Medien prägen unser Verständnis davon mit, was wir überhaupt als privat und als öffentlich erfahren, ihr medialer Eigensinn zeitigt Komplexitätseffekte, die kommunikativ erst wieder eingeholt werden müssen. Dieser Eigensinn der Medien wird in Zeiten einer „technologischen Sinnverschiebung" (Hörl 2011, S. 7) aus unterschiedlichen Perspektiven prominent betont, sei es vonseiten der Medientheorie, der *Digital Humanities,* der *Interface* und *Software Studies* oder der *Actor-Network-Theory.* Aber auch bereits die soziologischen Klassiker betonten die konstitutive Rolle der Medien für die Unterscheidung Öffentlichkeit/Privatheit. Privatheit musste sich einerseits immer schon vor Publikum bewähren, und Öffentlichkeit speiste sich vielmehr erst aus Privatheit. Nach Habermas (1990) entsteht die spezifisch bürgerliche Öffentlichkeit „gleichsam aus der Mitte der Privatsphäre" der Lesesalons des 17. und 18. Jahrhunderts, in denen das Argumentieren auf Augenhöhe eingeübt werden konnte. Habermas' Diagnose vom

---

[3]Eine letzte Vorbemerkung: Diese Formen *kalter Privatheit* sollen auch nicht zu einer globalen Zeitdiagnose aufgebaut werden. Private Kommunikation kennt in der modernen Gesellschaft tatsächlich unzählige Kontexte, in denen sie geradezu „heiß läuft". Vor allem im Hinblick auf höherstufige und interaktionsbasierte Formen von Privatheit oder gar Intimsysteme scheint eine „warme" Kommunikation aufrichtiger Innerlichkeit geradezu unvermeidlich. Die Kommunikationsform einer *kalten Privatheit* stellt vielmehr in einem funktionalistischen Sinne auf das medial erzeugte Problem von Nähe und Distanz in sozialen Netzwerken ab.

Strukturwandel der Öffentlichkeit ist nicht von seinem medientheoretischen Argument zu trennen, denn den Anfangspunkt dieses Struktur*wandels* bildet gerade ein *Medien*wandel. Erst über die neuen medialen Praktiken des Brief- und Tagebuchschreibens wurde eine neue Form von bürgerlicher Innerlichkeit eingeübt. Und umgedreht sind es gerade die privaten Lesegewohnheiten, durch die ein öffentliches, an der Rationalität des Arguments orientiertes Diskutieren auf Augenhöhe erst salonfähig wird. Als kommunikative Infrastruktur entstehen im Übergang vom Modell der repräsentativen Öffentlichkeit zur bürgerlichen Öffentlichkeit kleine Lesegesellschaften in den architektonisch neuen Salons. „Die Linie zwischen Privatsphäre und Öffentlichkeit ging mitten durchs Haus. Die Privatleute treten aus der Intimität ihres Wohnzimmers in die Öffentlichkeit des Salons hinaus; aber eine ist streng auf die andere bezogen" (Habermas 1990, S. 109). Bürgerliche Privatheit zehrte also förmlich schon immer von einem sich leidenschaftlich selbst thematisierenden Publikum, das im öffentlichen Räsonnement der Privatleute miteinander Verständigung und Aufklärung sucht. Entscheidend für Habermas ist nicht so sehr, worüber sich diese ökonomischen Zwängen enthobenen Bürger zu verständigen suchten. Entscheidend ist vielmehr *wie*. Jens Ruchatz führt dazu in einem Aufsatz zu den medialen Formatierungen privater Bekenntnisliteratur aus: „Die bürgerliche Öffentlichkeit bildet sich nicht nur zuerst als Privatraum heraus, sondern überdies in der *Thematisierung des Privaten:* des Familienlebens, des Individuums und seiner Existenz als Mensch" (Ruchatz 2013, S. 107, Hervh. N. B.). Weniger die inhaltlichen Themen, als die Art, der Stil der Thematisierung bilden also die spezifische Signatur bürgerlicher Privatheit. In der Sphäre kleinfamiliärer Intimität treten sich die Bürger „in rein menschlicher Beziehung" gegenüber. Das Medium, in dem sich diese reine Menschlichkeit aber zunächst entfaltet, ist, so betont Habermas ausdrücklich, der Brief. Der Brief gilt in der Tradition Christian Fürchtegott Gellerts als „schriftliches Gespräch" (Vellusig 2000), das seine Privatheit immer vom Blick des Anderen her entwirft. Vellusig zitiert eine in diesem Zusammenhang ironisch distanzierte Schilderung eines Besuchs Goethes im Hause La Roche, in der es heißt:

> Nicht lange war ich allein der Gast im Hause. Zu dem Kongreß, der hier im artistischen, teils im empfindsamen Sinne gehalten werden sollte, war auch *Leuchsenring* beschieden, der von Düsseldorf heraufkam. [...] Er führte mehrere Schatullen bei sich, welche den vertrauten Briefwechsel mit mehreren Freunden enthielten: denn es war überhaupt eine so allgemeine Offenherzigkeit unter den Menschen, daß man mit keinem Einzelnen sprechen, oder an ihn schreiben konnte, ohne es zugleich als an mehrere gerichtet zu betrachten. Man spähte sein eigen Herz aus und das Herz der andern, und bei der Gleichgültigkeit der Regierungen gegen eine solche Mitteilung, bei der durchgreifenden Schnelligkeit der Taxischen Posten, der Sicherheit

des Siegels, dem leidlichen Porto, griff dieser sittliche und literarische Verkehr bald weiter um sich.

Solche Korrespondenzen, besonders mit bedeutenden Personen, wurden sorgfältig gesammelt und alsdann, bei freundschaftlichen Zusammenkünften, auszugsweise vorgelesen (Goethe, Aus meinem Leben. Dichtung und Wahrheit, zitiert nach: Vellusig 2000, S. 8 f.).

Bürgerliche Privatheit, so kann man es hier lesen, ist eine von Anfang an „literarisch vermittelte Intimität" (Habermas 1990, S. 115), denn die inszenierte Privatheit dieser Briefe war immer schon auf ein lesendes Publikum hin angelegt – sie werden nicht nur ausgeliehen, vorgelesen, sondern auch publiziert. Besonders gelungene Briefe sind in einer Redewendung der Zeit, die Habermas ausdrücklich zitiert, „zum Drucke schön" (Habermas: 1990, S. 114; Vellusig 2000, S. 64). Bürgerliche Privatheit war also von Beginn an kein gesellschaftsfreier Raum, der sich vor den Blicken der anderen entzieht, sondern sie konstituierte sich vor allem auch im Medium der Schrift und geradezu vor den lesenden Augen der Anderen. Albrecht Koschorke hat in „Körperströme und Schriftverkehr" (1999) beeindruckend herausgearbeitet, wie sich mit einem Wandel der Leitmedien sozialer Kommunikation auch deren kommunikativer Stil verändert: „Empfindsamkeit und bürgerliche Literalisation sind Komplementärphänomene des gleichen Prozesses" (Koschorke 1999, S. 190). Die bürgerliche Gesellschaft gründet dabei auf einem „Gestus des Rückzugs" (ebd., S. 200). Der sich von den hoch getakteten Interaktionsanlässen der repräsentativen Öffentlichkeit in die Einsamkeit des Schreibzimmers zurückziehende Bürger tanzt nicht, er denkt über sich nach. Diese Praktiken der Selbstreflexion und des zurückgezogenen Schreibens lassen das bürgerliche, körperlose Ich nun „zu einer Innenwelt anwachsen" (ebd., S. 177). Gerade die Distanz der je einsam Schreibenden produziert eine neue empfindsame Gefühlslage und einen kommunikativen Stil, der diese Distanz zwischen dem Körper des Autors und dem seiner Leser mit einer Präsenz des Geschriebenen zu überbrücken sucht. Briefe sind in dieser Zeit, so führt auch Habermas aus, „Behälter für die ‚Ergießung der Herzen' eher als für ‚kalte Nachrichten'". Sie werden als ein mimetischer „Abdruck der Seele" verstanden, ein aufrichtiges Sich-Offenlegen des Innersten, sie „wollen mit Herzblut geschrieben, wollen geradezu geweint sein" (Habermas 1990, S. 113). Das steife Zeremoniell amtlicher Korrespondenz weicht einem brüderlich sympathischen literarischen Stil (vgl. Reinlein 2003, Vellusig 2000). Als exemplarisches Beispiel für das ganze Genre epistemolarer Poesie der Empfindsamkeit sei an dieser Stelle ein

Brief des Dichters und Philosophen Karl Wilhelm Ramler an seinen Brieffreund Johann Wilhelm Ludwig Gleim zitiert:

> Jetzt muss ich eilen und Ihnen nur noch sagen, welches ich in diesem zusammengerafften unnützen Zeug zu sagen vergessen habe, daß Sie mein mir lieber, mir immer theurer Gleim sind, daß ich gewiß nicht mehr leben werde, wenn ich hören werde, daß sie nicht mehr sind, daß ich ofte von Ihnen heimlich etwas weine, etwas träume, und sehr viel spreche, daß ich Ihr Bild über meinem Bette hängen habe und es herunter nehme, wenn ich mit Langemack in ihrer Gesellschaft trincken und singen will. Leben sie wol und lieben mich, so lange ich sie lieben will, das heißt, wenn ich nicht irre, bis in Ewigkeit. Adieu, mein bester, mein süßester Gleim. Ich sterbe, Ihr zärtlichster Ramler (Ramler an Gleim, 8.12.1753, zitiert nach Vellusig: 2000, S. 71).

In letzter Konsequenz wird im Medium der Schrift der Vergesellschaftungsmodus von einer starren Ständeordnung hin zu freien Sympathie unter Freunden und dem Prinzip universaler Humanität transformiert und entwickelt geradezu „Fetische der Empfindsamkeit" (Koschorke 1999, S. 195). Aus der Distanz der je einzeln Schreibenden entwickelt sich ein distanzloser Stil, der die Authentizität einer Innenwelt vor einem vorgestellten Publikum inszeniert. Der Kommunikationsstil nimmt inbrünstige Züge an. Der Schriftverkehr überbrückt die Distanz der einsam Schreibenden, indem er semantisch gewissermaßen *heiß* läuft.

Der Vergleich zwischen den Kommunikationspraktiken der heutigen Facebook-User und diesen historischen Briefeschreibern darf natürlich nicht überstrapaziert werden. Vor allem muss die Selektivität dieses spezifischen Briefgenres der Empfindsamkeit in Rechnung gezogen werden, das sich aus komplexen sozialstrukturellen, kulturell-historischen, sowie nachrichtentechnischen und medienmaterialistischen Voraussetzungen speist. Friedrich Kittler hat Jürgen Habermas scharf widersprochen, indem er die Entstehung der bürgerlichen Öffentlichkeit nicht den Praktiken der Unterredung in den Salons oder denen des Briefwechsels, sondern der absolutistisch-merkantilistischen Errichtung einer postalischen Infrastruktur selbst zuschreibt (vgl. Kittler/Maresch 1994; Siegert 1993). Diese Fragen sollen hier weder berührt, geschweige denn entschieden werden. Vielmehr sollte mit dem medientheoretischen Hinweis auf die spezifische Medialität des Briefes und den sich darum entfaltenden Praktiken eine Vergleichsheuristik gewonnen werden, die es erlaubt, heutige Praktiken der Privatheit auf der Plattform Facebook mit dieser Kommunikationskultur zu kontrastieren. So lässt sich im historischen Rückblick auf die bürgerliche Briefkultur der 18. Jahrhunderts für die weitere Analyse festhalten, dass Öffentlichkeit und Privatheit stets aufeinander bezogen waren und als Komplementärphänomene eines modernen Ausdifferenzierungsprozesses gelesen werden müssen, dessen Anfänge auch in der medialen Infrastruktur ihrer Zeit zu verorten sind.

# 3	*Cold Intimacies* 2.0

Im Unterschied zum Verfassen eines Briefes erlaubt das Interface von Facebook seinen NutzerInnen gleichzeitig ganz verschiedene kommunikative Praktiken. Man kann seinen Status aktualisieren, einem Freund etwas auf die Pinnwand *posten,* Bilder, Videos und externe Links kommentieren oder einzelne *Postings* von Freunden, aber auch öffentliche Profilseiten *liken.* Man kann private Nachrichten an einen bestimmten Adressaten senden oder sich offenen Interessengruppen anschließen, die einen ganz unbestimmten Adressatenkreis umfassen. *Social Networking Sites* (SNS) halten sich dabei darüber aufrecht, dass kontinuierlich Informationen durch die NutzerInnen selbst eingespeist werden – öffentlich zugängliche Informationen genauso, wie private Details. Man hält engen Kontakt mit seinen intimen Freunden und Verwandten, pflegt aber auch Netzwerkkontakte, mit denen man zum Beispiel nur lose in seinem professionellen Umfeld gekoppelt ist. Die User stehen praktisch stets vor dem Problem, das Verhältnis von Nähe und Distanz und von Öffentlichkeit und Privatheit in ihrem Netzwerk zu organisieren. Wer kann und darf welche Informationen sehen? Vor wem muss ich welche *Postings* verbergen? Der öffentliche Gefährdungsdiskurs der Privatheit betont in diesem Zusammenhang oftmals die Wichtigkeit von transparenten Nutzungsbedingungen. Oder er blickt in medienpädagogischer Absicht auf die Praktiken des Privatheitsmanagements der User, die das Interface von Facebook selbst erlaubt, wie etwa die Möglichkeit, die Sichtbarkeit bestimmter Beiträge auf einen bestimmten Adressatenkreis einzugrenzen. Ich will jedoch nicht diese *specified practices* des Privatheitsschutzes untersuchen, die das Interface vorgibt, sondern vielmehr in den Blick nehmen, wie sich der kommunikative Stil der Privatheit *by default,* also durch das Medium selbst ändert (vgl. Stempfhuber 2014). Im Unterschied zu Studien, die gerade die Inszenierungspraktiken von öffentlichen Profilen auf SNS in den Blick nehmen (vgl. Siri 2014), fokussiert die nachfolgende Analyse hingegen auf private User, die jedoch ihre Privatheit stets vor einem Publikum kommunizieren. Gerade hier setzt dann die empirische Analyse ein: Über welche spezifischen Selektivitäten wird private Kommunikation im Medium der Plattform Facebook organisiert? Um die Transformation privater Kommunikation auf der Plattform empirisch in den Blick zu nehmen, erfolgt eine Bezugnahme auf zwei Datenquellen. Einerseits liegen der Argumentation narrative Interviews mit 40 Facebook-Usern zugrunde. Die Interviews wurden über einen Zeitraum von einem Jahr 2014/2015 geführt. Sie wurden entsprechend den gängigen Regeln sozialwissenschaftlicher Praxis anonymisiert und transkribiert. Ergänzt wird dieses Datenmaterial durch Screenshots, um die kommunikative Praxis der Nutzung von Facebook sichtbar zu machen. Diese Daten wurden im

Sinne einer Online-Ethnographie analysiert (vgl. Hine 2005). Die Auswertung der Interviews erfolgte im Anschluss an die Einsichten der Grounded Theory (Glaser/ Strauss 1967). Da dieser Beitrag den Fokus aber auf medienspezifische Praktiken privater Kommunikationen legt, müssen milieu- und kulturspezifische Differenzen in diesen Praktiken unberücksichtigt bleiben.

3.1   Nischenprivatheiten – „Wo man mit dem Kreis der Eingeweihten anders kommuniziert"

Der Beitrag hat mit der Beobachtung begonnen, dass der soziologische Diskurs zu Öffentlichkeit und Privatheit in auf SNS vor allem auf Figuren der Unschärfe stößt. Alice Marwick und Dana Boyd haben für die Implosion dieser Unterscheidung den Begriff des „context collapse" eingeführt: „Social media thus combines elements of broadcast media and face-to-face communication. Like broadcast televison, social media collapse diverse social contexts into one, making it difficult for people to engage in complex negotiations needed to vary identity presentation, manage impressions, and save face" (Marwick/Boyd 2010; S. 10). Es ist also gerade die Medialität des Netzwerks, die unterschiedliche Kontexte miteinander in Beziehung setzt – und damit aber auch jene Praktiken der User transformiert, die es ihnen erlauben, diese Kontexte zu unterscheiden und zu wechseln. Nun zeigen die Interviewdaten, dass es für die NutzerInnen überhaupt nicht nur eine Form der Privatheit gibt. Die User reflektieren vielmehr sehr bewusst, dass Privatheit stets nur die Privatheit eines bestimmten Mediums ist – und dadurch Privatheit stets variabel erscheint. Die Erzählungen der Interviewpartner legen dabei nahe, dass ein hohes Bewusstsein bei der Medienwahl vorherrscht. Einerseits kann über private Nachrichten kommuniziert werden, die den Ausschluss des Anderen geradezu voraussetzen. Andererseits wird ein unbestimmtes und offenes *Posting*-Spiel als der eigentliche Clou an Facebook beschrieben. Der nachfolgend zitierte Facebook-User führt dazu aus, dass schon die „Medienwahl die Botschaft ist" (Stempfhuber 2014, S. 147). In der Passage wird deutlich, dass die NutzerInnen auf der offenen Plattform Facebook zwischen unterschiedlichen Nachrichtenkanälen zu unterscheiden wissen:

> Es gibt, glaub ich, immer so, man kann versuchen, das zu kategorisieren, einerseits so die Nachricht oder so, die müsste man wahrscheinlich differenzieren in so ne ultra Kurznachricht, die dann wahrscheinlich nicht das Medium einer SMS sprengt oder die Länge, also diese 160 Zeichen, also die Ur-SMS. Oder die zweite Nachricht, die ne lange ist, die wie ne E-Mail ist oder wie n Brief oder so. Das ist

> wahrscheinlich die erste Kategorie, dann die Bilder, die man sich entweder über die
> private Nachricht schickt. Und da müsste man unterscheiden in die, die ich an die
> Wall des anderen poste, oder die, wo ich den Diskurs offen lege, dass ich den Dis-
> kurs mit Person x führe und das zeigen will, oder wo ich an meine eigene Wall poste
> und der andere, der versteckte, wiederum romantische Code des „ich zeige mich,
> ich kleide mich in der und der Form, und für dich vertrauten Eingeweihten ist das
> der Code für etwas" – also das ist ja ne zutiefst romantische Idee, das ist wie in nem
> Brief wie in Goethes Zeiten jemand nen Brief schreiben und ich werde die und die
> Blume tragen, dann weißt du, wie es mir geht, so. So, genau, Bilder über die Nach-
> richt an der Wall und dann irgend ne Art von Verlinkung an der Wall, also mit You-
> Tube: Musik, Videos oder so jemanden an die Pinnwand postet (I_NB_4_Z.64–76).

Als erstes erstaunt an dieser Beschreibung der hohe Reflexionsgrad. Medien-
theoretisch verweist diese Reflexivität darauf, dass die Effekte des Mediums
selbst bereits in die Praktiken einkalkuliert werden und auch in den Interviews
narrationsfähig werden. Es mag zunächst banal klingen, aber es macht einen
Unterschied, der einen Unterschied macht, ob man eine private Nachricht an nur
eine bestimmte Person schickt, einem Freund etwas auf die Pinnwand oder wiederum etwas für ein offenes Publikum auf die eigene Timeline *postet*. Mit seiner „zutiefst romantischen Idee" reflektiert der User seine eigene Nutzungspraxis
einerseits dezidiert als *private Kommunikation*. Andererseits weiß er darum, dass
das Medium dafür eben nicht mehr der empfindsame Brief, sondern die Bilder,
Links, die Musik oder die Kommentare sind, die man „jemandem an die Wall
postet". Im Folgenden geht es deshalb nicht um eine Form von Privatheit, die
sich als Privatkommunikation unter Ausschluss des Publikums vollzieht, sondern um eine, die gerade mit einem öffentlichen Publikum rechnet. Das geschieht
aber nicht aus einer theoretischen Setzung heraus, sondern vielmehr, weil wir
den Usern klassisch ethnografisch ins *mediale Feld* folgen, um dort deren Grenz-
praktiken zwischen einem öffentlichen und einem privaten Datum beobachten zu
können. Derselbe User führt aus, was für ihn gerade die Pointe an Facebook ist:

> Die Spannendste ist immer das, wenn man in die Tiefe kommt, dass der Link oder
> das Bild oder das Zitat, das man auswählt für ne ausgewählte Gruppe eine andere
> Bedeutung hat, als für andere. [...] Das ist mir total bewusst, dass man ne wahn-
> sinnige Oberfläche für sich selbst schafft. Und das ist einerseits: die Oberfläche
> hat was mit Öffentlichkeit zu tun, gleichzeitig braucht es aber was, was es wirklich
> spannend macht: die Ebene drunter. Die, wo man mit dem Kreis der Eingeweihten
> anders kommuniziert (I_NB_4_Z.77–78;87–90).

Einerseits eröffnen SNS einen hybriden Raum zwischen Öffentlichkeit und
Privatheit, Oberfläche und Tiefe, Nähe und Distanz. Das bedeutet aber andererseits nicht, dass den Usern diese Kategorien praktisch auch abhandenkommen.

Monika Wohlrab-Sahr (2011) schlägt als Schwellenanalyse analoger Privatheit vor, genau jene „Praktiken der Grenzziehung" zu untersuchen, denen es gelingt, beispielsweise durch Strategien des Lautstärkemanagements oder der Regulierung von Formalität und Informalität private Nischen in öffentlichen Räumen zu erzeugen. Diesen Analysen analoger Privatheit kann man bereits den entscheidenden Hinweis entnehmen, dass für die Art der Temperierung von Öffentlichkeit und Privatheit immer die situationalen und medialen Gegebenheiten des jeweiligen Kontextes entscheidend sind und sich daraus erst die „Territorien des Selbst" (Goffman 2009) ausdifferenzieren. In dieser Hinsicht beschreibt Stefan Hirschauer (1999) fast schon klassisch die Praktiken des Managements anwesender Körper in einem Fahrstuhl, die es erlauben, auf engstem öffentlichen Raum öffentlich privat zu sein, und dafür taktile Strategien der Distanzkontrolle entwickeln. Exakt diese Praktiken des Managements von Nähe und Distanz hat aber auch Patricia Lange im Blick, wenn sie Kommunikationspraktiken des *Switchens* für die Videoplattform YouTube analysiert. In ihrer empirischen Studie arbeitet sie heraus, wie es den Usern eines öffentlichen Netzwerkes gelingt, Graduierungen von Privatheit zu erzeugen, wenn sie „publicly private" und „privately public" kommunizieren (vgl. Lange 2007). Da auch im lose gekoppelten Netzwerk Facebook gleichzeitig öffentliche Abonnements und entfernte Verwandte, Vorgesetzte und flüchtige Bekannte, aber auch Eltern und enge Freunde inkludiert sind, steht die Kommunikation auf der Plattform daher vor dem (analogen) Problem, das Verhältnis von Anwesenheit und Abwesenheit, von Nähe und Distanz jeweils neu zu justieren. Man kann sich in diesem Zusammenhang an Georg Simmels Soziologie der Reisebekanntschaft erinnert fühlen. Die Situation zweier Fremder, die auf Reisen für gewisse Zeit einen gemeinsamen Weg teilen, etwa im Eisenbahnwaggon, entwickle, so Simmel, eine eigenartige Intimität und Vertrautheit, obwohl für dieses fast private Verhältnis unter Fremden gar kein innerer Grund bestünde. Simmel sieht den Grund für diese Nähe vielmehr in dem begrenzten Zeitverhältnis der Interaktion (Simmel 1992, S. 752 ff.). Gerade das Wissen darum, in einigen Stunden wieder (für immer) getrennte Wege zu gehen, senkt das Risiko für die Kommunikation von Intimität. Facebook stellt nun im Unterschied zur Reisebekanntschaft einerseits aber gerade die flüchtige Kommunikationsofferte auf Dauer. Und andererseits mischen sich unter die nur losen Bekannten im Netzwerk auch immer wieder enge Freunde. Den medialen Rahmen für die kommunikativen Vexierspiele zwischen Öffentlichkeit und Privatheit bildet also die Tatsache, dass über die Plattform zunächst zwar unbestimmte Publika angesprochen werden können, dass aber ein ganz bestimmtes Publikum *anders* angesprochen werden soll, als wiederum ein anderes. Die spezifische Medialität des Netzwerks Facebook moduliert die Unterscheidung von Öffentlichkeit und Privatheit. Es ist deshalb wichtig, die mediale Rahmung in der Analyse *privater Kommunikation* in den Blick zu nehmen. Die folgende Abbildung veranschaulicht die heterogene Gleichzeitigkeit unterschiedlicher Netzwerkkontakte, die im Netzwerk inkludiert sind (Abb. 1).

Im Stream der Newsfeedliste erscheinen direkt hintereinander Kommunikationsofferten des Radioprogramms „Zündfunk", ein *Post* eines privaten Users, der ein

▦ Neuigkeiten　　　　　Hauptmeldungen · **Neueste Meldungen**

Was machst du gerade?

Zündfunk

Audio: Rally to Restore Sanity | Zündfunk | Bayern 2 | BR
www.br-online.de
Zündfunk-Reporterin Ann-Kathirn Mittelstraß war vor den Kongress-Wahlen in Washington bei der "Rally to Restore Sanity" - der Gegenveranstaltung zur Tea Party Bewegung: und hat dort Menschen mit komischen Verkleidungen getroffen...

⤷ vor etwa einer Minute · Kommentieren · Gefällt mir · Teilen

███████ und ███████ haben einen Link geteilt.

Nelson
www.youtube.com
Ha ha!

⤷ vor etwa einer Minute · Teilen

http://www.youtube.com/watch?v=rX7wtNOkuHo&feature=player_embedded

vor etwa einer Stunde · 👍 2 · Kommentieren · Gefällt mir nicht mehr

Bundesverfassungsgericht

Vorlage des Bundesfinanzhofs zur "Mindestbesteuerung" nach dem Steuerentlastungsgesetz 1999/2000/2002 unzulässig
Pressemitteilung vom 03.11.2010

▢ vor 2 Minuten · Kommentieren · Gefällt mir · Teilen

Abb. 1 Heterogenität der Netzwerkkontakte. (Quelle: www.facebook.com, 03.11.2010)

YouTube-Video der Comicserie „The Simpsons" zitiert, sowie eine Pressemitteilung des Bundesverfassungsgerichts. Gerade in dieser Heterogenität von öffentlichen und privaten Kommunikationsofferten des Netzwerks sieht ein anderer User aber auch den medialen Reiz der Plattform.

> Ja, die dann … also es ist natürlich auch immer – des muss man ganz klar sagen – der Reiz, dass viele Leute antworten, aber nicht alles verstehen, und man sieht, dass es so'n Insider ist. Das ist für viele schon auch ein Reiz. Also grad bei mir *(Pause)* in meinem Freundeskreis merk ich, dass die Leute, die Facebook viel benutzen *(Pause)* da merk ich, dass das ähm *(Pause)* dass das ganz wichtig ist. Also möglichst viele Leute sollen sich dadurch angesprochen fühlen, aber es soll schon auch immer noch ein Insider bleiben, der in einem gewissen Kreis sich nur erschließt (I_NB_3, Z.492–497).

Aus den heterogenen und ausgeweiteten Publika des Netzwerks entwickeln sich immer wieder Teilpublika, die vor dem Problem stehen, analoge Gesten der Privatheit in digitale Kommunikation übersetzen zu müssen. Aus einem exklusiven Spiel von Nähe und Distanz resultiert der „Kreis der Eingeweihten", mit dem man „anders" kommuniziert. Die Figur des „Insiders" macht darauf aufmerksam, dass es hier in der Kommunikation darum geht, innerhalb eines öffentlichen Raums Nischenprivatheiten zu sichern. An dieser Stelle lässt sich nun ein funktionalistischer Begriff des Privaten aus dem empirischen Material gewinnen. *Private Kommunikation* sollen im Folgenden jene empirischen Formen genannt werden, denen es gelingt, „kommunikativ abgeschlossene Räume mit begrenzter Form der Anspruchsberechtigung auf Anschlussfähigkeit" (Nassehi 2003; S. 30) herzustellen. Wie werden also kommunikativ Grenzen markiert? Dieser funktionalistisch niederschwellige Begriff *privater Kommunikation* bietet den Vorteil, persönliche oder gar intime Kommunikation als funktionsäquivalente höherschwellige Form privater Kommunikation zu begreifen, ohne jedoch die Form privater Kommunikation auf persönliche oder gar intime Bekenntnisse zu beschränken. Es soll im Folgenden also gerade um dieses „Andere" im Stil der medial gerahmten Kommunikation gehen, auf das der erste Interviewpartner abhob. Hierfür werden die Praktiken der Coolness (5.2), der Indifferenz (5.3) sowie der Kryptizität (5.4) in den Blick genommen. Während sich die bürgerliche Privatheit auch immer vor dem Hintergrund einer Kultur der Schriftlichkeit etablierte, verweisen diese Praktiken der Privatheit im Kontext technisch vermittelter Ko-Präsenz hingegen auf populäre Kommunikationsformen im Medium des Netzwerks, die sich durch die Verschränkung schriftlicher und mündlicher Inszenierungsstrategien auszeichnen.

3.2 Rhetoriken de Coolness – „Wer kann noch einen Spruch draufsetzen?"

Rainald Goetz hat in seiner Antrittsvorlesung 2011 zur Heiner-Müller-Gast-professur an der FU Berlin von einem ganz bestimmten *Sound* auf Facebook gesprochen. Dort herrsche eine derart stilisiert distinktive Art des Redens und Schreibens, ja gar eine „Angebersprache" (Goetz 2011). Ich möchte diesen Sound hingegen nicht nur als soziales Ränkespiel lesen, sondern vielmehr soziologisch ernst nehmen. Auf diesen spezifischen Sound hin befragt, schildert ein Nutzer seinen Kommunikationsstil auf Facebook:

> Ja, es ist schon so ein Sprücheklopfen. Also ganz klar, der XY postet etwas und man weiß dann schon, dass er ein guter Typ ist, weil er das gepostet hat (I_NB_3_Z.62-63).

Facebook ist für diesen User vor allem eine Form des coolen Sprücheklopfens, ähnlich dem „Kneipengespräch" *(I_NB_3_Z.57)* unter Freunden, die ihren Reiz gerade daraus bezieht, „dass es vor Publikum funktioniert" *(I_NB_3_Z.117)*. Diese Diagnose dürfte zunächst nicht allzu sehr überraschen, stellt ja ein Groß-teil des Diskurses um die Kommunikation auf SNS darauf ab, dass hier Insze-nierungs- und Selbstvermarktungsstrategien zu finden sind, die vor allem darauf bedacht wären, soziales Kapitel zu akkumulieren. Das mag sicherlich auch zutreffen, vernachlässigt jedoch den medialen und sozialen Kontext, in den diese Praktiken eingelassen sind. Die NutzerInnen entwickeln Strategien, soziale Inklusivität und Exklusivität, Nähe und Distanz durch den Kommunikations*stil* zu regeln, mit der es ihnen gerade gelingt, die eigene Selbstinszenierung mit einer Freundschaftsgeste zu verknüpfen. Diese Inszenierung wird als eine Form *priva-ter Kommunikatio*n gelesen, ohne jedoch semantisch zu privat codiert zu sein. Ein anderer Facebook-User thematisiert genau diese Ambivalenz zwischen individu-eller Inszenierung und sozialer Gruppenbildung.

> Wer kann noch einen cooleren Spruch drauf setzen? Wer schafft es jetzt, das letzte Wort zu haben? Wer dreht alles noch ad absurdum? Wer schafft noch eine Spirale dazu? [...] Vielleicht ist dann die Narration für eine exklusive, für eine bestimmte Gruppe (I_NB_4_Z.196–200).

Die Erzählung des Nutzers steigt damit ein, dass sie auf das Problem der Grenze hinweist. Die Grenze zwischen der „exklusiven Gruppe" und dem tatsächliche Publikum ist einerseits zwar prekär, will aber andererseits stets von neuem erwirt-schaftet werden. Das leisten, so der User, gerade „coole" Kommunikations-praktiken. Ulf Poschardt hat die ästhetische Figur der Coolness einmal wie folgt umschreiben: „cool zu sein heißt, nicht verführt werden [zu] können, wenn man es nicht will" (Poschardt 2002, S. 11). Man könnte für die Schreibpraktiken auf Facebook formulieren: Coolness heißt, Strategien der Distanz, der Affektkontrolle und der bewussten Verstellung in die Kommunikation einzubauen, sich also nicht verführen zu lassen, die Grenze zwischen dem hellen Licht der Öffentlichkeit und dem schummrigen Licht des Privaten in die eine oder andere Richtung zu überschreiten (vgl. Volkening 2007), sondern vielmehr gekonnt in der Schwebe zu halten. Zwar finden sich auf Facebook natürlich viele private Profil- und Urlaubsbilder, biografische Daten, der eigene Beziehungsstatus, sowie gelikte persönliche Interessen und Statements, die einem Publikum zugänglich gemacht werden. Die Erzählungen der User legen jedoch nahe, dass sich dazu durchaus ein Distanzierungsprozess vollzieht, der auf die gesteigerte Komplexität durch die Grenzerosion zwischen Öffentlichem und Privatem reagiert. *Postings* nämlich, die diese Grenze überschreiten, werden geradezu als Fremdscham wahrgenommen.

> (…) was mir auf die Nerven ging oder was ich auch selber nie (Pause), oder versucht hab zu vermeiden, waren diese Statusmeldungen,hat sich gerade nen Kaffee gemacht und schnappt sich jetzt mal die Zeitung', oder dass eben gerade so die Leute geschrieben haben,geht jetzt aufs Klo und macht dann die Hose wieder zu', also des hätt' dann gerade noch gefehlt; es hat mich recht schnell überrascht, dass viele so belanglosen Kram schreiben, ohne jeglichen Witz auch manchmal, und ähm (Pause) des hab ich schon versucht zu vermeiden (I_A_1, Z.120–132).

Diese Nutzerin problematisiert in dieser Passage die inflationäre Kommunikation von Privatheit auf Facebook. Interessant dabei ist vor allem, dass sie sowohl den Einblick in die Privatheit der Anderen, als auch die Tatsache, dass der Stil der Kommunikation, den sie als „ohne jeglichen Witz" charakterisiert, als störend empfindet. Gleichwohl verführt die mediale Eigenlogik der Plattform die NutzerInnen dazu, einen ungebrochenen Strom an kleinen Belanglosigkeiten, an privatem Klatsch und intimen Bekenntnissen im Netzwerk öffentlich zu machen. Die Plattform ruft ihre NutzerInnen ja auch tatsächlich als Erzähler an, der seine Innenwelt vor einem Publikum ausbreiten soll: „Was machst Du gerade?" „Füge hinzu wie es Dir geht" (Abb. 2).

Diese Kommunikation, so ließe sich analog zum empfindsamen Briefeschreiber formulieren, läuft gewissermaßen *heiß*, da sie mit zu viel authentischer Innerlichkeit überfrachtet wird. Zumindest erfährt die oben zitierte Nutzerin diese Form der Kommunikation als eine Form, die sich gerade daran versündigt, zu viel Privatheit im grellen Licht der Öffentlichkeit auszustellen. Während einerseits NutzerInnen gleichsam aus der Mitte ihrer Privatsphäre heraus sprechen,

Abb. 2 Anrufen der User als Erzähler. (Quelle: www.facebook.com, 29.05.2018)

entwickeln sich *gleichsam aus der Mitte der öffentlichen Sphäre* wieder private Zirkel, die sich gegenüber dem kommunikativen Reiz, privaten Einblick zu gewähren eher verschließen. Während das Netzwerk also selbst einen gewissen Hitzemoment generiert, produziert es aber auch wieder Kommunikationspraktiken der Distanzierung gegenüber dem steten Newsstream des Banalen und Intimen mit. Die Praktiken der Coolness erschöpfen sich dann nicht in individuellen Distinktionsmanövern, sondern deren soziale Funktion besteht gerade darin, eine „Narration für eine exklusive Gruppe" (I_NB_4_Z.200) zu erzeugen und Sinn konsequent zu verknappen. Privatheit war schon immer ein Knappheitsproblem, das bestimmte Zugangsbeschränkungen zu bestimmten Informationen installierte. Während der empfindsame Briefeschreiber seine zurückgezogene Einsamkeit mit einer literalen Rhetorik der Wärme umwertet, sieht sich der Social Networker gerade durch seine permanente *Connectedness* mit Anderen immer wieder darauf zurückgeworfen, Nischen der Privatheit zu erzeugen. Diese Rhetoriken der Coolness lassen sich somit als populäre Kommunikationsstrategie lesen: Wer ist eigentlich gemeint? Ist das jetzt nur Spaß? Worauf bezieht sich das? Populäre Kommunikationen sind gleichzeitig inklusiv wie exklusiv und schaffen es, gerade über den Ausschluss Einschluss zu regeln (vgl. Müller 2012, S. 204).

3.3 Praktiken der Indifferenz – „Das wird dann einfach Spam"

Die geistige Haltung der Großstädter, so schreibt Georg Simmel 1903, wird man in formaler Hinsicht als Reserviertheit bezeichnen dürfen. Die Pointe an Simmels Lob der gegenseitigen Fremdheit besteht darin, diese Reserviertheit nicht kulturkritisch als Verrat an einer Gemeinschaft zu lesen, als ein arrogantes Abstumpfen der Sinne, sondern vielmehr als moderne Ressource zu begreifen (vgl. Nassehi 2003). Ohne diese distanzierenden Praktiken der Interaktionsvermeidung, des Sich-Entziehens, des blasierten Auftretens und des abgeklärten Urteilens wäre das moderne urbane Miteinander gar nicht möglich. Urs Stäheli hat auf die ungemeine Aktualität dieser frühen soziologischen Stadtkonzeption hingewiesen. Die Diskussion über digitale Medien scheine manchmal zu vergessen, „dass die städtische Erfahrung uns bereits mit einer Vielzahl von sozialen Techniken der Indifferenz ausgestattet hat, die auch im digitalen Raum in veränderter Form von Bedeutung sein mögen" (Stäheli 2014, S. 76). Stäheli geht es gerade darum, ein Programm von „Praktiken sozialer Indifferenz" zu skizzieren. Folgt man diesem Programm, so sieht man, dass natürlich auch der digitale Raum sich in vielen Bereichen als ein Ort der sozialen Verdichtung und Beschleunigung erweist – und gerade durch die technisch vermittelte Ko-Präsenz auch wieder Praktiken der Distanzierung funktional werden. Und auch an den Praktiken der interviewten Facebook-User sticht immer wieder ins Auge, dass sie diese Formen der Indifferenz nicht gegen einen Begriff von Privatheit ausspielen, sondern dass sich für sie Privatheit vielmehr erst über Indifferenz herstellt. Ein User, der sich in seiner Nutzungspraxis auf Facebook geradezu mit einer stumpfen Aufdringlichkeit seitens Anderer konfrontiert sieht, führt hierzu aus:

> Also es gibt ja tendenziell Leute, die mal alles liken, das macht dann natürlich auch keinen Spaß. Ja, wenn man merkt, dass Leute eher sich ständig sichtbar machen, wie wir das vorhin mal gesagt haben, dadurch wird es uninteressant (I_NB_3_Z.352–356).

Das Problem besteht für unseren Interviewpartner gerade darin, dass bestimmte Personen im Netzwerk zu sichtbar werden. Das Netzwerk erzeugt eine soziale Gleichzeitigkeit heterogener Adressen, was die Sichtbarkeit von kommunikativen Anschlussoperationen im Netzwerk enorm erhöht. Eine zu hohe Sichtbarkeit in der Liste des Newsfeeds gleicht aber, so der obige NutzerInnen, einer Übersensibilisierung mit Interaktionsofferten. Eine Form reservierter Distanz der privaten Kontakte muss im öffentlichen Austausch deshalb immer wieder erarbeitet werden. Privatheit speist sich erst aus dem dynamischen Verhältnis verschiedener Kontakte zueinander. Aus zu viel Nähe resultiere, so der User, nicht eine engere Bindung, sondern eher Desinteresse. Ganz aktiv kann deshalb bei Bedarf nachgesteuert werden, indem Leute aus dem eigenen Netzwerk auch wieder ausgeschlossen werden können:

> Also ich glaube, es gibt 3 Leute, die ich gehided hab […]. Also man filtert dann schon nach. Einerseits muss es so ne Art Diversität geben, also es müssen schon verschiedene Leute verschiedene Sachen posten aus verschiedenen Bereichen, dann ist es interessant. Und andererseits schließt man die Leute, die zu viel posten, auch ganz schnell aus. Das wird dann einfach Spam (I_NB_3_Z.362–369).

Einerseits legt der hier zitierte User geradezu weltmännisch Wert auf die urbane Diversität seiner privaten Kontakte. Andererseits gibt er auch regelrecht abgebrüht zu, dass natürlich noch einmal nachgefiltert wird. Läuft die Logik des Verbreitungsmediums dennoch heiß, so stehen die NutzerInnen vor dem praktischen Problem, Distanzen in den steten Fluss von Kommunikation einzubauen. Martin Stempfhuber (2014) hat diese „Praktiken der Selbstabsentierung", auf eine schöne Formel gebracht: Die User seien zwar „always on, but not always there". Das Netzwerk erzeugt durch die permanente Kopplung unterschiedlicher Netzwerkadressen stete Zumutungen von Präsenz. Durch diese technische Echtzeitverknüpfung transformiert es aber auch zugleich noch die Praktiken mit, wie diese Präsenz wieder sozial organisiert, auf Distanz gehalten, ja gewissermaßen entdramatisiert wird. „Man scrollt durch die Liste – und ist dann wieder weg" (I_B_2, Z. 415). Oder die NutzerInnen *liken* einige Posts ab, reagieren aber nicht weiter. Und auch die Praktiken des *Hidens* und *Filterns* ermöglichen diskrete Distanzierungen. Um im eingangs bemühten Simmel'schen Bild zu bleiben: An dieser Form unverbindlicher Kommunikation ließe sich die notwendige Blasiertheit des *digital native* ablesen: „Das wird dann einfach Spam". Es geht nun gerade nicht darum, diese Distanzierungen als dysfunktional zu entlarven, sondern vielmehr deren kommunikative Funktion zu markieren. Ein kommunikativer Stil distanzierter Unverbindlichkeit wird geradezu als Katalysator für Privatheit genutzt: Dies zeigt wiederum der folgende Interviewauszug:

> Facebook „erleichtert auf jeden Fall ne Privatkommunikation mit Leuten, also in Form von ner Nachricht oder eben doch wieder unverbindlicher was auf die Wall posten […] oder noch unverbindlicher selbst was posten und hoffen, dass bestimmte Leute darauf antworten, das wahrnehmen. Das erleichtert schon das In-Kontakt-Treten. Also, weil es so ne schöne Unverbindlichkeit hat" (I_NB_4_Z.405–410).

Der Nutzer hebt darauf ab, dass das Medium des Netzwerks, das seinen NutzerInnen gerade auch ein „unverbindliches Posten auf die Wall" ermöglicht, gewissermaßen katalytisch die benötigte Energie für eine soziale Interaktionsanbahnung heruntersetzt. Anders als etwa ein Brief oder eine private Nachricht richtet sich diese Form privater Kommunikation zunächst an ein unbestimmtes Publikum, das im Netzwerk inkludiert ist, um dann höherstufige Formen von Privatheit dem Kommunikationsprozess selbst zu überlassen. Der Erwartungsmodus, wie dort Kommunikation sequenziert wird, ist nicht der, so führt er weiter aus, einer „direkten Antwort" (Z.331) oder eines Gesprächs unter Freunden, sondern er hat vielmehr eine Form „schöner Unverbindlichkeit" (Z.410). Die Erzählungen der User gerieren sich teilweise als ein regelrechtes Lob auf diese Unverbindlichkeit.

Dementsprechend stabilisiert sich die kommunikative Erwartungsstruktur auch nicht in der Form des bürgerlichen Dialogs oder der schriftlichen Briefwechsels. Gerade das Medium selbst, so betont es die Nutzerin, präformiert bereits die Erwartungen an private Kommunikation. Und diese sind im semi-öffentlichen *Posting*-Spiel von zu hohen Ansprüchen an Reziprozität und Inhalt entlastet. Dieselbe Nutzerin führt dazu dann aus, seine Praxis auf Facebook ähnele einem „Kneipengespräch" *(I_NB_3_Z.57)* unter Freunden, das seinen Reiz gerade daraus bezieht, „dass es vor Publikum funktioniert" *(I_NB_3_Z.117)*. Der Historiker Philipp Felsch hat darauf aufmerksam gemacht, dass im Werk Niklas Luhmanns gerade solche Formen von „Gerede", also „größere Parties" und „Diskussionen in Bars", als Beispiele ins Feld geführt werden, um die Idee einer idealen Sprechsituation zu konterkarieren. Felsch verweist darauf, dass Luhmann in diesem Zusammenhang systematisch die Arbeiten der amerikanischen Ethnologin Sherri Cavan zitiert. In Cavans Ethnographie des Nachtlebens erkannte Luhmann exemplarische Situationen, in denen zwar das Aufnehmen und Beenden von Kontakten erleichtert ist, es jedoch in keinster Weise darum ging, Wahrheitsansprüche zu diskutieren oder gar einen Konsens zu erzielen. Vielmehr lag deren sozialer Sinn gerade in der Kontaktaufnahme selbst (vgl. Felsch 2015, S. 232). Facebook stellt diese Form des Kneipengesprächs gewissermaßen auf Dauer, wenn es dieses Kneipengespräch über die Kommunikationssituation unter physisch Anwesenden hinaus zeitlich, örtlich und personell dehnt. Es ist dann für den im Folgenden zitierten Nutzer auch kein Problem, im lärmend-rauschenden Netzwerk auch einmal keine Antwort zu bekommen, da Kosten und Nutzen für das Eingehen oder Beenden sozialer Interaktionen innerhalb des Mediums selbst gesenkt sind.

> Also ne Antwort drauf zu bekommen ist, glaub ich, unwichtig. Oder ich sag es so: Mir ist es halt nicht wichtig, ne Antwort drauf zu geben und dann wieder zu sagen: Schön, dass du meinen Artikel gelikt hast, erzähl' doch mal! Also, sowas, dass da wirklich drüber geredet werden muss, das ist es gar nicht. Da bin ich auch dankbar dafür, das ist ne Art von […], das entlastet total, ja genau das ist es (I-NB_5_Z.331–336).

Private Kommunikation erscheint diesem Nutzer hier als das relativ indifferente Austarieren von Nähe und Distanz. Einerseits wird gerade über die Geste des *Postings* Nähe erzeugt, andererseits bleiben die privaten Kontakte im Netzwerk nur lose verknüpft, indem die NutzerInnen immer wieder Distanzierungen in die private Kommunikation einbauen. Darin liegt – entgegen kulturkritischer Diagnosen, die mit einem vernunfttheoretisch oder gar emphatisch aufgeladenen Kommunikationsbegriff arbeiten – die Funktionalität dieser Indifferenz. Sie macht private Anschlusskommunikation zunächst einmal recht niederschwellig möglich und sichtbar. Gerade die Praktiken des *Likens,* die aufgrund ihrer semantischen Undifferenziertheit ja oft in der Kritik stehen, private Kommunikationsformen eher zu verarmen (vgl. Reichert 2014; Han 2013), erweisen sich hierfür als funktional. Diese Praktiken der Indifferenz bestechen durch ihre Kunst, an Kommunikation anzuschließen, indem sie auf weitere höherschwellige Kommunikation verzichten. Sie kühlen die Erwartung des virtuellen Brieffreundes, sich im Warten auf eine Antwort zu verzehren, herunter, indem gerade die private Kommunikation als souveräne Geste der Vermeidung von zu viel Privatheit bzw. Nähe konzipiert wird.

3.4　Verschlüsselte Kommunikation – die „Feier des Kryptischen"

Beobachtet man private Kommunikationspraktiken auf Facebook, fallen sofort auch die unterschiedlichen *Sprachen der Ironie* ins Auge. Indem Formen der Privatheit im Kontext der Plattform ironisch gerahmt werden, eröffnet dieser doppelte Boden den Raum für unbestimmte Figurationen von Privatheit. An der folgenden Erzählung eines Users fällt zunächst auf, dass auch er seine Erzählung wieder vor dem Hintergrund unterschiedlicher medialer Kontexte einsetzt:

> Also wie ich Facebook selber nutze, wäre meine Erwartung, dass man gar nicht einen ehrlichen Satz zurückbekommt. Es wird eben immer auf eine Pointe, einen Witz heruntergebrochen, der schnell verstehbar ist, der so da ist, der aber auch schnell wieder vergessen werden kann. [...] Es ist halt immer ironisch. [...] Es ist halt nur Facebook (I_NB_5_Z.270–280).

Der zitierte Nutzer steigt damit ein, dass seine Erwartungshaltung an den Ablauf von Kommunikation vom Medium Facebook selbst gerahmt ist. Dabei stellt er auf die Zeitlichkeit der dort aufgeführten Kommunikation ab, die „schnell verstehbar" sein muss, aber auch „schnell wieder vergessen werden kann". Was dort im Hinblick auf *private Kommunikation* erwartet wird, ist gerade nicht das heiße und ewige Freundschaftsbekenntnis eines Brieffreundes. Der User weiß ganz genau, dass er für verbindlichere Formen von Privatheit andere Medien wählen müsste, deshalb, so führt er ja aus, ist die gesamte *private Kommunikation* auf Facebook für ihn ironisch gerahmt – „es ist halt nur Facebook". Die Frage nach der Authentizität von Facebook-Freundschaften, die den soziologischen Internetdiskurs so umtreibt, ist für den Nutzer praktisch dann gar kein Problem.

Vielmehr findet er Gefallen daran, auf Facebook ein kommunikatives Kurzpass-spiel zu inszenieren, das seine Relevanz nur in seiner flüchtigen Gegenwärtigkeit hat. Die Kommunikationsordnung einer Privatheit 2.0 zehrt gerade davon, nicht den zu eindeutigen, ungebrochenen und persönlich gemeinten Satz zurückzu-bekommen. Die Überlappung verschiedener Publika, die hohe zeitliche Taktung und die Selektivität der Medienwahl führen dazu, dass die Erwartungen und Erwartungserwartungen an Kommunikation einen spezifischen Stil annehmen. Gerade weil im Medium des Netzwerks andere Ansprüche an Privatheit gelten als beispielsweise in einer SMS oder in einem vertraulichen Gespräch, kann hier eine ironische Form von Privatheit inszeniert werden. Die Daten legen es nahe, dass die NutzerInnen in ihrer privaten Kommunikation die Kommunikation von Uneigentlichkeit mitlaufen lassen und diese Uneigentlichkeit dann auch bewusst ausgestellt wird. Es werden Sollbruchstellen in die private Kommunikation ein-gebaut, die sicherstellen, dass nur bestimmte Leute die Botschaft auch lesen und richtig verstehen können.

> Wenn jetzt Toni liest, dass ich dir schreibe ‚Arschloch‘, dann denkt der Toni ‚Oh Gott, die haben grade n Problem‘ – wir beide verstehen aber durch die Kon-versation, durch die Zitate, die Erinnerungen, die Momente an letzte Nacht, wie ‚Arschloch‘ gemeint ist und finden´s super cool und witzig. Wenn du jetzt ‚Arsch-loch‘ schreibst, dann ist es ok, und wir können ne lustige Schimpfwortreihe wei-ter draus bauen. Wenn es nur Toni gefällt und drunter schreibt: ‚Was ist los?‘, dann müssen wir es wieder löschen und das Missverständnis bereinigen. Das lässt Face-book ja tatsächlich auch zu (I-NB_4_Z.158–163).

Diese Spiele einer kryptischen Privatheit zehren davon, dass sie offline Rücken-deckung bekommen. Ironische Brechungen funktionieren deshalb, weil sie einerseits eine Distanz einziehen, die aber andererseits unterschiedlich anschluss-fähig ist. Einmal erzeugt diese Distanz tatsächlich Distanz, indem sie bestimmte Publika ausschließt. Gleichzeitig bringt dieses Mehr-Wissen der eingeweihten Beteiligten, ihr Augenzwinkern, wiederum eine neue Form der Bindung hervor, indem sie bestimmte Publika inkludiert, die wissen, wie was zu verstehen und zu decodieren ist. Diese verschlüsselte Kommunikation ist gerade die Lösung für das Problem, privat in der Öffentlichkeit zu sprechen. Sie reagiert als semantische Form darauf, dass im Medium des Netzwerks heterogene Publika gleichzeitig angesprochen werden können. In der folgenden Abbildung wird dieses lakoni-sche Zwischen-den-Zeilen-Schreiben in seiner eigenen Kunstfertigkeit vorgeführt (Abb. 3):

Was in diesem Beispiel mit dem *checkmark* gemeint sein könnte, erschließt sich zunächst nicht – nur Leute, die über ein bestimmtes Hintergrundwissen verfügen, scheinen auf diese Kommunikationsofferte reagieren zu können. Tatsächlich hat

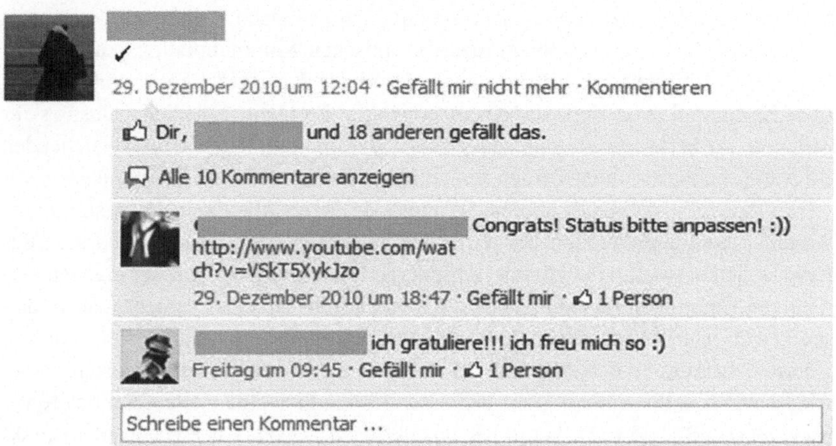

Abb. 3   Der Haken als Insider-Post. (Quelle: www.facebook.com, 29.12.2010)

die Userin mit diesem *Post* das doch recht private Detail kommuniziert, dass sie frisch verheiratet ist. An der Oberfläche bleibt diese Kommunikation für den Großteil des Publikums jedoch relativ vage und lässt sich allenfalls anhand weiterer konkretisierender Kommentare wie „Status bitte anpassen! :))" entschlüsseln. Statt jedes private Detail in die Facebook-Chronik einzuspeisen oder aber als strikte Offline-Angelegenheit aus dem Portal auszuklammern, genießen manche User das spielerische In-der-Schwebe-Halten persönlicher Details. Daniel Miller verweist in seiner ethnografischen Fallstudie „Ajani" ebenfalls auf diese kryptischen Praktiken des Privaten auf Facebook. Ajani sei ein „wahrer DJ des Facebook-*Posting*", die ihren Newsfeed immer wieder mit einem „Wechselspiel zwischen einer politisch-literarischen und einem Strom persönlicher Kommentare, Befindlichkeiten, Witze, Klagen und Anklagen" bespiele (Miller 2011, S. 113). Es gebe aber auch Momente, in denen Ajani entschieden habe, mit einer bestimmten Freundin „in einer ganz und gar öffentlichen Sphäre zu kommunizieren, wo tausend andere mitlesen" (ebd., S. 114). Miller charakterisiert diese Praktiken als „kryptisch" und verweist darauf, dass es offenbar entscheidend sei, dass „niemand außer der Adressatin diese Botschaft verstehen kann" (ebd.). Als Ethnologe zieht Miller daraus die Konsequenz, dass „die ständige Selbstpreisgabe durch Facebook-*Postings* die Privatsphäre eines Menschen nicht unbedingt zerstört, sondern sie sogar schützen kann" (ebd., S. 121). Das legen auch die Interviews der Interviewpartner nahe, die von elaborierten Praktiken erzählen, Nähe und Distanz im Netzwerk kommunikativ zu regulieren. Aus soziologischer Perspektive gilt es jedoch noch, nach dem spezifischen medialen Bezugsproblem dieser kryptischen Kommunikationspraktiken zu fragen. Da im Netzwerk private und nicht-private Kontakte lose verknüpft sind, steht Kommunikation dort vor einem doppelten Problem. Einerseits muss es ihr gelingen, so kryptisch zu sein, dass sich die Kommunikation dem verstehenden Blick eines unbestimmten Dritten verschließt, obwohl er diese Kommunikation vor seinen Augen ausbreitet. Andererseits muss sie derart offen sein, dass sie gerade Anschlusskommunikationen bei jenen Adressaten erzeugt, die diese Formen des Kryptischen entschlüsseln können. Anstatt die Inkommunikabilität der eigenen aufrichtigen Emotionen für den Anderen leidend durchzuspielen, genießt man in diesen kryptischen Referenzspielen die zur Schau gestellte Inszenierung der eigenen Unerreichbarkeit. So holt man sich den Anderen zu sich her, indem man sich immer wieder von ihm distanziert: „Für mich ist es letztendlich eine totale Feier des Kryptischen" (I-NB_4_Z.153). Wenn der datenkritische Diskurs heute vor allem Praktiken der Verschlüsselung fordert, um private Daten zu schützen, so gerät dabei womöglich aus dem Blick, dass die NutzerInnen auf Facebook stets auch Formen kryptischer Kommunikation einüben. Lino Wirag spricht in diesem Zusammenhang vom guten Post auf Facebook als „haikuistisches Posting" (Wirag 2010, S. 59). Das Haiku – zu Deutsch scherzhafter Vers – ist eine japanische Lyrikform. Ihre ästhetische Praxis ist pointiert, unbestimmt, an niemanden direkt gerichtet, für sich stehend. Die Kunst des Haiku besteht also darin, es durch das „reizvolle Flirren des Signifikanten" in der Schwebe zu halten (vgl. Barthes 1981, S. 94). Gerade deshalb bedarf es der Kommentierung. Das Haiku als *Posting* ist der Inbegriff phatischer Kommunikation: es ist auf soziale Anschlussoperationen angelegt. Dabei sind ironische Figuren, aber auch verschlüsselte Codes gleichermaßen funktional. Die Semantik kühlt herunter, da sie stets darauf zurückgeworfen wird, eine Linie zu ziehen, um im Anschluss immer auch den Ausschluss mit zu kommunizieren.

4   Verhaltenslehren der Kälte

Dieser Beitrag hat versucht, sein Argument durch einen Vergleich privater Kommunikationsformen zu schärfen. Vergleiche lohnen nur bei Dingen, die hinreichend, aber nicht völlig verschieden sind. Und Vergleiche müssen notwendigerweise selektiv sein. Die funktionalistische Methode, die dabei angewandt wurde, bezieht ihre analytische Kraft genau daraus, das Ähnliche im Unähnlichen nachzuweisen, indem sie auf ein selektives gemeinsames Bezugsproblem abstellt. Selbst eine literale Privatheit 1.0 war stets auch von zweierlei abhängig: dem Blick des (zumindest) antizipierten Publikums und dem medialen

Substrat, über das dieses Publikum vermittelt wurde. Aus dem Vergleich der privaten Briefkommunikation des 18. Jahrhunderts mit den Formen privater Netzwerkkommunikation von heute lässt sich also zunächst die These ableiten, dass unser lebensweltliches Verständnis von Privatheit womöglich eine Reinheitsfantasie ist, die es empirisch so nie gab. Denn auch die bürgerliche Idee einer Privatheit als *gesellschaftsfreiem Raum* war stets schon eine medial und sozial vermittelte Privatheit. So lässt sich der aktuelle Diskurs einer Gefährdung der Privatheit 2.0 etwas nüchterner lesen.

Gerade klassische soziologische Positionen haben darauf hingewiesen, dass die Praxis öffentlicher Kommunikation durch die technologische Infrastruktur ihrer Verbreitungsmedien strukturiert wird. Die konversationsanalytische Forschung hat etwa wiederholt darauf aufmerksam gemacht, dass Kommunikationspraktiken gerade durch ihre technische Rahmung geprägt werden (Bergmann 1993). Im Anschluss an diese Einsicht fassen einige Repräsentanten der Online-Ethnografie Kommunikation im Internet als *Interaktion* auf, deren Dynamik mit der der gesprochenen Sprache vergleichbar ist (Markham 2005; Orgad 2009). Auch die hier präsentierten Ergebnisse deuten in diese Richtung, da sich vor allem private Kommunikationsstile finden lassen, die mündlichen Kommunikationspraktiken unter physisch Anwesenden gleichen. Sie verweisen aber auch auf einen medialen Kontext, der sich nicht auf die sprachliche Verfasstheit der kommunikativen Ereignisse reduzieren lässt. Zieht man die Medialität privater Kommunikation auf Facebook mit ins Kalkül, so lassen sich diese Kommunikationspraktiken nicht nur im Medium der Sprache, sondern auch im Medium des Netzwerks verorten. Und das müssen sie auch, um adäquat beschrieben und verstanden zu werden: Schreibpraktiken sind hier weder einfach *talking in interaction,* noch einfach *writing in interaction,* sie sind vielmehr auch *networking in interaction.*

Das Bezugsproblem dieser Netzwerkpraktiken liegt dabei in der medial konstituierten Uneindeutigkeit der Unterscheidung von Öffentlichkeit und Privatheit, auf die auch der soziologische Internetdiskurs stets stößt. Das Argument dieses Beitrages war es, dass ein neuer Kommunikationsstil funktional wird, um Strategien zu entwickeln, diese Unterscheidung kommunikativ für den Moment zu stabilisieren. Um diesen Stil abschließend genau zu fassen, lohnt noch einmal der Vergleich mit der privaten Briefkommunikation. Der kommunikative Stil des Briefs der Empfindsamkeit entschlüsselt sich nach einem Code der Wärme, der authentische Verbundenheit inszenierte, um räumliche Distanzen der einsam Schreibenden durch das schriftliche Medium zu überbrücken. Albrecht Koschorke (1999), so habe ich weiter oben ausgeführt, sieht die Bedingungen für eine Rhetorik der Innerlichkeit in der bürgerlichen „Umwertung der Einsamkeit", die mit der Literalisation dieser Trägerschicht einherging. Es ist gerade der empfindsame Schriftverkehr, der die voneinander abgetrennten Körperströme dann wieder vereinigt. Während Koschorkes Argument damit einsetzt, dass der bürgerliche Briefeschreiber also vor allem einsam in seinem Zimmer sitzt und schreibt, setzt das Argument dieses Aufsatzes damit ein, dass der post-bürgerliche Netzwerker dabei immer schon mit unterschiedlichen Publika *connected* ist, und zwar in medial hergestellter Ko-Präsenz. Die *Umwertung der Einsamkeit* produziert das Fernweh der Getrennten und damit einen Stil, der „Nähe suggeriert und eine Sprache der Distanzlosigkeit freigibt" (Koschorke 1999, S. 195). Die *Umwertung der Vernetzung,* so ließe sich für die Schreibpraktiken der Privatheit im Medium Facebook formulieren, kühlt die steten Zumutungen der Präsenz im Netzwerk herunter. Der einsame Briefeschreiber kultiviert seine Innerlichkeit, um medial Nähe zu erzeugen. Der verbundene Netzwerker inszeniert hingegen ein öffentliches Spiel mit der Oberfläche: populäre Praktiken der Coolness (5.1), der Indifferenz (5.2) sowie der Ironie und Kryptizität (5.3) werden hierfür funktional. Der kommunikative Stil auf Facebook, so legen es die empirischen Ergebnisse nahe, folgt einem *Code der Kälte,* der Distanzen in die Kommunikation eingebaut, um private Nähe im semi-öffentlichen digitalen Raum zu erzeugen.

Die Funktionalität solcher Kälte-Figuren wurde überaus prominent von Helmut Lethen betont. An Helmuth Plessners Schrift *Grenzen der Gemeinschaft* und Graciáns *Handorakel* geschult, arbeitet er Kälte-Figuren der literarischen Zwischenkriegszeit heraus, die in Zeiten „sozialer Desorganisation", als kommunikative Habitus funktional werden und „Eigenes und Fremdes, Innen und Außen unterscheiden helfen" (Lethen 1994: S. 7). Lethen rekurriert dabei stark auf Helmut Plessners Konzept der Öffentlichkeit, die dieser als Sphäre der Distanz gegen das Fieber der politischen Gemeinschaftssehnsüchte des sozialen Radikalismus in Stellung bringt (ebd., S. 75 ff.). In Plessners Öffentlichkeit realisiert sich der politische Mensch gepanzert in der „kalten" Rüstung der Maske, des Takts und der Diplomatie. In ritueller und strategischer Interaktion begegnen sich in der modernen Großstadt also Körper, die stets darum kämpfen müssen, Distanzen in die Intensität ihrer Ko-Präsenz einzubauen. Die „kalte persona" Lethens richtet sich dann gegen alle „Formen des unvermittelt Direkten" und plädiert für die „mäßigen Temperaturen" und das gebrochene Licht, ja für alle kommunikativen Praktiken, die von „Bloßstellung des Intimen entlasten und Techniken zur Regulierung der Distanzen einüben" (ebd., S. 78). Der Vergleich mit Facebook klingt zunächst existenzialistisch überzogen. Und auch die fast spielerische Leichtigkeit mit der diese Kommunikation von Distanz auf der Plattform abläuft, mag nicht so recht der neusachlichen Schwere eines virilen Heldensubjekts entsprechen, die Lethen noch im Blick hatte. Der Vergleich trifft aber dennoch einen wichtigen Punkt. Man braucht vor dem Hintergrund der öffentlichen Debatte um eine gefährdete Privatheit 2.0 nicht viel Fantasie, um hier eine Brücke zu schlagen. Die Komplexität neuer Medienkulturen untergräbt die Unterscheidung von öffentlich und privat. Der *homo digitalis,* so der Tenor der Kulturkritik, werde durch die (Total-)Protokollierung des Lebens im digitalen Panoptikum zu einem gläsernen Menschen, der selbst noch aktiv an der Abschaffung seiner Privatheit mitarbeite (vgl. Han 2013; Reichert 2014; Lindemann 2014). Es ist natürlich nicht zu bestreiten, dass die archivologischen Datenpraktiken der monopolisierten Internetkonzerne auch eine Art gesellschaftliches Kontrollsystem etablieren. Damit werden aber auch jene Praktiken der Distanz transformiert, die bereits wieder mit einer Form der Beobachtung, der Kontrolle und der Grenzerosion von Öffentlichkeit und Privatheit innerhalb des Netzwerks rechnen. Besonders jene Passagen der Interviewpartner, in denen die Kommunikation authentischer Innerlichkeit und der stete Strom an Intimitäten im Netzwerk als „Fremdscham" geschildert wird, heben auf diese Formen der Affektkontrolle, der temperierten Indifferenz, sowie der kryptischen, ja „coolen" Kommunikation ab. *Kalte Kommunikation* vermag es dann „Vertrauenszonen" (Lethen 1994, S. 8.) gerade durch die Kommunikation von Distanz herzustellen. Vor dem Hintergrund des Imperativs der Vernetzung üben wir heute auf Facebook auch *Verhaltenslehren der Kälte* ein.

Literatur

Adorno, Th. W. (1971). *Erziehung zur Mündigkeit.* Frankfurt am Main: Suhrkamp.

Baecker, D. (2007). *Studien zur nächsten Gesellschaft.* Frankfurt am Main: Suhrkamp.

Balke, F. (2000). Die ‚Tyrannei der Medien' und die Literatur. *Merkur. Deutsche Zeitschrift für europäisches Denken, 54 (5),* 450–456.

Barth, Niklas (2016): Kalte Vertrautheiten. Private Kommunikation auf der Social Network Site Facebook. *Berliner Journal für Soziologie, 25 (4),* 459–489.

Barthes, R. (1981). *Das Reich der Zeichen.* Frankfurt am Main: Suhrkamp.

Bergmann, J. (1993). Alarmiertes Verstehen. Kommunikation in Feuerwehrnotrufen. In Th. Jung & S. Müller-Doohm (Hrsg.), *Wirklichkeit im Deutungsprozeß. Verstehen und Methoden in den Kultur- und Sozialwissenschaften* (S. 283–328). Frankfurt am Main: Suhrkamp.

Boyd, D. (2007). Social Network Sites: Definition, History, and Scholarship. *Journal of Computer-Mediated Communication, 13 (1),* 210–230.

Bublitz, H. (2010). *Im Beichtstuhl der Medien. Die Produktion des Selbst im öffentlichen Bekenntnis.* Bielefeld: transcript.

Elias, N. (1976). *Über den Prozess der Zivilisation. Soziogenetische und psychogenetische Untersuchungen*. 2 Bd. Frankfurt am Main: Suhrkamp

Felsch, P. (2015). *Der lange Sommer der Theorie. Geschichte einer Revolte 1960–1990*. München: C.H.Beck.

Flusser, V. (2009). *Kommunikologie weiter denken. Die Bochumer Vorlesungen*. Frankfurt a. M.: Suhrkamp.

Foucault, M. (1986). *Der Wille zum Wissen. Sexualität und Wahrheit 1*. Frankfurt a. M.: Suhrkamp.

Goetz, R. (2011). *Leben und Schreiben. Der Existenzauftrag der Schrift. Antrittsvorlesung zur Heiner Müller Gastprofessur für deutschsprachige Poetik*. FU Berlin. 11.05.2011.

Goffman, E. (2009). Die Territorien des Selbst. In E. Goffman, *Das Individuum im öffentlichen Austausch* (S. 54–96). Frankfurt am Main: Suhrkamp.

Glaser, B. G., & Strauss, A. L. (1967). *The Discovery of Grounded Theory: Strategies for Qualitative Research*. Chicago: Aldine.

Gleichmann, P. (1979). Wandel der Wohnverhältnisse, Verhäuslichung der Vitalfunktionen, Verstädterung und siedlungsräumliche Gestaltungsmacht. *Zeitschrift für Soziologie, 5 (4)*, 319–329.

Habermas, J. (1990). *Strukturwandel der Öffentlichkeit*. Frankfurt am Main: Suhrkamp.

Han, B.- C. (2013). *Im Schwarm*. Berlin: Matthes & Seitz.

Hirschauer, S. (1999). Die Praxis der Fremdheit und die Minimierung von Anwesenheit. Eine Fahrstuhlfahrt. *Soziale Welt, 50*, 221–246.

Hine, C. (2005). Virtual Methods and the Sociology of Cyber-Social-Scientific Knowledge. In C. Hine, *Virtual Methods. Issues in Social Research on the Internet*. Oxford: Berg.

Hörl, E. (2011). *Die technologische Bedingung*. Berlin: Suhrkamp.

Illouz, E. (2007). *Cold Intimacies*. Hoboken: Blackwell.

Imhof, K., & Schulz, P. (1998). *Die Veröffentlichung des Privaten – die Privatisierung des Öffentlichen*. Opladen: Westdeutscher Verlag.

Kittler, F. (1980). Autorschaft und Liebe. In F. Kittler, *Austreibung des Geistes aus den Geisteswissenschaften. Programme des Poststrukturalismus* (S. 142–175). Paderborn: Schöningh

Kittler, F., & Maresch, R. (1994). Wenn die Freiheit wirklich existiert, dann soll sie doch ausbrechen. In R. Maresch, *Am Ende vorbei* (S. 95–125). Wien: Turia & Kant.

Koselleck, R. (1990). Zur anthropologischen und semantischen Struktur der Bildung. In R. Koselleck, *Bildungsbürgertum im 19. Jahrhundert* (S. 11–46). Stuttgart: Klett-Cotta.

Koschorke, A. (1999). *Körperströme und Schriftverkehr. Mediologie des 18. Jahrhunderts*. München: Fink.

Lange, P. (2007). Publicly Private and Privately Public: Social Networking on YouTube. *Journal of Computer-Mediated Communication, 13 (1)*, 361–380.

Lethen, H. (1994). *Verhaltenslehren der Kälte. Lebensversuche zwischen den Kriegen*. Frankfurt am Main: Suhrkamp.

Lindemann, G. (2014). In der Matrix der digitalen Raumzeit. Das generalisierte Panoptikum, In A. Nassehi, *Privat 2.0. Kursbuch 177* (S. 162–174). Hamburg: Murmann.

Luhmann, N. (1982). *Liebe als Passion. Zur Codierung von Intimität*. Frankfurt am Main: Suhrkamp.

Markham, A. (2005). The Methods, Politics, and Ethics of Representation in Online Ethnography. In N. Denzin & Y. Lincoln (Hrsg.), *The Sage handbook of qualitative research* (S. 793–820). Thousand Oaks, CA: Sage.

Marwick, A., & Boyd, D. (2010). I Tweet Honestly, I Tweet Passionately: Twitter Users, Context Collapse, and the Imagined Audience. New Media & Society, 7. http://nms.sagepub.com/content/early/2010/06/22/1461444810365313. Zuletzt aufgerufen: 10.03.16.

Miller, D. (2011). *Tales from Facebook*. Cambridge: Polity.

McLuhan, M. (1964). *Understanding Media. The Extensions of Man*. New York: McGraw Hill.

Müller, J. (2012). Definite Jest. Inklusivität und Exklusivität von Pop. In M. Heinlein & K. Seßler (Hrsg.), *Die vergnügte Gesellschaft* (S. 193–207). Bielefeld: transcript.

Nassehi, A. (2003). Privatheit. Über die politische Formierung privater Räume und die Politik des Unpolitischen. In S. Lamnek & M-T. Tinnefeld (Hrsg.), *Privatheit, Garten und politische Kultur. Von kommunikativen Zwischenräumen* (S. 26–29). Opladen: Leske und Budrich.

Nassehi, A. (2014). Die Zurichtung des Privaten. Gibt es analoge Privatheit in einer digitalen Welt? In A. Nassehi, *Privat 2.0. Kursbuch 177* (S. 27–47). Hamburg: Murmann.

Niggl, G. (1977). *Geschichte der deutschen Autobiographie im 18.Jahrhundert. Theoretische Grundlegung und literarische Entfaltung*. Stuttgart: Metzler.

Orgad, S. (2009). How Can Researchers Make Sense of the Issues Involved in Collecting and Interpreting Online and Offline Data? In N. K. Baym & A. N. Markham (Hrsg.), *Internet Inquiry. Conversations about method*. Los Angeles: Sage.

Poschardt, U. (2002). *Coolness*. Reinbek: Rowohlt.

Reichert, R. (Hrsg.). (2014). *Big Data. Analysen zum digitalen Wandel von Wissen, Macht und Ökonomie*. Bielefeld: transcript.

Reinlein, T. (2003). *Der Brief als Medium der Empfindsamkeit. Erschriebene Identitäten und Inszenierungspotentiale*. Würzburg: Königshausen&Neumann.

Ruchatz, J. (2013). Vom Tagebuch zum Onlinejournal. In S. Halft & H. Krah (Hrsg.), *Privatheit. Strategien und Transformationen* (S. 105–119). Passau: Stutz.

Sandbothe, M. (1996): *Ist das Internet cool oder hot? Zur Aktualität McLuhans Vision medialer Gemeinschaft*, in: telepolis 12.09.1996. Online: http://www.heise.de/tp/artikel/2/2050/1.html Zuletzt aufgerufen: 10.03.16

Sennett, R. (2002). *Verfall und Ende des öffentlichen Lebens. Die Tyrannei der Intimität*. Frankfurt am Main: Suhrkamp.

Siegert, B. (1993). *Relais. Geschicke der Literatur als Epoche der Post 1751-1913*. Berlin: Brimann und Bose.

Simmel, G. (1909/1957). *Brücke und Tür. Essays des Philosophen zur Geschichten, Religion, Kunst und Gesellschaft*. Stuttgart: K.F Köhler.

Simmel, G. (1908/1992). Der Raum und die räumlichen Ordnungen der Gesellschaft. In O. Rammstedt & T. Karlsruhen (Hrsg.), *Gesamtausgabe in 24 Bänden: Band 11: Soziologie. Untersuchungen über die Formen der Vergesellschaftung* (S. 687–790). Frankfurt am Main: Suhrkamp.

Siri, J. (2014). privat*öffentlich. Die Emergenz des Politischen Selbst in Social Media. *Österreichischen Zeitschrift für Soziologie „Subjektivierung 2.0. Machtverhältnisse digitaler Öffentlichkeiten": Sonderheft 13*, S. 101–120.

Schmidt, J. (2009). *Das neue Netz. Merkmale, Praktiken und Folgen des Web 2.0*. Bielefeld: transcript.

Stäheli, U. (2014). Aus dem Rhythmus fallen. Zur öffentlichen Entnetzung. In A. Nassehi (Hrsg.), *Privat 2.0. Kursbuch 177* (S. 66–78). Hamburg: Murmann.

Stempfhuber, M. (2014). „Always on, but not always there": Empirische Beobachtungen zu Praktiken der Selbst-Absentierung im Web 2.0. In K. Hahn & M. Stempfhuber (Hrsg.), *Präsenzen 2.0. Medienkulturen im digitalen Zeitalter.* Wiesbaden: VS Verlag.

Turkle, S. (2011). *Alone together: Why we expect More from Technology and Less from Each Other.* New York: Basic Books.

Vellusig, R. (2000). *Schriftliche Gespräche. Briefkultur im 18. Jahrhundert.* Wien, Köln, Weimar: Böhlau.

Volkening, H. (2007). Der helle Raum des Privaten. In I. Mülder-Bach & G. Neumann (Hrsg.), *Räume der Romantik.* (S. 137–157). Würzburg: Königshausen und Neumann.

Wagner, E., & Stempfhuber, M. (2012). „Disorderly Conduct": On the unruly Rules of Public Communication in Social Network Sites. *Global Social Networks. A Journal for Transnational Affairs, Sonderausgabe*, S. 377–390.

Wagner, E. (2014). Intimate Publics 2.0. In K. Hahn (Hrsg.), *E < 3Motion. Intimität der Medienkultur* (S. 125–149). Wiesbaden: Springer.

Warren S. D., & Brandeis L.D. (1890). The Right to Privacy. *Harvard Law Review, 4 (5)*, S. 193–220.

Wirag, L. (2010). Postdemokratie. Zur Genealogie und Poetologie des Postens. In S. Porombka, & M. Mertens (Hrsg.), *Statusmeldungen. Schreiben in Facebook.* Blumenkamp. Salzhemmendorf.

Wohlrab-Sahr, M. (2011). Schwellenanalyse. Plädoyer für eine Soziologie der Grenzziehungen. In K. Hahn & C. Koppetsch (Hrsg.), *Soziologie des Privaten* (S. 33–52). Wiesbaden: VS Verlag.

Selfies als Prosopopeia des Bildes. Zur Praxis der Subjektkritik in Sozialen Medien

Ramón Reichert

Gesichtsbilder sind in der Bildkommunikation der digitalen Vernetzungskultur allgegenwärtig geworden. Sie können als zeitgenössische Auffassung der rhetorischen Figur der *prosopopeia* verstanden werden, mit der Bildern die Eigenschaft zugestanden wird, den Charakter einer Person zu verlebendigen und für das dargestellte Individuum zu sprechen (Riffaterre 1985, S. 107–123). In der Figur der *prosopopeia* oder der *fictio personae* werden Bilder als sprechend oder zu anderen menschlichen Verhalten fähig in Szene gesetzt. Paul de Man macht darauf aufmerksam, dass das rhetorische Verfahren der *prosopopeia* eine grundlegende Beziehung mit der Bildkritik des Defacements unterhält. Etymologisch gesehen setzt sich das Wort *prosopopeia* aus dem Griechischen *prospon poien* zusammen und thematisiert den performativen Aspekt der Maskierung: sich eine Maske verleihen oder ein bestimmtes Gesicht aufsetzen *(prosopon)*. Im Zusammenhang mit biografischen Selbstthematisierungen kreist das Verfahren der *prosopopeia* um den Aspekt der Gesichtlichkeit, wenn es darum gehen kann, sich ein Gesicht zu verleihen oder das Gesicht zu verlieren. In dieser Spannung zwischen dem Zeigen des Gesichts und seinem drohenden Verlust eröffnet die *prosopopeia* ein ästhetisches Spiel „with the giving and the taking away of faces, with face and deface, figure, figuration and disfiguration" (Man 1984, S. 76). In diesem Sinne können die bilddokumentarischen Formen der Selfies als eine Technik beschrieben werden, mithilfe derer etwas nicht Lebendigem, dem Bild, eine individuelle Ausdrucksweise des Persönlichen verliehen wird. Sie bezeichnen also eine visuelle Praxis, mit der auf grundsätzliche Weise Individualität vermittelt werden soll. Die

R. Reichert (✉)
Universität Wien, Wien, Österreich
E-Mail: ramon.reichert@univie.ac.at

© Springer Fachmedien Wiesbaden GmbH, ein Teil von Springer Nature 2019   141
M. Stempfhuber und E. Wagner (Hrsg.), *Praktiken der Überwachten*,
https://doi.org/10.1007/978-3-658-11719-1_8

Vermittlung von Individualität erfolgt zweistufig und bezieht sowohl die inhaltliche Ebene der Repräsentation als auch die performative Ebene der Akteure mit ein, die sich mit dem Repräsentierten in eine Beziehung des Wahren, Evidenten und Legitimen setzen. Ihre zentrale Rolle bei Selbstthematisierungen in den Sozialen Medien des Web 2.0 hat aber nicht nur ein faciales Regime der Gesichtserkennung etabliert, sondern auch Praktiken der Überwachten, das heißt Prozesse der Demediatisierung und der bildkritischen Gesichtsauflösung in Gang gesetzt, mit denen ästhetische Strategien und Dominanzverhältnisse visueller Identitätskonstruktionen thematisiert werden können.

Der mediale, gesellschaftliche und technische Wandel der bildbezogenen Selbstthematisierung hat in unterschiedlichen Feldern der wissenschaftlichen Forschung zur Einsicht geführt, dass Bildhandeln und Bildkommunikation als Ausdruck eines sozialen Handelns im Wandlungsprozess aufgefasst werden kann. In diesem Sinne wird bildhaften Darstellungsformen die Wirkmächtigkeit zugestanden, soziales Handeln zu konstituieren (vgl. Sachs-Hombach 2003). Vor diesen Hintergrund kann die Frage aufgeworfen werden, ob und auf welche Weise die digitalen und interaktiven Medien Kulturmuster der spätmodernen Gesellschaft bereitstellen, mit denen sich Subjekte in Kommunikationsprozessen als Handelnde reflektieren und dabei versuchen, sich von sozialen Rollenerwartungen zu distanzieren. Diese These korreliert mit maßgeblichen Positionen der Bildkulturwissenschaft, die eine grundsätzliche Performativität des Visuellen verhandeln und die gemeinsame Ansicht teilen, dass in einer performativen Gegenwartskultur das Visuelle in der Inszenierung und Wahrnehmung des Subjekts eine immer stärkere Rolle spielen. William J.T. Mitchell (2002, S. 231–250) weist in seiner viel zitierten Bildkulturtheorie „Showing Seeing. A Critique of Visual Culture" darauf hin, dass sich Visuelles nicht auf Bilder beschränken lässt, sondern auch die performativen Prozesse des Darstellens und des Sehens mit einbezieht. In seinem Essay „Das andere Porträt" spürt auch Jean Luc Nancy dieser Logik der Vergegenwärtigung nach, indem er den Charakterzug des Porträts, *trait*, als einen Zug, *tracé*, deutet, der für das konstruierende und medial vermittelnde Extrahieren des Wesenzugs, sein Herausziehen aus dem Modell einsteht: „Das Porträt ist (…) eine Figuration im (…) aktiven Sinne ihrer Erschaffung, der Modellierung *(fingo, fictum)* und Inszenierung einer ‚Figur' im Sinne einer ‚Rolle' oder ‚Person', aber auch des ‚Symbols', des ‚Ausdrucks', der hervorstechenden Form" (Nancy 2015, S. 18). In diesem Sinne kreist das faciale Regime zwischen den Polen der uneinholbaren Sehnsucht nach einer darstellenden Gegenwart, die Jean Francois Lyotard (1982, S. 97) die „tragische Struktur des Ereignisses" nennt, und den Kulturtechniken des visuellen Wissens, die versuchen, das Gesicht in eine sozial und politisch kolonisierbare Aufzeichnungsfläche zu verwandeln.

Die epistemische Stärke und politische Kraft der visuellen Kultur könnte darin festgemacht werden, die Gouvernementalität des Gesichts als mediales Aufschreibesystem von personaler Identität, sozialer Norm und politischer Manipulation bildkritisch zu untersuchen.

Zahlreiche Studien sind sich darin einig, dass die hohe Verbreitungsdichte von Smartphone-Technologien und ihrer mobilen Vernetzung mittels Apps dazu geführt hat, dass kommunikative Praktiken der Selbstthematisierung stark an Bedeutung gewinnen konnten (vgl. Darley 2000; Dijck 2008, S. 57–76). Mit der fortschreitenden Technisierung und Mediatisierung der visuellen Kultur mittels Telekommunikation- und Vernetzungsmedien sind fließende Formen der Bildproduktion von persönlicher Information entstanden, die sich durch einen fließenden Übergang zwischen Medien, technischen Verfahren, sozialen Beziehungen, Diskursen und visuellen Stilen auszeichnen (vgl. Doy 2004; Snickars und Vonderau 2012). Die permanente Konnektivität mittels mobiler Medien und die Möglichkeit der sozialen Annotation mittels *Facebook, Twitter, Instagram, Pinterest, Tinder, Snapchat* und anderer sozialer Medien eröffnen neuartige Handlungsräume für Selbstmodellierungen, insofern die Selbstbilder immer auch in digitale Gebrauchskontexte – Tracking, Gamification und Surveillance – verwoben sind (vgl. Dijck 2013). Mit der digitalen Vernetzung der Bilder, der niedrigschwelligen Verfügbarkeit eines öffentlich geteilten Bildervorrates und der fortschreitenden Verallgemeinerung der Bildkompetenz haben sich neue Formen sozialer Netze und interaktive Medienöffentlichkeiten gebildet, die zur Entstehung einer breiten Autodidaktisierung der digitalen Bildkultur geführt haben (vgl. Hjorth 2007, S. 227–238; Hjorth et al. 2012). Vor diesem Hintergrund kann davon ausgegangen werden, dass mit der zunehmenden Verbreitung und der alltäglichen Nutzung von digitalen Kommunikationstechnologien und sozialen Medien neue Mediendispositive entstanden sind, die veränderte Praktiken des kognitiven und affektiven Selbstbezugs eröffnen.

Im Kontext der hier skizzierten Thesen distanziert sich die folgende Analyse von der Annahme einer hypostasierten Selbstbezüglichkeit, darin Medien lediglich als Werkzeuge zur Darstellung eines lebensweltlich bereits gegebenen Subjekts betrachtet werden. In Anlehnung an die Forschungsansätze zur autobiografischen Medialität (vgl. Dünne und Moser 2008) kann dem Medium eine konstituierende Bedeutung im Prozess der Subjektkonstitution zugestanden werden und die Frage nach einem sich medial im Aufnehmen, Speichern und Verbreiten konstituierenden Selbstbezugs aufgeworfen werden. Eine Identitäts- und Subjektforschung, die den Einfluss des Mediums auf den Vorgang der Subjektivierung als eigenständige Forschungsfrage und als wissenschaftliches Arbeitsfeld ansieht, lenkt den Blick auf das, was in den medialen Analysen der Subjektivität mit den Analysenbegriffen „Dispositiv", „mediale Reflexivität" (Mersch 2002, S. 133) oder „Mediatisierung" (Hepp 2013, S. 184) beschrieben wird. Sie lenkt den Blick auf die Medialität des Mediums und untersucht die Ermöglichung von historischen Erinnerungsorten und sozialen Bildkulturen mittels medialer Anordnungen, Verfahren und Formate (vgl. Nora 2005; Galloway 2004). In Anknüpfung von Andreas Hepps Definition der Mediatisierung als Konzept, „um die Wechselbeziehung zwischen medienkommunikativem und soziokulturellem Wandel kritisch zu analysieren" (Hepp 2013, S. 184) untersuche ich am Beispiel der visuellen Selbstthematisierung auf Online-Plattformen die Relevanz von medienvermittelter Kommunikation für den soziokulturellen Wandel.

Die Praktiken der Identitätskonstruktion in Online-Medien (vgl. Vitak 2012) mediatisieren nicht nur individuelle Subjektentwürfe, sondern resemantisieren auch ästhetische Gegenentwürfe. In diesem Sinne firmiert das *mediatisierte* Gesicht als ein *gemeinsamer* Schauplatz von Strategien der Subjektivierung und der De-Subjektivierung. Folgt man dieser Sichtweise, dann brechen die Praktiken des Defacement möglicherweise nicht immer entschieden mit dem facialen Regime der Registrierung und Identifizierung des Individuums, sondern können das Gesicht als Medium der Ausverhandlung von Subjektivität zusätzlich stabilisieren. Ausgehend von dieser Problemstellung soll hier weder mit dem Begriff *Defacement* noch mit dem erweiterten Begriff der *De-Mediatisierung* eine dichotome Gegenüberstellung zwischen dem Gesicht und seiner Auflösung behauptet werden, sondern vielmehr nach den Ambivalenzen und gemeinsamen Bezügen von Facialisierung und De-Facialisierung gefragt werden.

1   „Selfies" und faciales Regime

Unter dem weitverbreiteten Schlagwort „Selfies" können wir Formen der visuellen Selbstthematisierung verstehen, mit der sich eine Person oder auch mehrere Personen („Gruppenselfie") explizit zum Thema der Aufnahme machen. „Selfies" werden üblicherweise mit einer Digitalkamera oder einem Smartphone von der eigenen Hand aufgenommen und in den Teilöffentlichkeiten von Online-Netzwerken des Internets verbreitet. In dieser Engführung können die digitalen Netzwerke immer auch als mediale Anordnungen verstanden werden, die auf die beteiligten Akteure institutionellen und normativen Druck ausüben, sich am Prozess der Selbstthematisierung zu beteiligen.

Mediatisierte Kommunikation, so Turkle (1995; 2012), fordert Individuen zur Selbstthematisierung auf, wobei sie die Herstellung von sozial akzeptierten Selbstbildern in die Spielräume der medialen Infrastrukturen einpassen müssen. Individuen modellieren sich mit diesen partizipativ-vermarktlichten Kulturtechniken als Subjekte und müssen sich mit ihrem veröffentlichten Bild in den Arenen des Social Net bewähren (vgl. Leistert und Röhle 2011, S. 13). Diese These wird auch von Birgit Richard (2008) gestützt, die sich mit der visuellen Selbstdarstellung insbesondere in Jugendkulturen befasst hat. Mit ihren „Selfies" rücken sich zwar die Einzelnen ins Bildzentrum, aber als sozial geteilte Bilder müssen sie sich auch bestimmten Rollenerwartungen, Körpernormen und Schönheitsidealen unterordnen. In dieser Hinsicht gehören „Selfies" zu den kollektiv geteilten Leitbildern der Gegenwartsgesellschaft und können im Bezugsrahmen einer historisch langfristigen Etablierung kommunikativer Institutionen und Normen der Selbstthematisierung verortet werden. Folglich sind es nicht nur die Einzelnen, die sich selbst zum Thema von Kommunikation und damit zum Gegenstand des Wissens machen, sondern sozial habitualisierte Formen der Kommunikation, die das Individuum in ein bestimmtes Verhältnis zu anderen und dadurch zu sich selbst setzen. Dementsprechend fungieren „Selfies" als gesellschaftlicher Mechanismus zur Normalisierung und Integration von sozialer Kontrolle. Sie verkörpern ein sozial habitualisiertes Verhalten und kulturelle Codes, mit welchen handelnde Subjekte versuchen, Anerkennung und Gruppenzugehörigkeit zu lukrieren. Folgt man dieser Denkfigur, kann man Realbild und Klarname, die beide auf den ‚sozialen Netzwerkseiten' weit verbreitet sind, als Remediatisierung von Identitätsnachweisen ansehen.

Wenn man das Gesicht als historisches Aufzeichnungs-, Speicher- und Verbreitungsmedium von Erkennungsmerkmalen, Identifizierungsprozeduren und Vermessungstechniken ansieht, dann kann es folgerichtig nicht mehr als unvermittelter Ausdruck von persönlicher Einzigartigkeit und individueller Nähe angesehen werden: „War für die Anthropologie seit Kant das Gesicht zentrales Erkennungs- und Identifizierungsmerkmal der Welt- und Menschenkenntnis bis hin zu rassistischen und kriminalanthropologischen Aus- und Eingrenzungen, so legitimierten sich diese fotografischen Geometrisierungen, Vermessungen und Normalisierungen des Gesichts trotz der Maskierung durch Natur" (Käuser 2013, S. 31). Wenn das Gesicht folglich als eine historisch produzierte und sozial konstruierte Kommunikationskultur geltend gemacht wird, dann kann es nicht mehr ‚unschuldig' für eine ahistorische und anthropologisch gültige Konstante einer *Face-to-Face*-Interaktion einstehen.

Die Kulturtheoretiker Ulrich Raulff (1984) und Thomas Macho (1996) haben demgegenüber eingewandt, dass für diese Annahme sowohl historische als auch ethnologische Beweise fehlen, um eine anthropologische Konstante überzeugend in Aussicht stellen zu können. In Anlehnung an die hier zitierten Theorien zur ‚facialen' Gesellschaft vermag die Präsenz von Gesichtsbildern in der digitalen Gegenwartsgesellschaft auf spezifische Medientechniken zurückgeführt werden, die eine konjunkturelle Entwicklung des Porträts überhaupt erst ermöglicht haben. So kann die Entstehung der facialen Gesellschaft auf die Verbreitung der Massenmedien zurückgeführt werden – von der Rotationspresse des 19. Jahrhunderts bis zu den „Retweet"-Ketten als Verbreitungsmechanismus für Selbstbilder. Vor diesem Hintergrund erweist sich die Geschichte des Gesichts als eine Geschichte seiner medialen Ermöglichung und gesellschaftlichen Codierung, die sich in den unterschiedlichen Darstellungen des Gesichts widerspiegeln.

In diesem Kontext kann die Frage aufgeworfen werden, ob und inwiefern die sogenannten „Anti-Selfies" die Visibilität des Selbst implizit oder explizit als Schauplatz sozialer Normalisierung oder kultureller Homogenisierung thematisieren. In dieser Perspektivierung würden die „Anti-Selfies" auf sozial habitualisierte Formen der Kommunikation, die das Individuum in ein bestimmtes Verhältnis zu anderen und dadurch zu sich selbst setzen, Bezug nehmen. Die letztlich hier anschließende Frage ist auch, ob und inwiefern den „Anti-Selfies" eine bildkritische oder repräsentationspolitische Dimension inhäriert ist, in welchem Bezug sie zu den institutionellen Rahmenbedingungen des reflexiven Selbst stehen und wie sie mit den technisch-medialen Infrastrukturen der Selbstthematisierung umgehen.

2 Defacement als Medienkritik?

Das Gesicht als privilegierter Ort von Signifizierungen und Interpretationen hat freilich nicht erst im „Selfie"-Zeitalter eine Vielzahl von Praktiken der De-Mediatisierung herausgefordert. So hat der Gesichtskult immer auch Figuren der Auflösung des Gesichts herausgefordert, die oft als Negation des Gegenständlichen, des Persönlichen und des Individuellen gesehen wurden. Insbesondere im 20. Jahrhundert haben Bildende Kunst, Fotografie und Film die ästhetische Dekonstruktion der Selbstinszenierung als Kritik am Gesicht als soziale Einschreibe- und Projektionsfläche forciert: „Zwar lässt sich der Begriff der Auflösung, wenn man ihn eindeutig auf sein Vermögen zur Abschaffung, zur Endigung, zur Aufhebung des facialen Schemas liest, als eine Kritik des Gesichts und seiner Bedeutungsgenerierung verstehen, im Zuge dessen es zum Ausweis des Humanen, in der Affektlehre und Anthropologie zur Bühne der Emotionen, in der Kriminalbiologie des 19. Jahrhunderts gar zum Tatort und in der Forensik zum Beweismittel wurde" (Körte und Weiss 2013, S. 6). Die zahlreichen Versuche, das Gesicht aufzulösen und zum Verschwinden zu bringen, haben aber immer auch akzeptiert, dass dem Gesicht die Schlüsselrolle zukommt, um das Individuelle, das Persönliche und das Charakteristische zu verhandeln.

Auch die unterschiedlichen Positionen des Anti-Porträts haben dem Gesicht die Rolle als privilegierter Bedeutungsträger für die ästhetischen Formen der Selbstinszenierung *(self-staging)* zugestanden:

> Als Metonymie des Menschen gilt das Gesicht in der Regel als ein natürlicher Ausdruck der Persönlichkeit und als Schlüssel zu seiner Person. In seiner bezeugenden Funktion garantiert es Identität und Unverwechselbarkeit, ist ein Kommunikationsträger, Aufmerksamkeitslenker, eine Art Übersetzer an der Schnittstelle zwischen Innen und Außen, ein Interpret und Erzähler, kurz: das Gesicht ist das Konkreteste und Individuellste, das selbst in der größten Abstraktion und Reduktion auf sein Allgemeinstes als solches erkennbar bleibt (ebd., S. 5).

Vor diesem Hintergrund möchte ich die Frage aufwerfen, ob und inwiefern bestimmte Gegenbilder zur „Selfie"-Kultur dem genrespezifischen Porträtbild und der traditionellen Repräsentationskultur der menschlichen Darstellung verbunden sind. Die Problematisierung der facialen Selbstthematisierung möchte ich exemplarisch entlang der sogenannten „Sellotape-Selfies" verhandeln. Mit dem viel beachteten Genre der „Sellotape-Selfies" hat sich eine gegenkulturelle Bildpraxis des Overacting im Feld der digitalen Selbstdarstellung herausgebildet. Die ästhetischen Materialgrundlagen der „Sellotape-Selfies" bestehen aus einem Klebeband und einem bereitwilligen Subjekt, das sich ein Klebeband um das Gesicht binden lässt. In ihrer Verbreitung als Internet-Meme (z. B. mittels Nominierungen auf Facebook) wird ihnen eine bildkulturell wirksame Reflexion der facialen Gesellschaft zugeschrieben. Mediale Gesichter sind weder neutral noch unschuldig, denn mit ihnen kann Macht stabilisiert und legitimiert werden – von der facialen Inszenierung personaler Herrschaft bis zur Authentifizierung bestimmter Produkte in der Maxime der Werbeästhetik.

Die „Sellotape-Selfies" verweisen auf das historische Unbehagen der Kunst, im Porträt ‚Wahrheit' und ‚Einzigartigkeit' abzubilden. 1948 malte Francis Bacon sein erstes, monströs anmutendes Anti-Porträt seiner „Heads"-Serie, um mithilfe der Verwischung von Kopf und Gesicht und Kopf und Umraum identifizierbare Fixpunkte aufzulösen, um „eine Dekonstruktion des Gesichts als Fläche des Subjekts" (Foellmer 2015, S. 330) herbeizuführen. Und im Jahr 1966 verstümmelte sich Gerhard Richter mit Klebeband im Gesicht und nahm alle weiteren Sellotape-Interventionen vorweg. In dem 2012 in der Zeitschrift Monopol erschienenen Essay „Geklebte Miene" nimmt Alexander Kluge auf diese Praxis der künstlerischen Selbstverstümmelung Bezug und schreibt: „Wenn einer mit Tesaband diese Bewegung [der Mimik der Gesichtsmuskeln] fixiert, zeigt sich, dass wir auf der Frontseite unseres Kopfes, unterhalb der Stirn, ein Kaleidoskop mit uns tragen und kein ‚Gesicht'. […] Das Tesaband ist keine Bekleidung, sondern eine

Entkleidung" (Kluge, zit. n. Schmidt 2013, S. 101). Die Figur der Entkleidung vermag in diesem Zusammenhang zu bedeuten, dass das Tesaband weniger als eine zusätzliche Maskierung zu verstehen ist, sondern als ein Verfahren der Demaskierung, die dazu dient, das natürliche Gesicht nicht als eine ursprüngliche Nacktheit, sondern selbst als eine Maske zu deuten. In diesem Sinne firmiert das Gesicht immer schon als eine „Ikone eines signifikanten Zeichenregimes" (Deleuze und Guattari 1997, S. 234), das vom Künstler entstellt und ins Monströse übersetzt werden muss, um auf das Gemachte des scheinbar ‚natürlichen' Gesichtsausdrucks hinzuweisen. Deleuze und Guattari begreifen das Gesicht nicht als Ausdruck von Natürlichkeit, Individualität und Persönlichkeit, sondern als etwas Konstruiertes, Hergestelltes, Künstliches. Das Gesicht ist für sie ein Medium, mit dem Macht ausgeübt werden kann (vgl. ebd., S. 241).

Mit dem Tesaband kann das Gesicht als Medium, als Ermöglichung des Selbstausdrucks ‚entkleidet' werden, um damit eine De-Mediatisierung des Gesichts als konventionellen Zeichenträger anzuzeigen. Eine so verstandene Praxis der De-Mediatisierung möchte den unreflektierten Gebrauch des Mediums Gesicht als soziale Plastik problematisieren. Zentrales Momentum dieser künstlerischen Praxis ist weniger die moralische Empörung über die Hässlichkeit des Dargestellten. „Sellotape-Selfies" experimentieren mit Mangelfiguren von Selbstvergewisserung, Identifizierung und Narzissmus: „A monster is a species for which we do not have a name. [However], as soon as one perceives a monster in a monster, one begins to domesticate it" (Derrida 1995, S. 386). Al Hansen (1970) und Douglas Gordon (1996) sind weitere Künstler, die in der Folgezeit versuchen, mit Klebeband ihr Gesicht zu entstellen, um mit ihren künstlerischen Porträt-Interventionen gegen die Schönheitsnormen, erkennungsdienstlichen Logiken und politischen Instrumentalisierungen des Gesichts zu protestieren. Auch wenn die „Sellotape-Selfies" mittlerweile von TV-Shows zu einem Trending Topic stilisiert wurden (vgl. den „Sellotape-Selfie"-Versuch bei Stefan Raab, https://www.youtube.com/watch?v=rgXLwdVHK9E), können sie als ein ästhetisches Spiel mit dem Kontrollverlust gesichtlicher Mimik angesehen werden.

Vor diesem Hintergrund erscheint mir das kritische Potenzial, das sich im Begriff Auflösung an krisenhafter Semantik des Gesichts verbirgt, ebenso relevant wie die Mehrdeutigkeiten von Auflösung in einem anwendungsbezogenen Sinne. Daher stehen in diesem Zusammenhang die Prozesse und Erscheinungsweisen im Vordergrund, an denen sich wahrnehmungsästhetische und mediendispositive Dimensionen von ‚Gesichtern in Auflösung' ausdifferenzieren lassen. Hierbei impliziert ‚Auflösung' als ein die Ästhetik, Aisthesis und Medialität gleichermaßen betreffendes Moment ein ganzes Bündel an Techniken und berührt als ein relationaler Begriff mediale *boundary objects* wie die Inszenierung von Schärfe und Unschärfe, Nähe und Tiefe, Sichtbarkeit und Unsichtbarkeit. Auflösung hat demnach nicht nur mit dem Verschwinden des Gesichts zu tun, sondern auch mit alternativen Techniken seiner Sichtbarmachung. Die De-Mediatisierung des Gesichts besitzt zahlreiche Abstufungen und kann keinesfalls pauschal mit der Verweigerung, Auslöschung und Aufhebung des Gesichts gleichgesetzt werden. Vielmehr operieren die Strategien des Defacements mit einer Vielzahl von Verschiebungen und Überlagerungen, die einen anderen Blick auf das Gemachte des Gesichts ermöglichen. In dieser Hinsicht verweist die Auflösung auf bestimmte Techniken, ein Bild herzustellen, oder ein Bild auf eine andere Art und Weise zu gestalten, um den alternativen Gestaltungs- und Wahrnehmungsweisen von Subjektivität Ausdruck zu verleihen. In diesem Zusammenhang kreisen die „Sellotape-Selfies" immer noch um die ikonische Grundierung des klassischen Porträts und basieren – trotz der Selbstinszenierungen entstellter Monströsität – auf einer visuellen Ähnlichkeit zwischen dem Dargestellten und dem Bild. Demgegenüber können Praktiken der De-Mediatisierung in Betracht gezogen werden, die weniger die Kernbestände des Subjekts verlagern, sondern versuchen, das Subjekt von seiner Peripherie zu begreifen. So können etwa auf der Online-Plattform *Pinterest* die NutzerInnen Bilderkollektionen mit Beschreibungen an virtuelle Pinnwände heften und Bilder-Folgen verbreiten, die das Subjekt auf endlose Attribuierungen aufgliedern, ohne dabei ein Sinnzentrum herzustellen. Oft bestehen die ausgebreiteten Bilder aus totalisierenden Angaben, alle Kleider, alle Schuhe, die aber von der Anonymität ihrer Träger konterkariert werden und einen paradoxen Raum erzeugen, in dem die Selbstbespiegelung des Subjekts im Bild verunmöglicht, oder zumindest irritiert wird und etwas erzeugt, das sich nicht verbildlichen lässt.

3   Medienpraktiken der Anonymisierung

Praktiken der Anonymisierung sind auf Online-Plattformen weitverbreitet und konfrontieren den physiognomischen Code mit seinem Entzug, seiner Absenz oder seinem Verschwinden. Der Übergang vom Gesicht zu seiner möglichen Verflüchtigung und Bildlosigkeit lässt sich an zahlreichen Praktiken der visuellen Anonymisierung explizieren. Ich möchte am folgenden Beispiel aufzeigen, dass sich die visuellen Strategien zur Auflösung von Selbstdarstellung immer auch in einem Spannungsfeld zwischen Entziehung und Beziehung, zwischen Re-Anonymisierung und De-Anonymisierung oszillieren.

Mit dem Verweis auf die Model-Castingshow „Germanys Next Top Model" verweist der visuelle Platzhalter „Ich habe heute leider kein Foto für dich" auf die Selektionsmechanismen visueller Selbstdarstellungen. Relevant erscheint mir in diesem Zusammenhang, dass die Bildlosigkeit im ‚Social Web', die versucht, dem Nutzer wenigstens indirekt ein Minimum an Substanz, Privatheit und Intransparenz zu verschaffen, nicht mit einer radikalen Entpersönlichung gleichgesetzt werden kann, insofern anonymisierende Praktiken immer auch kommunikative Adressierungen enthalten, die sich unter anderem auch den Bildern selbst inhärieren. Auch anonymisierende Bilder, die das Gesicht als Handlungsformation von Identifizierung, Beurteilung und Bewertung thematisieren, partizipieren an einem kollektiven Bildervorrat und beziehen sich auf gemeinsam geteilte Aushandlungsprozesse, Kontroversen und Grenzziehungen. In diesem Sinne können sie als ‚Grenzobjekte' oder als ‚Schwellenobjekte', als „boundary objects" im Sinne von Susan L. Star und James R. Griesemer (1989) verstanden werden. Der Begriff „boundary object" bezeichnet die Modalität, wie ein Handlungsbezug zwischen heterogenen technischen und sozialen Praktiken, Gruppen und Interessen möglich wird: „Boundary objects are one way that the tension between divergent viewpoints may be managed. […] The tension is itself collective, historical, and partially institutionalized" (Bowker und Star 1999, S. 292). Bei Grenzobjekten handelt es sich um Objekte, die in lokalen Anwendungen konkret und zweckgerichtet verwendet werden, aber zugleich in einer umfassenderen Zirkulation zur Verfügung stehen, ohne dabei ihre Identität zu verlieren. Die auf Online-Plattformen verbreiteten Bildformen der subjektiven Auflösung und Anonymisierung erweisen sich insofern erstens als „boundary objects", als sie von Akteuren ausgehandelt werden; und sie erweisen sich zweitens als Medien, weil sie selbst wieder als fundierende Bedingung für Vernetzungen und Kooperationen wirksam werden, insofern ihre fortwährende Stabilisierung gelingt.

Der Begriff „boundary object" bezeichnet die Modalität, wie ein Handlungsbezug zwischen heterogenen technischen und sozialen Praktiken, Gruppen und Interessen möglich wird. Grenzobjekte sind solche Objekte, die in einer lokalen Anwendung präzisiert und zweckgerichtet verwendet werden, aber zugleich in einer umfassenderen Zirkulation zur Verfügung stehen, ohne ihre Identität dabei zu verlieren. In diesem Sinne kann etwa gefragt werden, inwiefern Praktiken der De-Mediatisierung Grenzobjekte hervorbringen, die von unterschiedlichen sozialen Gruppen als ‚Bruch', oder als ‚Wahlmöglichkeit' akzeptiert werden können. „Ich habe heute leider kein Foto für dich" kann als ein bereits ausverhandelter Durchgangspunkt beschrieben werden, den unterschiedliche soziale Gruppierungen als einen gemeinsam geteilten Gedächtnisraum teilen. Damit verleiht die schriftliche Inskription „Ich habe heute leider kein Foto für dich" dem visuellen Selbstentzug eine stabilisierende Funktion, die sozial geteilt und kommuniziert werden kann, weil sie anschlussfähig an einen symbolischen Vorrat ist, der letztlich auf die Popularisierung eines bestimmten Fernsehformates verweist und kollektiv als Ironiesignal dechiffriert werden kann. Dieses Beispiel verdeutlicht, dass De-Mediatisierungen nicht zwangsläufig den Oppositionen von Online/ Offline oder Virtualität/Realität folgen, sondern unterschiedliche „trading zones" (Galison 2004, S. 42) durchlaufen, in denen sich unterschiedliche Medien überlagern und cross- und transmediale Netzwerke knüpfen. In diesem Zusammenhang können wir uns von der Annahme einer hypostasierten Selbstbezüglichkeit distanzieren, die Medien lediglich als Werkzeuge zur Darstellung eines lebensweltlich bereits gegebenen Subjekts betrachtet.

Eine andere Spielart der anonymisierenden De-Mediatisierung versucht die mediale Genese der Subjektwerdung, d. h. das Subjekt der Zirkulation und den Ort der Subjektwerdung zu reflektieren. Es handelt sich hier mit Michel Serres (1982, S. 146 ff.), um ein Quasi-Objekt das ein Subjekt in dem Moment markiert, in dem dieses etwas tut und mit ihm, dem Quasi-Objekt, beschäftigt ist, nicht das Subjekt weist in dieser Beziehung dem Quasi-Objekt eine bestimmte Rolle zu, sondern umgekehrt, das Quasi-Objekt setzt das Subjekt in Bezug auf eine bestimmte Rolle und fordert von ihm einen bestimmten Handlungsvollzug; man könnte es auch Formautorität nennen oder eine Art Autorität, die in das Technische, in den technischen Vollzug verlagert ist. Sich-Widersetzen kann in diesem Sinne auch heißen, sich der Aufforderung, sich selbst zu thematisieren, zu entschlagen und die Aushandlungszone weder mit Grenzobjekten zu besetzen, auf die sich soziale Gruppen geeinigt haben, um Fragen der Identität und des Selbst zu verhandeln, noch die Aushandlungszone mit Formen der visuellen Selbstthematisierung zu füllen. Diese Form der radikalen De-Mediatisierung schließt die Kritik am Repräsentationalismus mit ein und verweigert sich der Wiederbelebung von Präsenzerfahrungen.

Aber auch dieses Symbolbild ist weder neutral noch unverbindlich, denn es vermittelt ‚Gleichheit' als ‚anonymes' Formalprinzip der demokratischer Offenheit und Mitbestimmung. In Claude Leforts und Marcel Gauchets Demokratietheorie wird dieser „Ort", der die Spaltung von „Macht" und „Zivilgesellschaft" strukturiert, als „leere Stelle" ausgewiesen, an dem es konstitutiv unmöglich sein soll, sich als absoluter Beobachter über das Gemeinwesen einzurichten: „Dieser Ort gehört nicht zu unserem Handlungsfeld, doch gerade aufgrund dieser Abwesenheit zählt er in diesem Feld und organisiert es zugleich. Und gerade weil dieser Ort abwesend ist, umschreibt sich der gesellschaftliche Raum von ihm aus. Die den Menschen gegebene symbolische Versicherung, sich auf *ein und demselben* Felde zu begegnen, verleiht ihren Handlungen eine gewisse Wirksamkeit, ohne dass die Ebene, auf der sich ihre gemeinsame Zugehörigkeit bewahrheitet, jemals Gestalt annehmen müsste" (Lefort und Gauchet 1990, S. 101). Lefort und Gauchet postulieren eine „*leere* Stelle" der Vergesellschaftung und weisen diese als „abwesenden Ort" aus, der nicht zum „gesellschaftlichen Handlungsfeld" gehört, dieses aber insgesamt strukturiert. Die Bestimmung der ‚Gleichheit' irgendwelcher Elemente impliziert jedoch bereits eine bestimmte *Hinsicht,* in welcher die Elemente als gleich oder ungleich bezeichnet sein sollen. Die Feststellung einer grundsätzlichen ‚Gleichheit' allein genügt nicht für die Argumentation einer politischen Theorie der Demokratie, weil sie, wie Ernst Cassirer in seiner Theorie der Begriffsbildung in „Substanzbegriff und Funktionsbegriff" herausarbeitet, der „*Identität* (H. v. A.) der Hinsicht, des Gesichtspunkts, unter welchen die Vergleichung stattfindet" (Cassirer 1994, S. 33) verhaftet bleibt.

Der von Lefort und Gauchet entwickelte Begriff der „leeren Stelle" (nicht „Leerstelle"), der von zahlreichen Autoren als geeignetes Analyseinstrument für die Demokratietheorie übernommen wurde, ist mit dem, der Kategorie adiectum zugehörigen, Attribut „leer" verknüpft, das „die" charakteristische Eigenschaft der „Stelle" bezeichnet, nämlich die, „leer" zu sein.

Wird die „leere Stelle" als für jeden erreichbar und besetzbar ausgewiesen, dann figuriert die Stelle nicht als uneinholbare, unbesetzbare Differenz der durchgängigen Schematisierung des Raums, sondern ist in einer als ‚durchlässig' normierten Räumlichkeit, welche bereits vollkommen orientiert und erschlossen sein soll, fixiert. Diese Imagination einer vollkommenen Erschließbarkeit des ‚sozialen Raums' ist in das territorialisierte Problem der Techniken der ‚Besetzung' verwickelt. Entscheidend ist, dass mit der stets möglichen Usurpation der „leeren Stelle" nur noch kriegslogistische Fragen der rechtzeitigen Erschließung und Grenzziehung oder marktlogische Fragen des *agenda setting* verhandelt werden können.

4   Fazit

Die hier untersuchten Strategien der Gesichtsauflösung können als ein „Sich-Widersetzen" gegen die Verfahren der persönlichen Registrierung und Identifizierung auf Online-Plattformen und sozialen Netzwerkseiten verstanden werden. Fraglich ist aber in diesem Zusammenhang, ob mit den Praktiken der Gesichtsauflösung kulturelle Handlungsprogramme und mediale Settings wiedereingeführt werden, mit denen visuelle Repertoires letztlich doch wieder stabilisiert werden können. Zunächst kann die homogenisierende Dichotomie von ‚alt' und ‚neu' betrachtet werden und danach gefragt werden, inwiefern Gesichtsauflösungen Tendenzen der De-Mediatisierung entsprechen, die auf ein ‚altes', ‚überkommenes' oder ‚defensives' Handeln rekurrieren. Im Falle des Defacements von persönlichen Profilbildern, die mit dem Entzug, der Fragilität und Widersprüchlichkeit des digitalen Antlitzes operieren, kann ein reiner Gegensatz zwischen neuem und altem Bildhandeln der beteiligten Akteure aus folgenden Gründen nicht konstatiert werden:

1. Die in meiner Untersuchung exemplarisch thematisierten Dekonstruktionen des facialen Erscheinungsbildes der Profilfotos zielen auf die Repräsentation innerhalb der formalen Vorgaben digitaler Handlungsprogramme. In diesem Sinne blenden Praktiken der Überwachten, die ausschließlich ihre Intersubjektivität mittels Bildmedien verhandeln den Computer als Rechenmedium aus. Die von mir thematisierten Beispiele der visuellen De-Mediatisierung sind folglich in erster Linie als sozial vermittelte Formen bildkritischer Selbstthematisierung zu verstehen. Mit dem von Nick Monfort (2004) und Matthew Kirschenbaum (2008) geprägten Begriff „Screen Essentialism" könnten sie auch als Figuren der De-Materialisierung angesehen werden, indem mit ihnen die technisch-mediale Infrastruktur der Datenverarbeitung *nicht* thematisiert wird. Ästhetisierende Praktiken der Gesichtsauflösung reflektieren zwar den Ort der gesichtlichen Repräsentation als Schauplatz von Erkennungs- und Identifizierungsprozeduren, können aber das mediale Dispositiv zur Herstellung von biometrischen Merkmalen und facialer Semantisierung nicht grundlegend verändern.

2. Die hier thematisierten Praktiken der De-Mediatisierung können als Distinktionsgewinn veranschlagt werden, wenn die Überwachten ihre Anonymisierungsstrategien zum Imageaufbau nutzen. In diesem Sinne bilden De-Mediatisierungen des Subjekts die Voraussetzung für reflexive Re-Mediatisierungen, mit denen Nutzer ihre Kritik an der eigenen Verdatung kommunizieren. Die von mir untersuchten Beispiele der Auflösung visueller Kulturmustern von Selbstthematisierungen oszillieren zwischen De- und Remediatisierungen. Sie sind darauf angelegt, einerseits mit bestimmten Konventionen und Konstellationen der Selbstdarstellung zu brechen, um andererseits anschlussfähige „boundary objects" aufzubauen. Diese „boundary objects" der De-Mediatisierung können für heterogene Interessensgruppen anschlussfähig sein und eine niedrige Eintrittsschwelle für unterschiedliche Kommunikations- und Handlungszusammenhänge bilden.

Literatur

Bowker, Geoffrey C. und Susan Leigh Star. (1999). *Sorting Things Out: Classification and its Consequences*. Cambridge: Cambridge University Press.

Cassirer, Ernst. (1994 [1910]). *Substanzbegriff und Funktionsbegriff. Untersuchungen über die Grundfragen der Erkenntniskritik*. Darmstadt: Wissenschaftliche Buchgemeinschaft.

Darley, Andrew. (2000). *Visual Digital Culture: Surface Play and Spectacle in New Media Genres*. London/New York: Routledge.

Deleuze, Gilles und Félix Guattari. (1997). *1000 Plateaus. Kapitalismus und Schizophrenie*. Berlin: Merve.

Derrida, Jacques. (1995). *Point..: Interviews, 1974-1994*. Stanford: Stanford University Press.

Dijck, José van. (2008). Digital photography: communication, identity, memory. *Visual Communication* 7(2): S. 57–76.

Dijck, José van. (2013). *The Culture of Connectivity: A Critical History of Social Media*. Oxford: Oxford University Press.

Doy, Gen. (2004). *Picturing the Self: Changing Views of the Subject in Visual Culture*. New York: Palgrave.

Dünne, Jörg und Christian Moser. (2008). *Automedialität. Subjektkonstitution in Schrift, Bild und neuen Medien*. München: Fink.

Foellmer, Susanne. (2015). *Am Rand der Körper: Inventuren des Unabgeschlossenen im zeitgenössischen Tanz*. Bielefeld: transcript.

Galison, Peter. (2004). Heterogene Wissenschaft: Subkulturen und Trading Zones in der modernen Physik. In Jörg Strübing, Ingo Schulz-Schaeffer, Martin Meister und Jochen Gläser (Hrsg.), *Kooperation im Niemandsland. Neue Perspektiven auf Zusammenarbeit in Wissenschaft und Technik*, (S. 27–57). Wiesbaden: Springer.

Galloway, Alexander. (2004). *Protocol. How Control Exists after Decentralization*. Cambridge: MIT Press.

Hepp, Andreas. (2013). Mediatisierung von Kultur: Mediatisierungsgeschichte und der Wandel der kommunikativen Figurationen mediatisierter Welten. In Hepp, Andreas und Andreas Lehmann-Wermser (Hrsg.), *Transformationen des Kulturellen. Prozesse des gegenwärtigen Kulturwandels*, (S. 179–199). Wiesbaden: Springer.

Hjorth, Larissa. (2007). Snapshots of Almost Contact: the Rise of Camera Phone Practices and a Case Study in Seoul, Korea. *Continuum* 21(2), S. 227–238.

Hjorth, Larissa, Jean Burgess und Ingrid Richardson (Hrsg.) (2012). *Studying mobile media: Cultural technologies, mobile communication, and the iPhone*. New York: Routledge.

Käuser, Andreas. (2013). Maskierung – Über die Auflösung des Gesichts in Texten und Medien. In Mona Körte und Judith Elisabeth Weiss (Hrsg.), *Gesichtsauflösungen*, Reihe ZfL-Interjekte, (S. 30–37). Berlin: Zentrum für Literaturwissenschaft.

Kirschenbaum, Matthew G. (2008). *Mechanisms: New Media and the Forensic Imagination*. Cambridge/Mass: MIT Press.

Kluge, Alexander. (2012). Geklebte Miene. *Monopol*, 2/2012, S. 28–32.

Körte, Mona und Judith Elisabeth Weiss. (2013). Einleitung. In Mona Körte und Judith Elisabeth Weiss (Hrsg.), *Gesichtsauflösungen*, Reihe ZfL-Interjekte, (S. 4–12). Berlin: Zentrum für Literaturwissenschaft.

Lefort, Claude und Marcel Gauchet. (1990). Über die Demokratie. Das Politische und die Instituierung des Gesellschaftlichen. In Ulrich Rödel (Hrsg.), *Autonome Gesellschaft und libertäre Demokratie*, (S. 89–122). Frankfurt a. M.: Suhrkamp.

Leistert, Oliver und Theo Röhle (Hrsg.) (2011). *Generation Facebook: Über das Leben im Social Net*. Bielefeld: transcript.

Lyotard, Jean Francois. (1982). *Essays zu einer affirmativen* Ästhetik. Berlin: Merve.

Macho, Thomas. (1996). Vision und Visage. Überlegungen zu einer Faszinationsgeschichte der Medien. In Wolfgang Müller-Funk und Hans-Ulrich Reck (Hrsg.), *Inszenierte Imagination. Beiträge zu einer historischen Anthropologie der Medien*, (S. 87–108). Wien/New York: Springer.

Man, Paul de. (1984). *The Rhetoric of* Romanticism. New York: Columbia University Press.

Mersch, Dieter. (2002). *Was sich zeigt. Materialität, Präsenz, Ereignis*. München: Fink.

Mitchell, William J.T. (2002). Showing Seeing: A Critique of Visual Culture". In Michael Ann Holly und Keith Moxey (Hrsg.), *Art History, Aesthetics, Visual Studies*, (S. 231–250). Clark Art Institute and Yale University Press.

Montfort, Nick. (2004). *The Early Materiality and Workings of Electronic Literature*. MLA Convention in Philadelphia. http://nickm.com/writing/essays/continuous_paper_mla. html. Zugegriffen: 15. November 2015.

Nancy, Jean Luc. (2015). *Das andere Porträt*. Berlin: diaphanes.

Nora, Pierre. (2005). *Erinnerungsorte Frankreichs*. München: C.H. Beck.

Raulff, Ulrich. (1984). Image oder Das öffentliche Gesicht. In Dietmar Kamper und Christoph Wulf (Hrsg.), *Das Schwinden der Sinne*, (S. 46–58). Frankfurt/Main: Suhrkamp.

Richard, Birgit. (2008). Art 2.0: Kunst aus der YouTube! Bildguerilla und Medienmeister. In Birgit Richard und Alexander Ruhl (Hrsg.), *Konsumguerilla. Widerstand gegen Massenkultur?*, (S. 225–246). Frankfurt a.M./New York: Campus.

Riffaterre, Michael. (1985). Prosopopeia. In *Yale French Studies* 69, (S. 107–123).

Sachs-Hombach, Klaus. (2003). *Bildhandeln. Interdisziplinäre Forschungen zur Semantik bildhafter Darstellungsformen*. Köln: Herbert von Halem Verlag.

Schmidt, Gunnar. (2013). „Das bin ich nicht." Gesichtsexperimente in der Medienkunst. In Mona Körte und Judith Elisabeth Weiss (Hrsg.), *Gesichtsauflösungen*, Reihe ZfL-Interjekte, (S. 97–107). Berlin: Zentrum für Literaturwissenschaft.

Serres, Michel. (1982). *Genèse*. Paris: Grasset et Fasquelle.

Snickars, Pelle und Patrick Vonderau (Hrsg.) (2012). *Moving Data: The iPhone and the Future of Media*. New York: Columbia University Press.

Star, Susan Leigh und James R. Griesemer. (1989). ‚Translations' and Boundary Objects: Amateurs and Professionals in Berkeley's Museum of Vertebrate Zoology, 1907-39. *Social Studies of Science* 19(3), S. 387–420.

Turkle, Sherry. (1995). *Life on the Screen: Identity in the Age of the Internet*. New York: Simon and Schuster.

Turkle, Sherry. (2012). *Alone Together*. New York: Basic Books.

Vitak, Jessica. (2012). The impact of context collapse and privacy on social network site disclosures. *Journal of Broadcasting and Electronic Media* 56(4), S. 451–470.

Neue Trends im Strukturwandel der Privatheit

Martin Stempfhuber

In ihren *Tausend Plateaus* (1992, S. 396 ff.) haben Gilles Deleuze und Felix Guattari vorgeschlagen, dass es zwei grundsätzliche Arten des Fragens gibt, die jeweils ihre eigenen, eigentümlichen Darstellungsmodi und Erzählkonventionen hervorbringen. Während die eine Frageweise skeptisch in die Vergangenheit blickt und lautet: „Was ist passiert, was kann denn nur passiert sein?", tastet sich die andere gewissermaßen im *present progressive* an eine gerade auftauchende Zukunft heran: „Was wird passieren, was ist gerade dabei zu passieren?" Deleuze und Guattari haben hier zunächst nur die literaturtheoretische Unterscheidung zwischen der Novelle und der Erzählung im Blick – Darstellungsweisen, die interessanterweise ein jeweils anderes Verhältnis zum *Geheimnis* pflegen. Wirft man nur einen ersten Blick auf die sozialwissenschaftlichen Versuche, sich dem oft diagnostizierten Neuen Strukturwandel der Privatheit anzunähern, fallen auch hier interessante Diskrepanzen in den Arten und Weisen auf, wie die Frage gestellt wird. In novellistischer Manier fragt etwa die Historikerin Jill LePore (2013) danach, was denn nun den zeitgenössischen Wandel der Privatheit ausmacht, und kommt zu dem Ergebnis, dass ihr Geheimnis als eine eigentümliche Weichenstellung in der Vergangenheit auszumachen ist. Sie führt uns in ihrer Geschichte der eigentümlichen Obsessionen, gleichzeitig gesehen zu werden *und* verborgen bleiben zu wollen, bis in die Mitte des 19. Jahrhunderts zurück, und schon für diese Zeit gilt: „The only thing more cherished than privacy is publicity." Dem Soziologen Zygmunt Baumann bleibt als Erzähler demgegenüber nur das resignierte Protokoll einer sich gerade vollziehenden Entwicklung, in der

M. Stempfhuber (✉)
Universität Würzburg, Würzburg, Deutschland
E-Mail: martin.stempfhuber@uni-wuerzburg.de

© Springer Fachmedien Wiesbaden GmbH, ein Teil von Springer Nature 2019   157
M. Stempfhuber und E. Wagner (Hrsg.), *Praktiken der Überwachten*,
https://doi.org/10.1007/978-3-658-11719-1_9

der Wert der Privatheit gerade erst zu erodieren scheint: „We seem to experience no joy in having secrets" (Baumann 2012, S. 180).

Vielleicht steht hier mehr auf dem Spiel als die Unterschiede in den Erzähl-konventionen der historischen und der soziologischen Disziplin. In unserem Forschungsprojekt „Öffentlichkeit und Privatheit 2.0. Mediale Publika in Social Network Sites" waren Elke Wagner, unsere Mitarbeiter und ich auch mit dem Problem konfrontiert, welche Frageweise unserem Thema angemessen ist. Die Ausgangsfragen dieses Projekts haben sich dabei an Fragen orientiert, die sich für den (neuen?) Strukturwandel von Öffentlichkeit und Privatheit in den Vordergrund drängen. Am Beispiel der derzeit in der Nutzung zentralen Social Networking Sites (SNSs) wie Facebook und Dating-Plattformen wie Planetro-meo und Grindr haben wir untersucht, wie sich die praktische Herstellung von Öffentlichkeit und Privatheit unter veränderten medialen Bedingungen trans-formiert. Ein erster entscheidender Schritt, die Offenheit der Fragestellung zu gewährleisten, war dabei, sich von essenzialisierenden Konzepten von „Öffentlichkeit" und „Privatheit" oder grundsätzlich privater oder öffentli-cher Räume (auch: virtuellen!) zu distanzieren. Ganz wie die eingangs zitierten Beobachter LePore und Bauman ging es eher darum, sich für Veröffentlichungs-praktiken und Privatisierungspraktiken und deren Verflechtungen zu interessieren. Im Gegensatz zu diesen Autoren ging es uns aber ebenso darum, den Wandel die-ser Praktiken *unter veränderten medialen Bedingungen* zu analysieren.[1]

Letzteres ist vielleicht mittlerweile der *Common-sense*-Ausgangspunkt, der die Rede von einem Strukturwandel des Öffentlichen wie des Privaten recht-fertigen soll. Interessanterweise ist aber diese Zuspitzung auf die Effekte einer digitalen Kommunikationspraxis keineswegs ausgemacht. Bauman hat in seiner Diagnose einer *Geständnisgesellschaft* etwa schon vor dem Zeitalter der „Daten, Drohnen, Disziplin" (Bauman 2013) das nicht mehr so neue Medium des Fern-sehens im Blick, während LePore die Unterschiede in den medialen Technologien zwar anerkennt, letztlich aber für negierbar hält: „The particular technology matters little; the axiom holds" (2013).

Das Axiom, das LePore aber zu erkennen glaubt, ist eine interessante Nach-träglichkeit der Sorge um Privatheit: „As a matter of historical analysis, the relationship between secrecy and privacy can be stated in an axiom: the defense of privacy follows, and never precedes, the emergence of new technologies for

---

[1] Ausführlichere Beschreibungen dieses Forschungsprojekt, Diskussionen der methodischen Feinheiten und die Präsentation einiger zentraler Ergebnisse finden sich in diesem Band in den Beiträgen von Niklas Barth, Christian Schweyer und Elke Wagner.

the exposure of secrets. In other words, the case for privacy always comes too late." Ist die Sorge um – oder gar das Reden von – Privatheit nichts anderes als ein verspäteter Reflex auf ein bereits bereitwillig ausgeplaudertes oder unabsichtlich entdecktes Geheimnis? Für LePore gilt dies als ein Axiom, gewissermaßen als amerikanische Auflösung des von Jeff Jarvis (2010) als „German privacy paradox" identifizierten Phänomens – Internet-NutzerInnen schätzen den Schutz ihrer Privatsphäre hoch ein, handeln aber nicht dementsprechend oder haben nicht dementsprechend gehandelt. Ob die Post den versendeten Brief geöffnet hat, das Foto auf Facebook veröffentlicht ist oder Google auf private Obsessionen Zugriff gewährt worden ist, ist in dieser Erzählung nur von geringem Interesse.

Aber vielleicht ist doch etwas Spezifisches an den Veröffentlichungs- und Privatisierungspraktiken unter veränderten medialen Bedingungen, dass die Rede so vieler Kommentatoren von einem Strukturwandel der Privatheit rechtfertigt. In einem frühen Stadium unseres Forschungsprojekts sind wir auf ein (typisches) Beispiel gestoßen, dass uns zunächst rätselhaft vorkam – es ist ein Beispiel eines Facebook-Nutzers, der einen spezifischen Umgang mit einem „Geheimnis" pflegte. In einem Interview erzählt er uns, wie er mit einem Freund, mit dem er eine gemeinsame, geheime Leidenschaft für LSD-Tripps teilt, ein Foto auf seiner für seinen Freundeskreis zugänglichen Profil-Chronik geteilt hat, das seiner Auskunft nach für einige, nicht aber für alle Beobachter als Hinweis auf diese Leidenschaft erkenntlich war. Hier ist seine Antwort auf unsere Frage, warum dieser Austausch nicht unter willentlichem Ausschluss anderer Beobachter – etwa über E-Mail – stattgefunden hat:

> Im Endeffekt… also es geht da wieder um dieses… um diesen ‚inner cirlce'. Also ich weiß jetzt ein Beispiel, dass wenn Leute, die mich jetzt sehr eng kennen und die jetzt ganz genau wissen, was ich in den letzten zwei Jahren so gemacht habe, ähm, die wissen das, dass ich irgendwie ab und zu solche Sachen mache und die wissen auch, was dieses komische Bild bedeutet, mit diesen [Pause] Zum Beispiel ein anderer Freund von mir, der Peter, mit dem ich das auch manchmal mache, der weiß ganz genau, ähm: ‚Okay, da geht's um LSD' und es ist jetzt irgendwie quasi so… die beiden bestätigen sich damit, dass sie irgendwie so ein ‚secret pleasure' haben ähm… was sie aber trotzdem aus irgendwelchen Gründen rausstellen wollen, weil so ganz secret soll es irgendwie auch nicht sein. Man will sich damit ja auch so ein bisschen brüsten in der Öffentlichkeit, aber halt auch irgendwie nur so, dass es so ein mittelgroßer Kreis checken könnte und so ein ganz kleiner Kreis der wirklich weiß, was damit gemeint ist. Genau (I-N-1, Z. 314–326).

Um es gleich vorwegzunehmen: was uns anfangs rätselhaft erschien – das öffentliche Zurschaustellen von Geheimnissen – und uns in die Diskussion über das „privacy paradox" einsteigen lies (Wagner und Stempfhuber 2013), hat sich im weiteren eher als typische Schreibpraxis auf Facebook herauskristallisiert, über die NutzerInnen ein hohes Max an routinisiertem und geschicktem Umgang mit der Herstellung von Zugriffs- und Verstehensgrenzen bewiesen haben. Gerade in der nachträglichen Reflexion in den Interviews haben sich NutzerInnen immer wieder als Taktiker erwiesen, die – mit Gilles Deleuze (1993, S. 21) formuliert – ihre Kommunikationen auf Facebook nicht als „Publikmachen" oder „öffentliche[…] Schuldbekenntnisse[…]", sondern als „halb gewollte[…], halb erzwungene[…] Klandestinität, die – auch politisch – der allerjugendlichste Wunsch sein wird", interpretiert. Dabei konnten sie einerseits an klassische Formate wie die der ironischen, maskierten Rede anschließen, sich andererseits aber auch den Bedingungen der neuen medialen Landschaft anschmiegen. Insofern darf man der Novelle von LePore durchaus zustimmen: die Diskursikone der *Privatheit* tritt auch im Web 2.0 erst auf den Plan, wenn die Kommunikationspraktiken der Privatisierung nicht mehr zu funktionieren scheinen.

Im Folgenden werde ich mich aber auf eine Frageweise einlassen, die eher dem Stil und den Konventionen der Erzählung entspricht: „Was wird passieren, was ist gerade dabei zu passieren?" Wir sind im Verlauf der Datenerhebung mit Tendenzen im Umgang mit und in der Thematisierung von Privatheit konfrontiert worden, die sich derzeit nur im *present progressive* erzählen lassen. Erstens hat sich nämlich die neuere, omnipräsente Diskussion um den Vorteil, die Gefahren und die unabsehbaren Effekte von *Big Data* sowohl in den Erzählungen der NutzerInnen als auch in ihren Praktiken bemerkbar gemacht (Abschn. 2). Für ein Interesse an Schreibpraktiken in Neuen-Medien-Landschaften ist zudem eine immer stärkere *Mobilisierung* dieser Praktiken zu verzeichnen (Abschn. 3) Und schließlich ist in diesem Zusammenhang eine Thematisierung von Affekten als ständiges Hintergrundrauschen in den Debatten um die Nutzung Neuer Medien aufgetaucht, die möglicherweise die Diskussion um die Chancen und Gefahren einer Privatheit 2.0 in eine überraschende Richtung lenken könnte (Abschn. 4). Meine These wird sein, dass diese drei Tendenzen die Ringe eines Borromäischen Knoten darstellen und nur im Bezug aufeinander zu verstehen sind. Zuvor soll aber noch einmal problematisiert werden, ob und wenn ja: warum es sich weiterhin lohnt, aus soziologischer Perspektive „Privatheit" als Kategorie in Anspruch zu nehmen.

1   Das befremdliche Überleben der „Privatheit"

Im Anschluss an die einführenden Bemerkungen ließe sich zunächst fragen, warum sich eine soziologische Perspektive vordringlich für Privatheit – und sei es auch in Form von Privatisierungspraktiken – interessieren sollte oder sie sogar zum Ausgangspunkt einer Untersuchung von Kommunikations-, Interaktions- und Schreibpraktiken ansetzen sollte. Folgt man den Axiom LePores bezüglich der Nachträglichkeit der Sorge um Privatheit, ist diese ja lediglich eine verspätete Reaktion auf ein enthülltes oder offenbartes Geheimnis. Armin Nassehi geht in seinem Beitrag zu diesem Band folgerichtig noch einen Schritt weiter: nicht nur wird der Wert des Privaten (nostalgisch) neu entdeckt, wenn sich die Überwachten den fein ziselierten Techniken und Mechanismen der Überwachung bewusst werden, vielmehr entpuppt sich Privatheit selbst als ein emergentes Ergebnis dieser – historisch steigerungsfähigen – Überwachungsmöglichkeiten. Mit einem an Michel Foucault geschulten Blick kann Nassehi schon die Ordnung der Privatheit 1.0 als Surplus-Effekt von Datenerhebungs-, Datenspeicherungs- und Datenverarbeitungsstrategien entschlüsseln, deren technische Perfektionierung als Big Data und der zugehörigen Zurichtung einer Privatheit 2.0 dann freilich diskursive Phantomschmerzen erzeugen. Retrospektiv erscheint eine unversehrte Privatheit 1.0, die es nie gegeben hat, als Diskursikone und wird zur kontrafaktischen Norm, zum unhinterfragten *Wert* der Privatheit, der als gefährdeter Privatheit nur noch hinterhergetrauert werden kann. Aus einer medienhistorischen Perspektive ist dieser Hinweis kaum von der Hand zu weisen: zum Rätsel des (zeitgenössischen) *privacy paradox* gesellt sich etwa in der Rekonstruktion Tom Pettitt (2013) die Entdeckung der *Privacy Parenthesis,* die analog zum historischen Ausnahmestatus der Gutenberg-Parenthese den räumlichen und historischen Ausnahmestatus einer Konstellation betont, die Privatheit überhaupt zu einem Wert erklären kann. Die *Privacy Parenthesis* markiert lediglich „a period of dominance for the privacy-inducing mindset whose early-modern opening interrupted a period more characterized by the alternative, but which is currently in the process of re-asserting itself" (ebd.).

Diese Form der Historisierung der Öffentlichkeit/Privatheit-Unterscheidung ist unerlässlich für eine soziologische Analyse der Gegenwart, kann aber in zwei Punkten ergänzt werden. Denn erstens ist es auch AutorInnen, denen explizit „Der Wert des Privaten" (Rössler 2001) am Herzen liegt, vollkommen klar, dass sich dieser nach Jürgen Habermas (1990) nur im historischen Kontext einer spezifischen Thematisierung von Privatheit und Öffentlichkeit rekonstruieren lässt. Ramond Geuss (2002) etwa entzerrt den Bedeutungswirrwarr in der Rede von der Privatheit, indem er sie einer genealogischen Analyse unterwirft; Beate Rössler stellt die Frage nach dem Wert der Privatheit dezidiert in Abwendung von einem „quasinatürlichen Begriff des Privaten" (2001, S. 17) und liefert hilfreiche Hinweise auf die Diversität der Kontexte, in denen der Wert des Privaten thematisiert werden kann. „Geht es um Daten über eine Person, also generell darum, was andere über mich wissen, dann geht es um meine informationelle Privatheit. Geht es um meine privaten Entscheidungen und Handlungen [...], dann geht es um meine dezisionale Privatheit; und steht die Privatheit meiner Wohnung zur Debatte, dann rede ich von lokaler Privatheit" (ebd.). Wir werden auf diese Unterscheidung später noch einmal zurückgreifen können. Zweitens ist nämlich noch ein Hinweis auf die „konstitutive Nachträglichkeit" (vgl. Stäheli 1998) der Semantik angebracht. Folgt man der Argumentation Urs Stähelis, liegt dabei die Betonung auf der nachträglichen *Konstitutivität* der Semantik: sein „Modell der Nachträglichkeit dekonstruiert dagegen die Annahme, daß nachträgliche Beschreibungen stets auch zu spät sind, um systemkonstitutiv sein zu können und Differenzierungstypen mitzubestimmen." In unserem Forschungsprojekt ist uns diese konstitutive Nachträglichkeit von Beschreibungen – die etwa in Selbstauskünften in Interviews erzählt worden sind – gerade dann vor Augen geführt worden, wenn sich etwa die diskursive Rahmung von zu Routine gewordenen Praktiken – ein Beispiel wird im nächsten Kapitel der Diskurs zu *Big Data* sein – verschoben hat.

Ich habe gleich eingangs darauf hingewiesen, dass es für eine sozialwissenschaftliche Untersuchung über Veröffentlichungspraktiken und Privatisierungspraktiken im Web 2.0 hilfreich sein kann, sich zunächst einmal von essenzialistischen und essenzialisierenden Konzepten von „Privatheit" oder „Öffentlichkeit" zu verabschieden. Unsere Forschung hat also die Formen der konkreten Praktiken fokussiert, die selbst ihren öffentlichen oder privaten Charakter (und damit die Unterscheidung von öffentlich und privat) herstellen müssen, dabei eine Kontextur von öffentlichen und privaten Rahmen wie Räumen erst erzeugen und die Affordanz der medialen Plattformen, auf denen sie stattfinden, sowohl annehmen als auch kreativ wenden. Jenseits der Selbstauskünfte, die nachträglich die Problematik einer gefährdeten Privatheit thematisieren und inszenieren, schien es sich uns bei den ethnografischen Beobachtungen und Feldaufzeichnungen dabei aufzudrängen, die spezifischen Kontexturen von Privatisierungspraktiken hervorzuheben. Um noch einmal Beate Rösslers drei Dimensionen der Privatheit aufzugreifen: bezüglich der informationellen Privatheit trat der Aspekt der Kontrolle über die eigenen Daten in den Vordergrund. „It's not about privacy, it's about control!" (Müller 2004; vgl. auch Jarvis 2010; Wagner und Stempfhuber 2013) – beobachtbar sind Schreibpraktiken und Kommunikationsstrategien, die einen souveränen Umgang mit der Sichtbarkeit und Zugänglichkeit der eigenen Daten(produktion) einüben. It's not about privacy, it's about context! (vgl. boyd und Crawford 2012; Seaver 2015; Wagner und Stempfhuber 2013) – in den konkreten Kommunikationspraktiken tauchte ein Inanspruchnahme dezisionaler Privatheit dann auf, wenn die Kontexturierung der eigenen Praktiken am Frontend den Affordanzen des Backends entgegenarbeitete (Barth und Stempfhuber 2016). Bezüglich der lokalen Privatheit schließlich hat die Suche nach stabilen Räumen, in denen sich Privatheit einrichten konnte, auf die falsche

Fährte geführt. Privatheit (wie Öffentlichkeit) auf SNSs sind Produkte jeweils spezifischer Praktiken der Privatisierung (und der Veröffentlichung), die sich in der Selbstbeschreibung der NutzerInnen zwar weiterhin traditioneller Metaphern des Raums, der Autonomie, der Kontrolle und der (Un-)sichtbarkeit bedienen, performativ aber jeweils *in actu* hergestellt werden müssen und als kommunikative Arbeit an den eigenen Schreibpraktiken erscheinen (Stempfhuber 2014; Stempfhuber und Liegl 2016). Nach diesen Differenzierungen und Kontextualisierungen mag es verwundern, warum die Unterscheidung der Hyperonyme „privat" und „öffentlich" überhaupt noch eine Rolle spielen sollte. Die folgenden drei Stichworte sollen darauf eine tentative Antwort geben.

2   Große Daten und private Kommunikationen

Die erste Tendenz, die sich im Verlauf unserer Forschungsarbeit als Antwort auf die Frage „Was ist gerade dabei zu passieren?" angedeutet hat, war das Auftauchen des *Themas* der Big Data – und zwar ebenso in massenmedialen und akademischen Diskursen über Social Media wie in den Interviews mit deren NutzerInnen selbst. Damit ist freilich nicht gemeint, dass es Big Data nicht schon vorher gab, etwa als Metadaten (oder: als neues Datum des Metadatums Gesellschaft; vgl. Baecker 2013), als technisch-technologische Fähigkeit, große Datenmengen zu erheben, zu analysieren und zu verwerten (boyd und Crawford 2012; vgl. auch Nassehi in diesem Band), oder im Sinne eines Indizierens, das das Digitalisieren und Rekombinieren von nicht-repräsentationellen Daten erlaube (vgl. Stäheli in diesem Band). Auffällig war aber die verstärkte Dringlichkeit, die das Thema Big Data in den Selbstauskünften der Bewohner des Web 2.0 angenommen hat. Ohne sich dabei einem dystopischen Ton zu bedienen, erschien ihnen Big Data dabei nicht als ein „powerful tool to address various societal ills", sondern eher als „a troubling manifestation of Big Brother, enabling invasions of privacy, decreased civil freedoms, and increased state and corporate control" (boyd und Crawford 2012, S. 664). Um es am Leitfaden der einflussreichen „Provokationen" von danah boyd und Kate Crawford zu formulieren: unsere Informanten haben aus einer alltagspraktischen Perspektive thematisiert, was boyd und Craword vornehmlich als sozialwissenschaftliche Herausforderungen an Big Data und Herausforderungen von Big Data an die Sozialwissenschaften formuliert haben – Big Data induzieren ein verändertes Verständnis von Wissen; ihr Anspruch auf Objektivität und Angemessenheit ist nicht gerechtfertigt; größere Datenmengen sind nicht automatisch besser; Dekontextualisierung von Daten berauben Praktiken ihrer Bedeutung; Zugänglichkeit impliziert nicht unbedingt ethische Unbedenklichkeit; die ungleichen Zugriffsmöglichkeiten auf Big Data sind im Begriff, „new digital divides" zu schaffen (vgl. boyd und Crawford 2012).

Was aber ist vor diesem Hintergrund das *Neue* an Big Data? Ich möchte kurz drei erste Antworten vorstellen, die auch von den Autoren dieses Bandes mit unterschiedlichen Akzentsetzungen hervorgehoben werden. Zunächst ist da die alarmierende Beobachtung, dass Big Data neue Beobachter, neue Akteure ins Spiel bringt, die eben nicht nur Menschen sind. Für Urs Stäheli kündigt sich in diesem Band diese Umstellung schon dadurch an, dass „die manuelle Arbeit des Indizierens in die automatisierte Arbeit des Googlebot-Algorithmus transformiert" wird (vgl. auch Röhle 2008) – mit dem nicht unbedeutenden Nebeneffekt, dass sich mit der fehlenden menschlichen Adresse des Indexers auch ein „hermeneutisches Modell" verabschiedet, das die Daten noch anhand der Kategorien von „Sinn" und „Verstehen" in den Griff zu bekommen versuchte. Dirk Baecker (2015) hat diese Beobachtung schon als Herzstück einer „Theorie der Digitalisierung" identifiziert:

> Auf diesem Feld, das ist die Herausforderung jeder Theorie der Digitalisierung, spielen intelligente Maschinen eine Rolle der Teilnahme an Kommunikation, die noch vor kurzem nur Menschen zugestanden worden wäre. Aber es darf daran erinnert werden, dass vor der Humanisierung der Gesellschaft durch die Aufklärung auch Geistern und Göttern, Tieren und Pflanzen diese Rolle zugestanden worden war. Freilich fiel es einst leichter, diese Rolle weit zu fassen, weil man noch nicht gezwungen war, darüber nachzudenken, was man unter Kommunikation verstanden wissen wollte. Heute sind wir gezwungen, darüber nachzudenken, weil wir das Gefühl haben, an Kommunikation nicht mehr alleine beteiligt zu sein.

Baecker nähert sich hier einer Position an, die eine *Privacy Parenthesis* analog zur Gutenberg-Parenthese als einen historischen Sonderfall deklariert, in dem die Anzahl der an der Kommunikation beteiligten Akteure sich auf Menschen beschränken ließ. Überspitzt formuliert: Wir sind nie privat gewesen! – weil sich die Idee der Kommunikation zu stark auf den Menschen als einzig möglicher Interaktionsteilnehmer und Beobachter kapriziert hat (vgl. dazu Latour 2008). Interessant war für unser Forschungsprojekt freilich, dass sich dieses von Baecker beschriebene „Gefühl" durchaus empirisch entdecken ließ. In den Nutzerpraktiken auf Facebook etwa taucht eine als „Facebook" bezeichnete Entität auf, die sich als Medium in die Kommunikationsdynamiken einmischt und explizit als Kommunikationspartner adressiert wird. „Facebook" erscheint hier als jene „intelligente Maschine" – NutzerInnen rechnen in ihrer Alltagskommunikation stetig mit den Zumutungen der technischen Beobachter.

Eine ergänzende Diagnose betont, dass es bei Big Data nicht nur um die Größe der Datenmengen geht: „Big Data is less about data that is big than it is about a capacity to search, aggregate, and cross-reference large data sets" (boyd und Crawford 2012, S. 663). Armin Nassehi legt in diesem Band seinen Finger gerade auf den neuralgischen Punkt der ungeplanten Querverbindungen. Neu an Big Data ist die eigentümliche Möglichkeit des technischen Rekombinierens von Daten, die in der Lebenswelt der Überwachten nicht aufeinander bezogen sind. Es werden Daten ausgewertet, „die nicht für den genannten Zweck erhoben wurden. Die Datenspuren stammen aus ganz anderen Zusammenhängen und werden erst im Nachhinein zu Informationen für einen bestimmten Zweck" (Nassehi in diesem Band) Unter dieser Voraussetzung ist das *privacy paradox,* dass die Bewohner des Web 2.0 private Daten, die in ihrer neuen Lebenswelt ohnehin anfallen, nicht nur ganz naiv freigeben, sondern – trotz aller nachträglichen Bedenken – sogar bereitwillig veröffentlichen. Nassehi selbst spricht freilich nicht von (privaten und öffentlichen) Lebenswelten und (öffentlichen oder privaten) Datenkraken, sondern spitzt die Problemstellung auf die Differenz von analogen und digitalen Phänomenen zu und bringt damit eine Unterscheidung in Anschlag, die auch die dritte Einsicht zur vermeintlichen Neuartigkeit von Big Data berührt.

Denn vielleicht tritt unter der Ägide von Big Data im Web 2.0 eine weitere Unterscheidung in den Vordergrund, die die Bedeutung von analogen Kommunikationen und Kommunikationspraktiken im digitalen Medium nicht unberührt lässt. Mithilfe der Unterscheidung von „Daten" und „Kommunikation" diagnostiziert Felix Stalder, dass die Internetrevolution in ihre „gegenrevolutionäre Phase" eingetreten ist (Stalder 2014, S. 73). Stalder kann mit dieser Unterscheidung erklären, „warum sich Facebook nicht für Kommunikation interessiert" (ebd., S. 72). Der Hinweis zielt auf den in der Diskussion um Big Data nur stärker betonten Umstand, dass digitale Technologien Verdopplungsmaschinen sind, „dass jede Handlung, die wir durch sie und mit ihr ausführen, gleichzeitig auf zwei Ebenen stattfindet, auf der menschenlesbaren Ebene der Kommunikation und der maschinenlesbaren Ebene der Daten" (ebd., S. 73). Hat das Internet als Verbreitungsmedium zunächst die Reichweite, Dichte und Qualität von Kommunikationsmöglichkeiten transformiert, konzentriert sich aus diese Perspektive das Internet als Speicher- und Bearbeitungsmedium viel stärker auf das Sammeln und Ausbeuten von Daten, die *gleichzeitig* und *nebenher* auch noch anfallen. Letztlich erzeugen dann nicht nur Kommunikationen Daten, die als Big Data digital speicher- und berechenbar werden, sondern: „Die Daten bieten die Grundlage dafür, die Umgebung, in der Menschen handeln, vorzustrukturieren, bevor sie handeln" (ebd., S. 73).

Diese Verdopplung von, um mit Nassehi zu sprechen, analogen und digitalen Phänomenen strukturieren wiederum die Debatten um die Bedeutung von Big Data – je nachdem, ob sie an der Datenseite (Boyd 2006; Rosen 2006; Altheide 2004) oder der Kommunikationsseite (Miller 2011; Henderson und Michael 2004) dieser digitalen Verdopplungsmaschine ansetzt (vgl. dazu Stempfhuber und Wagner 2015). Wir haben an anderer Stelle vorgeschlagen (ebd.), dass digitale Medien damit nicht nur als Verdoppelungsmaschinen funktionieren, sondern auch als Verunreinigungsmaschinen, die die Unterscheidung von Kommunikation und Daten selbst wieder zur Disposition stellen. Darauf hat insbesondere die neuere Software-Forschung (vgl. Kitchin und Dodge 2011) hingewiesen, die die Rückkopplungseffekte zwischen analogen Alltagspraktiken und digitalen Datenverarbeitungsmaschinen vor Augen haben. Was passiert, wenn durch digitale Technologien Personen oder Individuen um einen *capta shadows* (ebd., S. 90 ff.) erweitert werden, die diese bei Aufenthalten im Netz und darüber hinaus begleiten? Auch Kitchin und Dodge sind in dieser Hinsicht Prozesse wichtig, in denen dieses Speichern, Bearbeiten und Entnehmen auch automatisch, also ohne die Intervention eines menschlichen Akteurs geschehen kann, *und* sich wieder im Alltag bemerkbar macht – „the means by which a task is conducted, is also the means by which it is measured" (ebd., 109). Die paradoxe Beobachtung, die Kitchin und Dodge aber an diese Überlegung vor allem im Blick auf das Web 2.0 anstellen, ist, dass die Kontrollprozesse etwa des *automated managment* auch kommunikative Kreativität in Anspruch nehmen *und* hervorbringen. „[W] hile Web 2.0 opens up new ways for people to add value to capta, to examine the world in new ways, and provides a new means of public expression and social organization, it also opens up capta on personal behaviors and social activities to greater state scrutiny and corporate monitoring" (ebd., S. 133).

Ich habe hier als letzte Besonderheit der neuen Beschäftigung mit Big Data nicht nur das Phänomen der – automatischen, *multi-sited* und „nicht-intendierten" – Verdopplung von Kommunikationen als Daten, sondern auch der Verunreinigung dieser Unterscheidung angeführt, weil sich in unseren empirischen Studien gezeigt hat, dass auch in den Nutzerpraktiken der Status dieser Unterscheidung immer wieder neu verhandelt wird. Im Bezug auf die politische Reichweite dieser Praktiken kann man wie Ramón Reichert durchaus skeptisch bleiben: „[D] as strategische Entscheidungshandeln [ist] im Backend-Bereich und nicht in der Peer-to-Peer-Kommunikation angelegt […] Die Peers können zwar in ihrer eingeschränkten Agency die Ergebnisse verfälschen, Fake-Profile anlegen und Nonsens kommunizieren, besitzen aber keine Möglichkeiten der aktiven Zukunftsgestaltung, die über taktische Aktivitäten hinausgehen" (Reichert 2014, S. 172). Vielleicht kann aber eine soziologische Erforschung der Rückübersetzung und der Re-Kontextualisierung der Unterscheidung von (analogen) Kommunikationen und (digitalen) Daten in die „taktischen Aktivitäten" der NutzerInnen durchaus bescheidener ansetzen: „Our task, however, is not only to relocate mathematical models in the social world, but also to examine how the practices of big data themselves produce context in various and particular ways. We should remember that often our disputes are not about context's merits, but how it should be made" (Seaver 2015, S. 1106 f.). Dieser Sammelband versucht eben diesem Umstand Rechnung zu tragen, indem er die Praktiken derjenigen NutzerInnen in den Vordergrund rückt, die auf die Problematiken von Big Data ebenso reagieren wie sie ihre Bedeutung in konkreten Kontexten etablieren und bearbeiten.

Die Pointe einer Kritik an der Fähigkeit von Big Data, analoge Kommunikationen in digitale Daten bzw. *capta* zu transformieren und damit rekombinierbar, verwertbar und berechenbar zu machen, liegt oft in dem Hinweis auf die Ironie der digitalen Vernunft, dass Big Data damit einerseits der *kontextualisierte Sinn* von Alltagspraktiken verloren geht; dass Big Data aber mit dieser Entkontextualisierung vorzüglich rechnen kann und sie für die eigenen Rechenleistungen produktiv zu nutzen vermag. Die Pointe einer Analyse der Fähigkeit von NutzerInnen, mit diesen Dekontextualisierungen von Kommunikationen zum Zweck der Datenproduktion in ihren Alltagspraktiken wiederum „rechnen" und spielen zu können, liegt wiederum in einem Hinweis auf die Ironie der analogen Vernunft, vor diesem Hintergrund vielleicht das Spiel schon verloren zu geben. Was unsere Informanten jedenfalls zu wissen glauben, ist der Umstand, dass sich etwa „Facebook" nicht für den Inhalt ihrer Geheimnisse und Kommunikationen, sondern für ihr berechenbares Verhalten (lokale Daten; *capta;* Klandestinität) interessiert. Sichtbar ist in jedem Fall, dass die nachträgliche Reflexion auf die Effekte von Big Data sich in den *Selbstbeschreibungen* der NutzerInnen ebenso wiederfinden lässt wie in ihren Schreibpraktiken (vgl. Wagner und Stempfhuber 2013). Zwei im Folgenden zu behandelnden Aspekte dieser Rekontextualisierung lassen sich als eine Mobilisierung von Privatheit und als eine verstärkte Betonung der affektiven Dimension von Privatheit bezeichnen.

3   Mobilisierte Privatheit

In jüngster Zeit mehren sich die Aufforderungen an die Soziologie, der traditionell vernachlässigten Kategorie des Raumes mehr Aufmerksamkeit zu widmen. Es gibt einen wahrlichen Boom der soziologischen Neuentdeckung des Raumes (vgl. Schroer 2006). Demgegenüber ist die Vorsicht, zur der soziologische Studien hinsichtlich einer Untersuchung von *lokaler* Privatheit anraten, geradezu omnipräsent. Auch in diesem Band war ja eine Pointe der Supplementierung von Kategorien des Privaten und des Öffentlichen durch die Metaphorik von analog und digital gerade der Versuch, nicht vorschnell die Existenz von genuin privaten und öffentlichen *Räumen* zu unterstellen. Gleichzeitig zeigt sich ein gewisses Erstaunen, dass es sich auch in sozialwissenschaftlichen Kontexten kaum vermeiden lässt, die Unterscheidung von öffentlich und privat in räumlichen Termini zu beschreiben:

> The very concept of privacy indeed implies a demarcation from something else, typically the concept of the public, and the two have of course gone through a parallel, symbiotic development over recent centuries. They are both perceived as ‚spaces' having a common ‚boundary', one that in periods of change, like the present, can be shifted or moved. It is conventional to speak of public and private ‚spheres' – although geometrically two spheres cannot have much of a boundary (unless one is inside the other). Individual speakers at the conference referred more specifically to ‚zones of privacy', and to privacy as a ‚bounded environment' or an ‚exclusionary space', whose penetration can be perceived as an ‚invasion' (Pettitt 2013).

Was Pettitt hier interessiert ist die Wirkmächtigkeit einer Metaphorik, die nicht nur konventionell ist, sondern auch die sozialwissenschaftliche Forschungspraxis entscheidend prägt. Entscheidend ist dabei nicht, dass sich eine Diskursanalyse des Gebrauchs räumlicher Metaphern in der „konventionellen" Rede über Privatheit nicht lohnen würde – im Bezug auf den digitalen „Raum" hat Eric Gordon in seiner „Metageography of the Internet" (2009) schon früh auf die spezifischen Arten der „Vermessung" des Internets und ihrer metaphorischen Verschiebungen auf dem Weg vom Web 1.0 zum Web 2.0 hingewiesen. Hier überkreuzen sich dann *Virtual Space* und „reale" Orte mit der Privatsphäre und öffentlichen Plätzen. Dringlicher erscheint aber ein Hinweis darauf, dass sich diese Metaphorik auch in den Grundentscheidungen soziologischer Analysen wiederfinden lässt, wenn etwa die *Unterscheidungen* von virtuell und „real" und von privat und öffentlich als physikalische Grenzziehung im sozialen Raum hypostasiert werden (vgl. Liegl und Stempfhuber 2014). Sehr früh hat etwa auch schon Jörg Strübing darauf hingewiesen, dass dies auch methodische Konsequenzen hat. Die verbreitete Idee, dass das Internet mit ethnografischen Mitteln zu erforschen ist, bezieht ihre Plausibilität aus einer teilweise „unreflektierte[n] Verwendung von Raummetaphern": „Die Rede von ‚virtuellen Räumen' oder vom ‚ins Internet gehen' – die als Selbstbeschreibungen der Akteure von Fall zu Fall durchaus Sinn machen kann – hat in der empirischen Sozialforschung die problematische Annahme genährt, Internet-Phänomene repräsentierten eine neben der materiell-sozialen

Welt existierende ‚virtuelle Realität', die sich methodisch mit dem traditionellen, lokalitätsorientierten Feldbegriff der klassischen Ethnografie erfassen ließe" (2006, S. 250).

In unserer als Ethnografie angelegten Studie von Öffentlichkeit und Privatheit wollten wir dieses unreflektierte Vertrauen auf Raummetaphern vermeiden und sind dabei auf eine interessante Entwicklung gestoßen: in dem Maße, in dem die Raumdimension und die zugehörige Metaphorik ihre vorgängig strukturierende Funktion zu verlieren schien, ließ sich gleichzeitig eine verstärkte Betonung und Thematisierung dieser Dimension feststellen. Ganz einfach ließ sich auch für die für uns zentralen SNSs und Plattformen wie Facebook, Planetromeo und Grindr konstatieren, dass die *mobile* Nutzung des Internets via Smartphones zugenommen hat und zu neuen Routinen geführt hat. Dabei waren die lokalen, körperlichen und (nicht-)mobilisierten Kommunikationspraktiken zunächst unsichtbar – am Frontend von Facebook lässt sich nicht ohne weiteres ablesen, welchen Orten die Postings, Reaktionen, Kommunikationsofferten und – stile ihre Entstehung verdanken. Durch die mobile Nutzung des Internets verschiebt sich der routiniert unterstellte und imaginierte Ort der Nutzung und im Hinblick auf Öffentlichkeit und Privatheit die Praxis der Schreibweisen. Es gibt eine Vielzahl von konversationsanalytischen und ethnomethodologischen Studien, die betonen, dass es einen Unterschied macht, ob man technische Kommunikationsmedien in den „eigenen vier Wänden" nutzt oder aber im als öffentlich konnotierten Raum unterwegs, etwa im Zug oder in der U-Bahn. Man denke hier nur an klassische Studien zur mobilen Telekommunikation, die etwa auf die Frage stoßen, warum Leute am Mobiltelefone sagen, wo sie sind, um dann auf die praktische Herstellung von Kontexten und „Räumen" abzuzielen: „ordinary geographical work [...] will need to be done both by caller and by called" (Laurier 2001, S. 500). Unsere Beobachtungen haben uns auf ähnliche Phänomene bei der zunehmenden Mobilisierung von Kommunikationspraktiken auf SNSs stoßen lassen: „If online media do bear the potential of accelerating mobilization, then what form of communication do they tend to invite?" (Papacharissi 2015, S. 8).

Während Zizi Papacharissi schon eine doppelte Mobilisierung im Blick hat – den mobile Gebrauch des Web 2.0 und die politische Mobilisierung durch neue mobile Medien – lohnt es sich hier vielleicht noch einmal an einem Beispiel, die Konsequenzen der Auswanderung von SNSs von Heimcomputern auf Smartphones zu adressieren, auf das sich die derzeitig Forschung zur Mobilisierung von digitalen Medien öfters bezieht. Ich denke hier an die Praktiken von Nutzern einer Smartphone-App namens *Grindr,* ein mobiles Kennenlern-*device,* das den mobilen Zugriff auf ein standortbezogenes Social Network (LBSN) ermöglicht und öfters zur Speerspitze des standortbezogenen Echtzeit-Datens (LBRTD) erklärte wurde. Wir selbst haben uns diesen Praktiken unter dem Gesichtspunkt genähert, wie mobile Technologien eine ganz buchstäbliche Form der Mobilität in Anspruch nehmen – transportierbare Geräte, mobilisierte Körper und ihre Bewegung von und zu geografischen Orten (vgl. Liegl und Stempfhuber 2014; Stempfhuber und Liegl 2016). Im Hinblick auf die Personalisierung von mobilen Technologien sind wir aber auch auf ein interessantes Forschungsfeld gestoßen, in dem sich zwei Stränge zeitgenössischer soziologischer Forschung und Theoriebildung überschnitten und gegenseitig befruchtet haben: die *Mobility Studies* und die *Science and Technology Studies* (vgl. dazu Woolgar 2005). Insbesondere wird immer wieder darauf hingewiesen, welchen erschütternden Effekt es auch für die soziologische Theoriebildung bedeuten kann, wenn man Phänomene der Mobilität und der Mobilisierung ernst nimmt. Nicht nur wurde die Kategorie der Mobilität als fundamentales soziales Phänomen vernachlässigt, nicht nur wurde sie auf die Mobilität von Personen reduziert (ohne dabei andere soziale Entitäten wie Objekte, Ideen oder „Hybride" einzugehen), sie hat – nimmt man sie in ihrer mobilen Ubiquität ernst – die Fähigkeit, die Disziplin der Soziologie umzustrukturieren (vgl. insbesondere Urry 2000). *Grindr* bietet sich als paradigmatisches Beispiel für die Erforschung von Mobilität dabei schon deswegen an, weil es den *Mobility Studies* immer sowohl um physische Mobilität als auch um die Mobilität von Informationen, Kommunikation und Daten geht (Sheller und Urry 2006, S. 3) – um so „mobile Hybride" in den Blick zu bekommen, die etwa die moderne Stadtlandschaft bevölkern.

Dabei hat das Mobilitäts-Paradigma (ebd.) eine große Anzahl von Studien beeinflusst, die das Mobiltelefon zum Gegenstand haben. Die Nutzung von Mobiltelefonen für Konversationen und Text-Nachrichten rekonfiguriert alltägliche Sprechweisen und Sprachen (Baron 2008), verändert Kommunikationspraktiken und den *sense of space* (Weilenmann 2003) und kreiert neue Sozialfiguren wie den „intimate stranger" (Tomita 2005). Unser Vorschlag war, die Anstöße des Mobilitäts-Paradigmas auch auf das sich rapide ausweitende Feld der mobilen Praktiken der Nutzer von mobilen LBSNs zu nutzen – wozu sich neben *Grindr* mittlerweile auch Plattformen wie Planetromeo und Facebook zählen lassen können. Im Fall von *Grindr* lässt sich dann auch eine „striking conjunction of remote and co-present communication" (Cooper et al. 2002, S. 289) beobachten, die interessanterweise von seinen Nutzern ziemlich buchstäblich interpretiert wird. Die Vorstellungen von „nah sein" und „fern sein", die durch das LBSN vermittelt werden, werden (metaphorisch und metonymisch) in Vorstellungen von „intim werden" transformiert. *Grindr,* das zuallererst ein Geolokations-Technologie darstellt, die auf Orte und Nähe fokussiert, rekonfiguriert dabei Distanz, Erreichbarkeit und Intimität nicht nur für alltägliche

Praktiken wie das Treffen von Freunden, sondern auch für intime Begegnungen wie das Daten, das Kennenlernen von Fremden und sexuellen Kontakt.

Vor diesem Hintergrund scheint es dann auch nicht überraschend, dass die Mobilisierung des Zugriffs auf SNSs auch die Unterscheidung von öffentlich und privat in einem anderen Licht erscheinen lässt. Beobachtern von mobilen Dating-Apps ist früh aufgefallen, dass es eine Verbindung zum Wandel von öffentlichen sozialen Räumen und Institutionen geben könnte (vgl. Brown 2014). Etwas vorsichtigere Beobachter hingegen stellen eher einen neuen Zusammenhang zwischen lokalem und informationellem Privatheitsverständnis fest, wenn sie beobachten, wie Nutzern von LBSNs gleichzeitig erlaubt wird, zu *experimentieren* und ihre Privatsphäre zu schützen, wobei sich neue Kontexte einstellen: „the applications form a ‚public-hybrid ecology‘ that resemble the virtual edition of a physical public space" (Toch und Levi 2013, S. 547). Man darf hinzufügen, dass sich hier am Gebrauch von LBSNs wie Grindr besonders eindrücklich ablesen lässt, wie die Mobilisierung von digitaler Kommunikation sowohl die *Vorstellungen* von „Nähe", „Intimität" und „Privatheit" mobilisiert als auch spezifische Veröffentlichungs- und Privatisierungs*praktiken* nahelegen (vgl. Stempfhuber und Liegl 2016).

Die Tendenz zur mobilen bzw. mobilisierten Nutzung hat sich im Laufe des Projekts nicht nur bei dem als Smartphone-App entstandenem Grindr, sondern auch zunehmend auf zunächst heimcomputerbasierten Kennenlern-Plattformen wie Planetromeo und der SNS Facebook feststellen lassen und auch hier maßgebliche Veränderung in den von uns untersuchten Privatisierungspraktiken eingeleitet. Die methodische Konsequenz eines solchen *mobile turn* dürfte ein gesteigerter Bedarf an ethnografischer Forschung sein, die den Akteuren auch beim täglichen Gebrauch von SNSs auf mobilen Apps folgt und „über die Schulter sehen" kann. Abschließend möchte ich aber auf die Wiederentdeckung eines Konzepts hinweisen, für die die in diesem Band vertretene Zizi Papacharissi jüngst plädiert hat. Papacharissi greift auf ein Konzept zurück, dass Raymond Williams hat in frühen Studien (1974; 1983) zum Fernsehen in die Diskussion eingeführt hat – eine *mobile privatization*. Im Blick hatte Williams die Technologie des Fernsehers, der in privaten Kontexten – ganz konkret: die „eigenen vier Wände" – angeschaltet wird und dabei den Zuschauern eine ganz spezifische Form der Mobilität ermöglicht. Williams hat schon sehr klar auf die eigentümliche Lösungsstrategie für Anforderungen moderner Gesellschaften hingewiesen, die gleichzeitig lokale Privatheit hoch schätzen und informationelle Mobilität – das „Dabeisein" bei öffentlichen Ereignissen – erfordern. Diese mobile Privatisierung fängt recht gut das Bild von Facebook-Nutzern ein, die sich an Heimcomputern in die „intimisierten Öffentlichkeiten" (vgl. Wagner in diesem Band) der SNS wagen (für einen Überblick über die weitere Verwendung des Konzeptes vgl. Papacharissi 2010, S. 22 ff.). Das inverse

Spiegelbild dieser mobilen Privatisierung ist der Walkman (vgl. Du Gay et al. 1997), der in als öffentlich konnotierten Räumen mobile Privatisierungspraktiken technisch unterstützt. Die Komplexität, die mit mobilen LBSNs via Smartphone erreicht ist – bei Grindr und Facebook-Apps beispielsweise: die Verabschiedung aus der Stadtlandschaft, die man durchwandert, in eine vor Beobachtern zunächst geschützte Konzentration auf die Benutzeroberfläche des Smartphones, auf der sich eine SNS-Öffentlichkeit abbildet, in die man sich begeben muss, um ein privates Stelldichein zu vereinbaren – lässt eine erneute Inanspruchnahme von Konzepten der mobilen Privatisierung und der privatisierten Mobilität fruchtbar erscheinen; Papacharissi verweist auf die Möglichkeiten dieser Konzepte „to describe how people use mobile technologies to traverse public and private spaces and attain autonomy in how they connect with others and express themselves" (Papacharissi 2010, S. 23).

4   Affektive Privatheit

Die letzte Beobachtung, die sich an die der derzeitigen Allgegenwärtigkeit der Daten/Kommunikation-Unterscheidung und der Mobilisierung der digitalen Privatheit anschließt, ist zunächst vielleicht etwas weniger offensichtlich, folgt aber in der Diagnose vieler Analytiker und Theoretiker des zeitgenössischen digitalen Wandels gleichsam zwangsläufig. Sie mag für diejenigen überraschend sein, die noch die einflussreiche Diagnose des Kulturtheoretikers Frederic Jamesons hinsichtlich der Entwicklungstendenzen des Postmodernismus und der Logik des Spätkapitalismus im Ohr haben; diese seien von einem „waning of affect" (Jameson 1984, S. 9), einem Schwinden des Affektes, begleitet. Hellsichtig war Jameson darin, dass er mit diesem „waning of affect" gerade auf Phänomene hingewiesen hat – die auch in der zeitgenössischen Wiederentdeckung der Kategorie des Affekts eine zentrale Rolle spielen (vgl. Pellegrini und Puar 2009) – das Ende eines „bürgerlichen" Egos, die Krise authentischer Erfahrung, ja die Desavouierung von (tiefen-)hermeneutischen Modellen überhaupt. Und doch ist es gerade die Kategorie des Affekts, die als Wiederkehr des Verdrängten eine Leitvokabel in der Beschreibung der Tendenzen des Web 2.0 geworden ist. Was hat es mit diesem *„turn to affect"* (vgl. nur Clough und Halley 2007; kritisch dazu Leys 2011) auf sich?

Als „Affektmedium" (Han 2013, S. 10) ist „das Internet" schon des Öfteren beschrieben worden. In den Blick gerät dabei aber vor allem die Zeitdimension – etwa als Beschleunigung der Taktung von (unreflektierten) Online-Kommentaren – die vor der Kontrastfolie einer räsonierenden bürgerlichen Öffentlichkeit gerade der

Verwunderung Ausdruck verleiht, dass sich die Öffentlichkeiten der digitalen Bühne demgegenüber in viel stärkerem Maße affektiv aufladen und intimisiert erscheinen (vgl. dazu Wagner in diesem Band). Wagner weist überzeugend darauf hin, dass diese Einschätzung nicht immer in eine Verfallsdiagnose münden muss. Zizi Papacharissi entdeckt in dieser Hinsicht eben auch ein „potential of accerlerating mobilization" (2015, S. 8), das in der Mobilisierung von digitalen Medien die Chance zu einer politischen Mobilisierung ihrer NutzerInnen wittert, die sich über die Ansteckungseffekte von „affective news streams" als Demokratisierung von Internet-Öffentlichkeiten lesen lässt.

Vielleicht verbirgt sich hinter dem *turn to affect* noch eine etwas radikalere Version der Neubeschreibung von digitalen Landschaften, die den Versuch unternimmt, den Gegenstand sozialwissenschaftlicher Analysen gänzlich neu zu bestimmen. Hier lohnt es sich noch einmal auf die Stichwortgeber von affekttheoretischen Debatten zurückzugreifen. Im Hinblick auf eine *neue* Dimension des Politischen argumentiert etwa Nigel Thrift:

> what is being ushered in now is a microbiopolitics, a new domain carved out of the halfsecond delay which has become visible and so available to be worked upon through a whole series of new entities and institutions. This domain was already implicitly political, most especially through the mechanics of the various body positions which are a part of its multiple abilities to anticipate. Now it has become explicitly political through practices and techniques which are aimed at it specifically (Thrift 2004, S. 67).

Die von Affekttheoretikern immer wieder in Anspruch genommene Zeitspanne von einer halben Sekunde ist nun die Domäne, in der die Sozialwissenschaften die von ihnen sträflich vernachlässigten Affekte entdecken sollen. Diese halbe Sekunde bezieht sich auf eine bekannte und umstrittene Reihe von Experimenten von Benjamin Libet, die belegen sollte, dass zwischen einem unbewussten körperlichem-zerebralem Prozess bzw. Ereignis und der Ausführung einer bewussten „Entscheidung" eine Verzögerung zu beobachten ist, die in einigen Interpretationen als radikale Infragestellung der Illusion des „freien Willen" gelesen wird (vgl. Massumi 2002; Leys 2011). Es fällt auf, dass Thrift hier sofort einen Zusammenhang mit dem Auftauchen neuer digitaler Techniken erkennt. Ebenso ist es kein Zufall, dass Nigel Thrift nicht nur das Forschungsfeld der *Science and Technology Studies* entscheidend mitgeprägt hat, sondern auch das Phänomen der Mobilität – *the mechanics of the various body positions* – in den Mittelpunkt seines Forschungsinteresses gestellt hat. Für unseren Zusammenhang aber am wichtigsten ist der Umstand, dass die mikrobiopolitische Domäne der Affekte sich einer Hybridisierung von traditionell als öffentlich und als privat konnotierten Domänen verdankt. Darauf hat insbesondere Marie-Luise Angerer hingewiesen; das Affekt-Dispositiv „highlights the links between affect and the fields of digital technologies on the one hand and sexuality on the other" (Angerer 2015, xvi).

Meine Vermutung ist dass sich dieser Zusammenhang zwischen digitalen Technologien, einer Mobilisierung der an sie angeschlossenen Körper und Geräte und einer Neufassung des Privaten mit dem *turn to affect* durchaus empirisch nachzeichnen lässt. Zwei kleine Beispiele möchte ich hier anführen. Erstens ist in der derzeitigen Forschung zum oben schon eingeführten Beispiel der mobilen Dating-App *Grindr* ein empirisches Interesse gerade an der affektiven Dimension des Sozialen in den Fokus gerückt. Mobile Social Networks erlauben es soziologischen Forschern, nicht nur die Selbstbeschreibungen der NutzerInnen zu untersuchen, sondern die Privatisierungspraktiken mit Hilfe von digitale Technologien in actu zu dokumentieren: „location aware mobile technology and sexual impulse become fused into a hybrid actant" (Licoppe et al. 2017, S. 1). Der Reiz der Suche nach den Affekten dabei ist ihre neue Sichtbarkeit, mithilfe derer die soziologische Forschung nun eine ontologische Ebene zu adressieren vermag, die *im Gegensatz* zu einem Fokus auf *Emotionen* nicht immer schon von nachträglichen Rationalisierungs- und Versprachlichungsleistungen menschlicher Akteure überschrieben ist: „Formed, qualified, situated perceptions and cognitions fulfilling functions of actual connection or blockage are the capture and closure of affect. Emotion is the most intense (most contracted) expression of that capture – and of the fact that something has always and again escaped" (Massumi 2002, S. 228).

Ein zweites Beispiel bezieht sich auf den soziologischen Verdacht, dass sich auf der anderen Seite auch die algorithmische Datenauswertung nicht mehr für alltagsweltlich kontextualisierte Daten, sondern vielmehr für „Affektspuren" interessiert (vgl. dazu Lehner 2018). Dieser Verdacht schließt an eine frühe Intuition der Proponenten des *affective turn* an, demzufolge Affekte nicht nur als freie Radikale die Grenzen von privat und öffentlich belagern, überqueren und infrage stellen, sondern auch als Ansatzpunkte für eine immer stärker auf individuelle Körper zugreifende Kontrollgesellschaft dienen: „The target of control is not the production of subjects whose behaviors express internalized social norms; rather, control aims at a never-ending modulation of moods, capacities, affects, and potentialities, assembled in genetic codes, identification numbers, ratings profiles, and preference listings, that is to say, in bodies of data and information (including the human body as information and data)" (Clough 2007, S. 19).

Derzeit ist noch nicht abzusehen, wohin dieser Fokus auf die affektive Dimension sozialwissenschaftliche Forschung und soziologische Theoriebildung führen wird. Das gilt nicht nur für die konstitutive *politische* Ambivalenz, die den Sozialwissenschaften nach dem *turn to affect* eingeschrieben ist: ob die Affekte nun das Potenzial einer Emanzipation von prä-personalen Entitäten aus dem Käfig der individualisierenden Disziplinargesellschaft andeuten oder einen weiteren Angriffspunkt für kontrollgesellschaftliche Instanzen darstellen, wird bewusst offen gelassen. Noch ist nicht abzusehen, ob die anschwellende Diskussion über die Relevanz von Affekten einem Trend im Strukturwandel der Privatheit auf der Spur ist oder selbst nur ein Trend in der Beschreibung des Strukturwandels der Privatheit darstellt. Ich habe argumentiert, dass beides gleichzeitig der Fall sein könnte. Der Reiz der Rede von Affekten scheint zu sein, dass mit ihr auf eine ontologische Ebene jenseits und *vor* aller Signifikation und Bedeutung verwiesen werden kann, wodurch sich SozialwissenschaftlerInnen einen privilegierten Zugriff auf soziale Prozesse versprechen. Alle sozialen Bedeutungen und Zeichen sind immer schon gewusst, fixiert, und interpretiert – nichts als eine spezifische Verkörperung von Ideologien, denen Kulturtheoretiker nur eine weitere hinzufügen könnten. Und doch ist schwer von der Hand zu weisen, dass „through the advent of a whole series of technologies, small spaces and times, upon which affect thrives and out of which it is often constituted, have become visible and are able to be enlarged so that they can be knowingly operated upon" (Thrift 2004, S. 66).

5   Coda

Betrachtet man die drei hier skizzierten Trends voneinander getrennt, scheint die soziologische Beschäftigung mit einem Strukturwandel der Privatheit eigenartig veraltet und die Diagnosen schlagen einen pessimistischen Ton an. Aus der Perspektive der Diskussion um Big Data scheint das berühmte Verdikt Scott McNeallys zum Ende der Privatheit („You have no privacy – get over it.") eine nie da gewesene Plausibilität gewonnen zu haben. Aus der Perspektive der Mobilities Research erscheint ein Interesse an der Unterscheidung von Privatheit und Öffentlichkeit gleichermaßen veraltet zu sein, „since nothing much of contemporary social life remains on one side or the other of the divide" (Sheller und Urry 2003: 122). Und aus der Perspektive der Affect Theory mag die Kategorie der Privatheit unter zeitgenössischen Medienbedingungen so fluide geworden sein, dass sie nur noch auf ein nostalgisches Interesse an bürgerlichen Sozialformen verweist.

Im Gegensatz hierzu wurde in dieser Bestandsaufnahme von neuen „Trends" im Strukturwandel der Privatheit aber argumentiert, dass die drei hier skizzierten Motive in der soziologischen Analysen dieses Strukturwandels der Privatheit eng miteinander verwoben sind. Die Verknüpfung von kontextualisierten Kommunikationspraktiken mit *Big-Data*-Effekten, mobile Privatisierung und privatisierte Mobilität, und schließlich die kritische Sensibilität für affektive Dynamiken können die Eckpunkte eines Dreieck bilden, innerhalb dessen Rahmen derzeitige soziologische Forschungen zum Strukturwandel der Privatheit fruchtbare Ergebnisse erzielen können. Wie immer bedroht, mobilisiert oder fluide die Grenzen von Privatheit erscheinen mögen, spielen sie doch zumindest in den nachträglichen semantischen Bearbeitung und den Sinngebungsprozessen von alltäglichen NutzerInnen von Neuen Medien eine zentrale Rolle, die wiederum die Praktiken der Überwachten maßgebend prägen.

Literatur

Altheide, David. (2004). The Control Narrative of the Internet. *Symbolic Interaction* 27(2), S. 223–245.

Angerer, Marie-Louise. (2015). *Desire After Affect*. London und New York: Rowman & Littlefield.

Baecker, Dirk. (2013). Metadaten. Eine Annäherung an Big Data. In Heinrich Geiselberger und Tobias Moorstedt (Hrsg.), *Big Data. Das neue Versprechen der Allwissenheit*, (S. 156–187). Berlin: Suhrkamp.

Baecker, Dirk. (2015). Ausgangspunkte einer Theorie der Digitalisierung. https://cat-jects.files.wordpress.com/2015/06/ausgangspunkte_theorie_digitalisierung1.ppd. Zugegriffen: 27. August 2016.

Baron, Naomi. (2008). *Always on: Language in an Online and Mobile World*. Oxford und New York: Oxford University Press.

Barth, Niklas und Martin Stempfhuber. (2017). Alltagssekretäre. Facebooks Like-Button und die Praktiken der Ordnung. *Österreichische Zeitschrift für Soziologie* 42, S. 45–64.

Baumann, Zygmunt. (2012). *This is not a diary*. Cambridge: Polity.

Baumann, Zygmunt und David Lyon. (2013). *Daten, Drohnen, Disziplin. Ein Gespräch über flüchtige Überwachung*. Berlin: Suhrkamp.

Brown, Michael. (2014). Gender and Sexuality II: There goes the Gayborhood? *Progress in Human Geography* 38(3), S. 457–465.

boyd, danah. (2006). Facebook's Privacy ‚Trainwreck'. Exposure, Invasion, and Drama. *Convergence: The International Journal of Research into New Media Technologies* 14(1), S. 13–20.

boyd, danah boyd und Kate Crawford. (2012). Critical Questions for Big Data. *Information, Communication & Society* 15(5), S. 662–679.

Clough, Patricia und Jean Halley (Hrsg.). (2007). *The Affective Turn: Theorizing the Social*. Durham and London: Duke University Press.

Cooper, Geoff, Nicola Green, Ged M. Murtagh und Richard Harper. (2002). Mobile Society? Technology, Distance, and Presence. In Steeve Woolgar (Hrsg.), *Virtual Society? Technology, Cyberbole, Reality*, (S. 302–313). Oxford: Oxford University Press.

Deleuze, Gilles und Felix Guattari. (1992). *Tausend Plateaus: Kapitalismus und Schizophrenie*. Berlin: Merve.

Deleuze, Gilles. (1993). *Unterhandlungen 1972–1990*. Frankfurt am Main: Suhrkamp.

Du Gay, Paul, Stuart Hall, Linda Janes, Hugh Mackay und Keith Negus. (1997). *Doing Cultural Studies: the story of Sony Walkman*. London: Sage.

Geuss, Raymond. (2002). *Privatheit. Eine Genealogie*. Frankfurt am Main: Suhrkamp.

Gordon, Eric. (2009). The Metageography of the Internet: Mapping from Web 1.0 to 2.0. In Jörg Döring und Tristan Thielmann (Hrsg.), *Mediengeographie. Theorie – Analyse – Diskussion*, (S. 397–412). Bielefeld: transcript.

Habermas, Jürgen. (1990). *Strukturwandel der Öffentlichkeit*. Frankfurt am Main: Suhrkamp.

Han, Byung-Chul. (2013). *Im Schwarm, Ansichten des Digitalen*. Berlin: Matthes & Seitz.

Henderson, Samantha und Michael Gilding. (2004). ‚I've never clicked this much with anyone in my life': trust and hyperpersonal communication in online friendships. *New Media & Society* 6(4), S. 487–506.

Jameson, Frederic. (1984). Postmodernism, or The Cultural Logic of Late Capitalism. *New Left Review* 146, S. 53–92.

Jarvis, Jeff. (2010). The German privacy paradox. www.buzzmachine.com/2010/02/11/the-german-privacy-paradox. Zugegriffen 20. August 2016.

Kitchin, Rob und Martin Dodge. (2011). *Code/Space. Software and Everyday Life*. Cambridge, MA: MIT Press.

Latour, Bruno. (2008). *Wir sind nie modern gewesen. Versuch einer symmetrischen Anthropologie*. Frankfurt am Main: Suhrkamp.

Laurier, Eric. (2001). Why people say where they are during mobile phone calls. *Environment and Planning D: Society and Space* 19, S. 485–504.

Lehner, Nikolaus. (2018). Das Somatogene als Störung und Spur im Kontext algorithmischer Datenauswertung. In Matthias Klemm und Ronald Staples (Hrsg.), *Leib und Netz. Sozialität zwischen Verkörperung und Visualisierung*. Wiesbaden: Springer VS.

LePore, Jill. (2013). The Prism: Privacy in an age of publicity. In *The New Yorker,* 24.06. http://www.newyorker.com/magazine/2013/06/24/the-prism. Zugegriffen: 21. August 2016.

Leys, Ruth. (2011). The Turn to Affect. A Critique. *Critiqual Inquiry* 37(3), S. 434–472.

Licoppe, Christian, Carole A. Rivière und Julien Morel. (2017). Proximity awareness and the privatization of sexual encounters with Strangers. The case of Grindr. In Carolyn Marvin, Sun-Ha Hong und Barbie Zelizer (Hrsg.), *Context collapse: Re-assembling the spatial*. London: Routledge.

Liegl, Michael und Martin Stempfhuber. (2014). ‚Raum am Draht': Empirische Beobachtung zur Soziologie der mediatisierten Anmache am Fallbeispiel von Grindr. In Kornelia Hahn (Hrsg.) *E<3Motion. Intimität in Medienkulturen*, (S. 19–38). Wiesbaden: Springer VS.

Massumi, Brian. (2002). *Parables of the Virtual: Movement, Affect, Sensation*. Durham: Duke Universtiy Press.

Miller, Daniel. 2011. *Das wilde Netzwerk. Ein ethnologischer Blick auf Facebook*. Frankfurt am Main: Suhrkamp.

Müller, Christoph. (2004). ‚It's not about privacy, it's about control!' Critical remarks on CCTV and the public/private dichotomy from a sociological perspective. www.socio5.ch/pub/sheffield-privacy.pdf. Zugegriffen: 21. August 2016.

Papacharissi, Zizi. (2010). *A Private Sphere: Democracy in a Digital Age*. Malden: Polity Press.

Papacharissi, Zizi. (2015). *Affective Publics. Sentiment, Technology, and Politics*. Oxford: Oxford University Press.

Pellegrini, Ann und Jasbir Puar. (2009). Affect. *Social Text* 27(3), S. 35–38.

Pettitt, Thomas. (2013). The Privacy Parenthesis: Gutenberg, Homo Clausus, and the Networked Self. http://web.mit.edu/comm-forum/mit8/papers/TomPettitt%20Paper.pdf Zugegriffen: 23. August 2016.

Reichert, Ramón. (2014). Facebook und das Regime der Big Data. *Österreichische Zeitschrift für Soziologie* 39, S. 163–179.

Roehle, Theo. (2008). Dissecting the Gatekeepers. Relational Perspectives on the Power of Search Engines. In Konrad Becker und Felix Stalder (Hrsg.), *Deep Search. The Politics of Search beyond Google*, (S. 117–13). Innsbruck: Studienverlag.

Rosen, Larry. (2006). Adolescents in MySpace. Identity Formation, Friendship and Sexual Predators. www.csudh.edu/psych/Adolescents_in_MySpace_-_Executive_Summary.pdf Zugegriffen: 13. Juli 2017.

Rössler, Beate. (2001). *Der Wert des Privaten*. Frankfurt am Main: Suhrkamp.

Schroer, Markus. (2006). *Räume, Orte, Grenzen. Auf dem Weg zu einer Soziologie des Raumes*. Frankfurt am Main: Suhrkamp.

Seaver, Nick. (2015). The nice thing about contextis that everyone has it. *Media, Culture & Society* 37(7), S. 1101–1109.

Sheller, Mimi und John Urry. (2003). Mobile Transformations of ‚Public‘ and ‚Private‘ Life. *Theory, Culture & Society* 20(3), S. 107–125.

Sheller, Mimi und John Urry (Hrsg.). (2006). *Mobile Technologies of the City*. London: Routledge.

Stäheli, Urs. (1998). Die Nachträglichkeit der Semantik. Zum Verhältnis von Sozialstruktur und Semantik. *Soziale Systeme* 4, S. 315–340.

Stalder, Felix. (2014). Der Wert der Daten. *Le Monde Diplomatique. Sonderband: Die Überwacher. Prism, Google, Whistleblower*, S. 72–79.

Stempfhuber, Martin. (2014). ‚Always on, but not always there‘: Empirische Beobachtungen zu Praktiken der Selbst-Absentierung im Web 2.0. In Kornelia Hahn und Martin Stempfhuber (Hrsg.), *Präsenzen 2.0. Körperinszenierung in Medienkulturen*, (S. 135–154). Wiesbaden: Springer VS.

Stempfhuber, Martin und Elke Wagner. (2015). Praktiken des Digitalen: Über die digitale Transformation soziologischer Unterscheidungen. In Florian Süssenguth (Hrsg.), *Die Gesellschaft der Daten. Über die digitale Transformation der sozialen Ordnung*, (S. 67–92). Bielefeld: transcript.

Stempfhuber, Martin und Michael Liegl. (2016). Intimacy Mobilized. Hook-Up Practices in the Location-Based Social Network *Grindr. Österreichische Zeitschrift für Soziologie* 41(1), S. 51–70.

Strübing, Jörg. (2006). Webnografie? Zu den methodischen Voraussetzungen einer ethnografischen Erforschung des Internet. In Werner Rammert und Cornelius Schubert (Hrsg.), *Technographie: Zur Mikrosoziologie der Technik*, (S. 247–274). Frankfurt am Main: Campus.

Thrift, Nigel. (2004). Intensities of Feeling: Towards a Spatial Politics of Affect. *Geografiska Annaler* 86B(1), S. 57–78.

Toch, Eran and Inbal Levi. (2013). Locality and Privacy in People-nearby Applications. *UbiComp'13. Proceedings of the 2013 ACM International Joint Conference on Pervasive and Ubiquitous Computing*, (S. 539–548). New York: ACM.

Tomita, Hidenori. (2005). Keitai and the Intimate Stranger. In Mizuko Ito, Misa Matsuda und Daisuke Okabe (Hrsg.), *Personal, Portable, Pedestrian. Mobile Phones in Japanese Life*, (S. 183–204). Cambridge: MIT Press.

Urry, John. (2000). *Sociology Beyond Societies. Mobilities for the 21st Century*. London: Routledge.

Wagner, Elke und Martin Stempfhuber. (2013). ‚Disorderly Conduct‘: On the Unruly Rules of Public Communication in Social Network Sites. *Global Social Networks. A Journal for Transnational Affairs* 13(3), S. 377–390.

Weilenmann, Alexandra. (2003). ‚I can't talk now, I'm in a fitting room‘. Formulating Availability and Location in Mobile Phone Conversations. *Environment and Planning* 35(9), S. 1589-1605.

Williams, Raymond. (1974). *Television, Technology and Cultural Form*. London: Routledge.

Williams, Raymond. (1983). *Towards 2000*. New York: Pantheon und Random House.

Woolgar, Steve. (2005). Mobile Back to Front: Uncertainty and Danger in the Theory-Technology Relation. In Rich Ling und Per Pedersen (Hrsg.), *Mobile Communications*, (S. 23–43). London: Springer.

Teil III
Transformationen des Öffentlichen

Publicly Private and Privately Public: Social Networking on YouTube

Patricia G. Lange

YouTube is a public video-sharing website where people can experience varying degrees of engagement with videos, ranging from casual viewing to sharing videos in order to maintain social relationships. Based on a one-year ethnographic project, this article analyzes how YouTube participants developed and maintained social networks by manipulating physical and interpretive access to their videos. The analysis reveals how circulating and sharing videos reflects different social relationships among youth. It also identifies varying degrees of "publicness" in video sharing. Some participants exhibited "publicly private" behavior, in which video makers' identities were revealed, but content was relatively private because it was not widely accessed. In contrast, "privately public" behavior involved sharing widely accessible content with many viewers, while limiting access to detailed information about video producers' identities (https://doi. org/10.1111/j.1083-6101.2007.00400.x).

1   Introduction

As social network sites (SNS) gain users and visibility, a wide range of websites have adopted SNS features (boyd & Ellison 2008).[1] YouTube began as a video sharing platform, but it also offers users a personal profile page—which YouTube

---

[1] Reprint of P. G. Lange. 2008. Journal of Computer-Mediated Communication 13: 361–380 with permission from the publisher.

P. G. Lange (✉)
California College of the Arts, San Francisco, USA
E-Mail: plange@cca.edu

© Springer Fachmedien Wiesbaden GmbH, ein Teil von Springer Nature 2019
M. Stempfhuber und E. Wagner (Hrsg.), *Praktiken der Überwachten*,
https://doi.org/10.1007/978-3-658-11719-1_10

calls a "channel page"—and enables "friending". Research on SNSs has shown that the meanings of social network site practices and features differ across sites and individuals (boyd 2006). This article explores how YouTube users employ the technical and social affordances of the site to calibrate access to their videos by members of their social circle. Specifically, it examines how video sharing can support social networks by facilitating socialization among dispersed friends. An important goal of the article is to document how youth and young adults use You-Tube's video sharing and commenting features to project identities that affiliate with particular social groups. The analysis also evaluates to what extent YouTube's video sharing practices are conducted in public view (versus as private video exchanges) and how these choices reflect different kinds of social relationships. For example, how does sharing videos with certain friends but not others reflect different kinds of friendships? More generally, how do young people maintain and delineate distinct social networks through public video sharing?

In order to address these questions and themes, I begin by describing theoretical frameworks that illustrate the relationship between media exchange and the processes whereby social networks are negotiated online and in public. I then discuss how youth and young adults manipulate both technical features and social mechanisms to achieve different levels of visibility in their media sharing activities. Using a combination of ethnographic methods that included semi-structured, formal interviews and analyses of videos, comments, and video responses, I argue that "friendship linkages" are not the only—or even the primary—way in which some participants express social linkages. Furthermore, I suggest that YouTube participation involves more than strictly public or private interaction. Through an examination of two categories that complicate this dichotomy—"publicly private" and "privately public" behavior—this article describes how participants manipulate media to maintain social networks and intimacy amid public scrutiny. It is shown that expectations about what should be shared or withheld on YouTube vary considerably according to individual needs and according to different types of social relationships.

2   Background

The concept of "social networks" is difficult to define. Wellman (1996) argues that online and offline social networks do not exist as such, but that they are useful analytic constructs for understanding social dynamics. A social network will look different depending upon how one measures it (counting the number of interactions between members versus rating the closeness of relationships, for instance). A social network is defined here as relations among people who deem other network members to be important or relevant to them in some way (Wellman 1996). Using media to develop and maintain social networks is an established practice (Baym 2000; Horst & Miller 2006; Ito & Okabe 2005; Kendall 2002).

One way that social networks are articulated and negotiated on social network sites is through linking and viewing profiles (Donath & boyd 2004; Gross & Acquisti 2005). The linking of profiles through friendship requests and acceptances and the ability to view the resulting connections on others' profiles are tangible mechanisms that reflect existing social networks. They also reflect change, as when friends are added (Ellison et al. 2007). By studying social and technical choices that participants make on social network sites, it is possible to analyze how different social networks are created, maintained, and negotiated through media (Ellison et al. 2007; Gross & Acquisti 2005).

Social network sites are defined as websites that allow participants to construct a public or semi-public profile within the system and that formally articulate their relationship to other users in a way that is visible to anyone who can access their profile (boyd & Ellison 2008). This definition does not specify the closeness of any given connection, but only that participants are linked in some fashion. Similarly, this article considers social networks in a broad sense and examines their 362 Journal of Computer-Mediated Communication 13 (2008) 361–380 [a] 2008 International Communication Association sub-instantiations as they are visibly reflected on YouTube through friending practices, video sharing, and posting comments to videos.

2.1 Maintaining Social Networks Through Media Circuits

Writing about transnational migration, Rouse (1991) proposed a useful framework for understanding the role of media in social network maintenance. He analyzed how Mexican immigrants used media to stay in touch, engage in community decisionmaking, and "participate in familial events even from a considerable distance" (1991, p. 13). The telephone was not used merely to maintain contact; it also helped immigrants engage intensely with distant loved ones and friends. The use of media by members of a social group to stay connected or to interact with other members of the group constitutes a "media circuit." In Rouse's example, the media circuit connected people via the telephone. Media circuits in other forms—such as interconnections through video sharing—may also be examined to understand the social dynamics of a particular group. A media circuit is not a social network itself, but rather it supports social networks by facilitating and technically mediating social interactions among people within a network.

By examining a media circuit, it is possible to understand important social dynamics among the people who use the media. On YouTube, for example, a person may make and share certain kinds of videos with one set of friends, while making and sharing other types of videos with a different set of friends. Although it is not feasible to obtain information about all the media that are exchanged across a social network, Rouse's framework provides a window into particular instantiations of a social network as tangibly reflected in related media use. A media circuit helps some members of a social group to stay connected or interact in qualitatively meaningful ways. Not all members of a social group may participate in a particular media circuit, but examining media use reveals crucial aspects of relationships among participants. In the context of video sharing, posting videos that are shared with certain individuals and not others materially reflects different social configurations.

People who do not regularly participate on YouTube may not understand why people watch seemingly poor quality or odd videos on the site. Yet those videos may serve important social functions, and their utility is not necessarily judged by technical criteria. Media utility is often assessed in terms of the bandwidth or quality of information that a particular medium affords (Nardi 2005). However, in the context of instant messaging, Nardi (2005) demonstrates how certain exchanges are not focused on information gathering. Rather they strive to establish an "affinity," which Nardi defines as a "feeling of connection" between people who "[experience] an openness to interacting with another person" (p. 92). Evaluating an instant message in terms of novel information ignores how short, similarly worded messages may transmit feelings of openness and affinity to the people to whom they are circulated. How and why media like instant messages or videos are viewed, enjoyed, and forwarded reveal much about the participants and their relationships. How they are shared also provides insight into distinctions between public and private.

2.2 Interrogating the Public/Private Dichotomy

Scholars invoking the public/private dichotomy typically use one of two analytically distinct metaphors (Weintraub 1997). The first is "what is hidden or withdrawn versus what is open, revealed, or accessible" (pp. 4–5). Private things are "things that we are able and/or entitled to keep hidden, sheltered, or withdrawn fromothers" (p. 6). Similarly, "individuals have privacy to the extent that others have limited access to information about them, to the intimacies of their lives, to their thoughts or bodies" (Sheehan 2002, p. 22). This includes preventing physical access to materials, as well as using symbols that are not easily understood by people outside a small social group. Intent, however, does not guarantee success, which depends upon the capabilities of interpreting parties, who may detect someone's identity or decipher arcane meanings in videos. The second line of analysis used to distinguish between the public and private concerns "what is individual, or pertains only to an individual, versus what is collective, or affects the interests of a collectivity" (Weintraub 1997, pp. 4–5). This article analyzes the public and private both in terms of what is physically or symbolically more or less visible, and what counts as important or socially relevant for social network members. How "public" a video is can be evaluated according to both factors; it can be judged in terms of how much information a person yields about their identity and how much information in a video is accessed and meaningful to many people, as opposed to a select few.

Social and legal theorists have grappled with the subtleties of the public/private distinction. Nissenbaum (2004) introduces the concept of contextual integrity, which states that within a context of an interaction, people have expectations about what information is appropriate to collect and whether it should be distributed. For instance, when one friend tells another a secret, expectations within the context of "friendship" mean that a confidant will not widely distribute sensitive information. Nissenbaum stresses that ideas about contextual integrity vary across time, place, and culture. However, she does not account for variations within a particular context. On YouTube, people have different expectations about what information can be shared or what constitutes sensitive information. One useful lens for understanding differences in expectations about identity and content sharing within social networks is the concept of the fractalization of the public and private.

2.3 The Fractalization of the Public and Private

Some scholars suggest that communication technologies may be "eroding the boundaries between 'publicity' and 'privacy' in fundamental ways" (Weintraub & Kumar 1997, p. xi). At the same time, Weintraub and Kumar (1997) rightly assert that "the enormous bodies of discourse that use 'public' and 'private' as organizing categories are not always informed by a careful consideration of the meanings and implications of the concepts themselves" (pp. xi–xii). Recent scholarship on the public/private distinction in mediated contexts confirms this observation. Several recent studies discussing public and private media do not acknowledge nuanced meanings. For instance, they 1) consider either visibility or social relevance to determine public/private boundaries, rather than incorporating both lenses (Barnes 2006; Sandvig 2006) or 2) do not consider how contexts other than the one they are analyzing shed light on public/private dimensions (Al-Saggaf 2006). Such limitations are unsurprising, given that entire volumes grapple with these complex terms (Schoeman 1984; Weintraub & Kumar 1997). Yet, nuances and gradations exist in who can access, manipulate, and distribute information. What do these nuances and gradations look like within different contexts? How do social and technical affordances enable or limit particular configurations? If communication technologies are eroding these boundaries, what are the social responses to this erosion?

Gal (2002) provides a useful lens for interrogating the meaning of and response to public/private erosions. According to Gal, "public" and "private" are relative terms and shift according to individual perspectives. The public/private dichotomy is thus more productively visualized as a "fractal distinction." A fractal is defined as "a shape made of parts similar to the whole in some way" (Feder 1988). Gal explains, "Whatever the local, historically specific content of the dichotomy, the distinction between public and private can be reproduced repeatedly by projecting it onto narrower contexts or broader ones" (p. 81). For instance, a home is private when contrasted with the neighborhood. At the same time, public and private spaces exist within the home. At a higher level, community matters may appear private relative to affairs at the level of state government.

Examining the fractalized patterns of public and private video access and interpretation reveals different social networks and their dynamics within the context of public video sharing. Just as small towns constitute a socio-spatial domain that subdivides when smaller social networks require neighborhood interaction, so, too, do video-sharing practices sub-divide in ways that reflect different social networks and relationship dynamics. Studying the fractalization of video-sharing practices thus provides a valuable lens through which to view how social relations shift and subdivide within the context of visible media sharing.

3   Method

The analysis that follows is based on an ethnographic investigation into young people's engagement with online video sharing on YouTube. The data include semi-structured interviews, fieldnotes on observations conducted several times a week over the course of one year on YouTube, analyses of posted videos and comments, and examination of subscription and friending practices.[2] The 54 interviewees ranged in age from 9 to 43, although most were in the mid-teens to early 20s range. In keeping with the project's focus, most of the interviewees were from the United States, although two were from Canada and two were from Europe. Formal interviews lasted from one to three hours and included a pre-interview survey on interviewees' demographic background and media use. Twenty-nine interviews were conducted over the phone, 15 interviews were conducted via instant messaging chat, and 10 interviews were conducted face-to-face.

Observations were collected during varied activities, including watching the main YouTube page to see what videos were featured, reading the YouTube video blog, watching videos of interviewees and others, reading video comments, and observing how YouTube participants responded to commentary (such as addressing a comment in a video). Other data include observations gathered at video-themed events that I attended in Los Angeles, San Francisco, and New York, including a YouTube meet-up on July 7, 2007 in New York City.

Interviewees were recruited in several ways, such as asking members of the research team's personal networks for interviews and sending email requests for interviews on the basis of YouTube content. Soliciting interviews from the researchers' social networks, such as acquaintances of project members, was helpful because several of these participants did not promote their videos widely on You-Tube, if they posted videos at all. Such a strategy helped to illuminate a broader participation base than would have been possible by examining only youth who were popular or particularly visible on the site.

The interview protocol included questions about why the individuals participated on YouTube, how they responded to comments, and what they thought of certain issues on YouTube, such as how "haters" (people posting excessively

---

[2]On YouTube channel pages, participants can display friend and subscription links or withhold them from view, even from other YouTube friends. This contrasts to Donath and boyd's (2004) finding that friendship links are assumed by many participants to be "mutual" and "public" on social network sites. Subscriptions mean that when a new video is posted, all the video maker's subscribers are alerted through email about it. Some interviewees had difficulty distinguishing the social difference between accepting a friend request and subscribing to their videos.

negative commentary) should be dealt with (Lange 2007). The interview items included questions such as:

- What are the major advantages and disadvantages about participating on YouTube? Are you a "YouTuber"? Why or why not?
- Do you know all the people who have posted comments to your videos? Where do you know them from (YouTube, elsewhere online, offline)? What were your reactions to the comments on your videos?
- Under what circumstances do you "friend" someone? Do you only make YouTube friends with people you know offline? Do you make YouTube friends with people only online or only from YouTube? Why? How do you decide to whom you will subscribe? How is the practice of "friending" someone on YouTube different from subscribing to their videos?

The interview was adapted to the interviewee's particular interests and background. Interviewees were also asked specific questions related to their media choices and interactions. For instance, interviewees who indicated that they had received text comments on their videos were asked if they knew specific people, either from online or offline contexts, who posted comments on their videos.

Interviewees represented a wide range of visibility, as indicated by the numbers of YouTube friends and viewers they had. Some were YouTube celebrities who uploaded dozens of videos, had thousands of friends and subscribers, and were recognized within the YouTube community and beyond. Others were not well known within YouTube, had few subscribers and friends, and posted few or no videos.

4   Results

Creating and Negotiating Social Networks Through Video Sharing

Posting text comments and video responses to videos enacts Rouse's (1991) concept of media circuits that illustrates particular social network patterns. For example, an aunt of two boys that I interviewed posted a comment on one of their videos. Living several states away, the boys rarely see her. But by viewing her nephews' videos and posting comments, she re-affirms her position in a familial social network. When the boys read her posted comments, they complete a media circuit that began with an experience that was encoded in video, displayed, and commented upon by their aunt, who participated from afar. In this case, the media circuit helps maintain a social network that already exists. Media circuits take different forms and not only help maintain, but can also help create connections and negotiate relationship changes, as described below.

While some media circuits support existing social networks that began in-person, other social networks would not exist as such without online media circulation. For example, one YouTube celebrity expanded his network after posting videos for dispersed, unknown others to see. When a YouTube participant posts a video, viewers may "friend" the celebrity or comment on the video to garner the celebrity's attention. Several interviewees reported that an intelligent comment on their video usually prompted them to examine the commenter's work. In an environment where friending practices can become liberal, in that some participants routinely automatically accept friendship links, participants often post comments to increase their social visibility and connection to a video maker.

YouTube participants can broaden or limit physical access to their videos and thus create larger or smaller media circuits by using technical features such as limited "friends-only" viewing or strategic tagging. Viewers may locate videos using keywords or "tags" that video makers designate for their videos or write into the video's title or description. Given the limited capabilities of YouTube's search features at the time of this research, several interview participants reported that appropriate tagging, titling, and video descriptions were critical for finding relevant videos. Vague or generic tags, such as "cats," can yield a list of over 200,000 videos, which are difficult to sift through. Manipulation of video descriptions and tagging systems thus becomes crucial for video makers to regulate physical access to their videos. For example, one video maker used his YouTube name as his only tag. Unless one were a close enough friend to know this tag, it would be difficult to find his videos using the tagging system.

In addition to supporting social networks, video-sharing practices helped create new connections and develop social networks. Several interviewees said that they were not friends with their fellow video makers until they began making videos together and distinguishing their videos from other YouTube participants' work. For instance, despite living in the same dorm, one group of college students only began interacting in a qualitatively meaningful way after an incident that they considered ideal to record for YouTube. In this incident, two boys wrestled in their dorm's hallway. One was wearing combat gear and the other, a set of medieval armor. Several people filmed the incident, one of whom filmed it to share on YouTube, given its reputation for similar spontaneous and playful videos. The video, referred to here as Ninjas and Knights, was posted on September 30, 2006. Some of the students noted that they did not know each other well prior to the mediated incident. They further said that filming the incident for YouTube encouraged them to meet and interact with each other.

Brian2: Yeah. We made new friends with the people who filmed us because we'd never met them before. They just came out of their rooms like, "Hey, let's film this." So one—two of the guys that were filming became new friends.

Making the video helped launch connections that did not exist prior to the mediated event. The goal was not to make a high-quality video, but rather to encode an interesting, affective experience that they could share. People who do not regularly use YouTube are often critical of the quality of videos on the site. Some participants were dismissive of the standard of other people's videos. Their objections often related to technical issues (including poor editing, lighting, sound, or some combination) or content (too many videos about people sparring). But critics fail to understand that video quality is not necessarily the determining factor in terms of how videos affect social networks. Rather, creating and circulating video affectively enacts social relationships between those who make and those who view videos. Posting the Ninja video expanded and articulated the network of people interested in participating in the video makers' experience. For students, identifying one's college in the video description and tagging system helps other students and alumni locate the video and participate in a larger community of individuals who have similar affinities.

Brian1: and we know a lot of other people watch [YouTube] like our friends, and it's—if we wanted to tell our friends, "Hey, come and watch this," it'd be a lot easier if we just put it on YouTube instead of sticking it in an email and waiting for the email to get there and waiting for them to open it which would take forever 'cause the file was so big. So we just put it on YouTube and go the link, sent the link to everyone, and they watched it.

Not all videos target general consumption. Some reaffirm pre-existing social networks by including material intended to appeal to shared affinities between the senders and certain receivers. Similarly, sending so-called viral videos to intimates demonstrates readiness to maintain social associations and bond with recipients. People who post criticisms, expecting a high-bandwidth, high-quality experience, fail to display affinity with the video. They effectively reject a social link to the video maker's social network members, for whom the video represents an emotional connection point. For example, in the case of the Ninja video, someone posted the comment, "Can I please have my five minutes and seven seconds back?" In an interview, one of the video makers said that he did not know the person who had posted this comment from either his online or offline social networks. Further, he did not appreciate the comment, nor did he feel compelled to interact with the commenter. Thus, by posting a comment that did not display affinity with the video maker, the comment discouraged the video maker from pursuing additional social contact.

Conversely, interviewees reported that people who post comments of affinity or leave thoughtful comments may prompt the video maker to respond to the poster of the comment. Video makers may react to comments by: 1) reading them; 2) posting comments in response to the comments they received on a video; 3) posting a comment or question on the commenter's video or channel page; 4) extending a friend request to the commenter; or 5) viewing or subscribing to the commenter's videos. Although further interaction is not guaranteed through comments, interviewees noted that these interactions were often the initial steps in broadening social connections through media circuits.

4.1 Fractalized Public and Private Dynamics Reveal Different Social Networks

Applying the fractal public/private distinction (Gal 2002) is useful because it reveals social patterns that otherwise remain hidden. The fractal distinction between the public and private is reproduced at various levels on YouTube. At a high level, YouTube is public, especially when contrasted with home video viewing, but within YouTube, fractalized divisions occur. While some video makers heavily promote their videos to connect with many people, others tell only a few friends about their work. Moving down to the level of specific video makers, the fractalized pattern repeats. Within a single video maker's work, some videos are personal, whereas others address issues such as environmental sustainability or racism and are intended for a larger audience.[3] Video makers may also have more than one YouTube account. Some celebrities reported having one account that encourages broad participation and social network linkages with fans and another account that targets circles of intimate friends.

---

[3]The claim here is not that all viewers interested in racism or other subjects will actually view a particular video, but rather, as Weintraub (1997) points out, that some subjects are considered more public than others. What scholars have characterized as relatively more public issues are those that concern a larger collective versus, for example, gossip that involves an event that relatively few people know or care about.

4.2   Publicly Private

On YouTube, some participants broadcast extensive information about their identity. Moreover, they craft videos with content that is broadly appealing, and they aggressively promote and disseminate their videos. This can be considered quite public video making and viewing, because all three factors—identity information about the video maker, content relevance, and technical access to videos—are designed to be broadly appealing and widely available. On the private end of the spectrum, video makers may choose to restrict information about their identity in videos, and they may make videos with content that appeals only to a few close friends. They can also restrict access to the videos technically, by using few or cryptic tags or by invoking YouTube's "friends-only" viewing feature, according to which only members designated as the video maker's friends may access the video.

Other important categories of participation exist. Participants may share private experiences through video but do so in a "public way," by revealing personal identity information. This behavior may be characterized as "publicly private," in that they disclose identity information about themselves. At the same time, they use mechanisms to limit physical access to the videos or to limit understanding of their contents. The first part of this compound expression thus refers to the amount of identity information imparted by video makers. The second part refers to the available physical access to the video and to the interpretative content that may be understood only by the video maker and a few viewers.

Mechanisms that limit access may take technical and social forms. In a video referred to here as Hand Puppets, both the video's tags and content limit access to it. Theoretically, anyone can view the video and the identity information it contains. A girl's face intermittently appears on camera and the video's channel page contains identifying information. Nevertheless, only people who find it can analyze its contents. It also exhibits occasionally uneven audio, which offers another type of physical access barrier. This video was posted on July 8, 2006, and over the course of a year, it garnered only 88 views. The creator's tagging choices, which include common first names and cryptic abbreviations, complicate casual viewing access. For instance, one abbreviated tag is a reference to the religious convention that the girls attended while making the video. People who attended this convention or who are members of that religious network might use the tag to find other videos in other media circuits with the same tag. In this way, they can try to connect with other members of this social network.

Once they obtain physical access to videos, participants may have numerous interpretations, but these interpretations may not coincide with the girls' feelings about what is happening in the video or their in-jokes about the people they discuss. The video is filled with inside references and stylistics that are not intended for general YouTube viewership.

Interviewer: What was your story idea?
Allison: It was just basically about this guy that I met and myself, and [my friend] kept like messing up our names when we were talking about it. Like she kept calling him James instead of John, which is her brother's name. And so we decided to just change the names in the movie and such. And then we also talked about some random things that he and I had talked about on the phone and such, and yeah, it just kind of random, spur of the moment sort of things.

Anjin, a youth in his late teens, also uses cryptic tagging practices, such as using only his YouTube name. Unless one knows this name, the video's title, or words in the video description, it will be impossible to use the tagging and search systems to search for his videos. Only his close friends and family—whether online or offline— are likely to find his videos using the tagging system as it was implemented at the time of this writing. Unlike some other participants, he does not widely promote his videos (such as by posting comments and directing viewers to his videos). Of his nine videos, six of them received fewer than 200 views over periods ranging from five to 11 months. Even though YouTube enables global video sharing, relatively few people view his videos there. With regard to tagging practices, it should be noted that nuances in public and private access to videos are not only based on the video maker's intent. For instance, one interviewee claimed that she was simply "lazy" about putting up a lot of tags.

Certainly, viewers' and creators' interpretations may not coincide. Anjin's videos contain personal information, including his real name, the places he visits, and his and his friends' faces. In one video, Anjin and a few friends take a hike. At one point, a young man faces the camera and gives a thumbs-up sign in front of some graffiti, which is difficult to see. Anjin enlarges the graffiti in a graphic and places it next to the youth's face. The box contains the image of swastika. For many people, a swastika symbolizes Nazis and mass genocide. But as Anjin explains, the incident had a particular meaning for the small network of friends with whom he participated on the hike and with whom he shared the video.

Anjin: And there was this graffiti there and it had a swastika. And Ben is Jewish, so we're like; ha-ha, Ben. And he's like, what. So then the kind of joke was that Ben is Jewish and he's making this thumbs up at this swastika. There's some sort of irony there. And, once again, that's just kind of our odd inbred sense of humor at work, even though it's actually pretty terrible.

The image has symbolic value to the boys who participated in the nature walk. For the youth, giving a thumbs-up sign to a swastika does not aim to transmit political information but rather creates an affinity among the friends. One of Anjin's friends later posted a comment on another video in Anjin's oeuvre. The comment—No Swastika. =(—expresses mock disappointment that the current video contained no swastika. If one has not seen the prior video, the comment's intertextual meaning is likely to be lost. Even if viewers had seen Anjin's prior video, they may not understand that the swastika is an affective symbol that refers to humor shared by a small group of friends, rather than genuine disappointment that Anjin does not place swastikas in his videos.

Why did Anjin post the video publicly, given its inside references and symbolism? Although he is aware of the friends-only viewing option, he declined to restrict physical access to his videos. For Anjin and other people interviewed, it was a matter of convenience. Although many people watch YouTube, a number do not have accounts, which are required to "friend" other participants and enable selective viewing. Notably, just as social network site participants have different interpretations of what constitutes a "friend" (boyd 2006), YouTube participants apply different definitions of what constitutes a "public" video. Despite the fact that YouTube offers potential connections to a large public, some people choose to create less public videos, some of which are not available or interesting to people beyond a few close friends.

Anjin: And like I said, I don't really feel too bad about [the swastika video] because I don't, like, display it super publicly. I guess people could stumble onto it randomly but nobody has given me a hard time about it yet.

Within Anjin's YouTube oeuvre, fractalized gradations between public and private videos exist. Although he does not consider most of his videos "super public," since they contain inside refer ences and few people actually watch them on YouTube, some of his videos are "more public" than others. For example, on a martial arts video he used tags that included the name of the martial art. Over a seven-month period, the video garnered over 2,000 views, which is far more than Anjin's other videos. The martial art is practiced around the world and thus has potentially broad social relevance to other dispersed practitioners. One person posted the comment, "Very cool.if you guys are ever in New York, make sure to stop by our branch.=) Best wishes." This poster simultaneously invites Anjin into his social network and expresses interest in joining Anjin's network based on common interest in the video's content.

4.3   Privately Public

YouTube participation may take another hybrid form.[4] Being "privately public" means making connections with many other people, while being relatively private with regard to sharing identity information. Participants in this category conceal certain aspects of their identity, while expanding their friend and subscriber base and making videos with widely accessible content. Privately public individuals who were interviewed included YouTube celebrities and non-famous participants who wished to retain some anonymity. For instance, one person did not want his identity revealed, lest it compromise professional credibility with clients and co-workers. Other people cited concerns about safety and the desire to avoid stalkers.

One privately public video, which is referred to here as Vlad The Impaler, showed a mask-wearing monster. "Vlad's" menacing speech echoes the sentiments of other participants who wish to interact with many people, but in a way that conceals identifying information. The video announces a series of videos that he and his friends intend to make. In this video, Vlad outlines the level of identity that people should expect.

Vlad: We have a strict rule [governing] our society that there are some things that should never be seen, should never be known, [which is] more for our protection than yours. If people knew that we were doing such things, [we] would be punished, so you'll never know our real names or our real faces but you will know our entertainment.

In a chat interview, CT, a youth in hismid-teens, said that he created this character with select friends as a secret joke. Although CT is in the costume, another friend provided a narrative voice over, in which his voice was modulated to sound lower. CT made the video after another friend (RJ) "jokingly" told him that he didn't need CT's help to make videos. RJ implied that CT's contribution was technically lacking. In response, CT and some other friends created the "Vlad the Impaler" character. CT's goal with the "Vlad" films was to become quite popular on YouTube and then reveal himself to his friend RJ, so that RJ would know that he had misjudged CT's talent.

---

[4]The two intermediate forms ("publicly private" and "privately public") discussed here are not the only ones. However, these forms emerged as particularly salient in the dataset used in this study.

CT:	the first vid was to make it seem like we had no clu what we were doing and i wanted it to [build] up. and when the time came if we had a lot more views than RJ we would [unveil] our selves, but we havent been able to make any videos for them
Interviewer:	Wow!
CT:	we were going to make them in a way where we wouldnt have to show our faces
Interviewer:	Why [wouldn't] you show your faces?
CT:	well so nobody on youtube, or RJ would [know] just to prove him wrong
Interviewer:	It is rather [surprising] to me that RJ did not notice that video. I scanned through [Vlad's] subscriber list and it is not that long.
CT:	well one day he had seen it and then he showed it to me that day because we had subscribed to him (he always checks that) and was like hey [CT] look at this noob[5] i had to comment on the cool [lighting] effect

CT uses video in a way that articulates two separate social networks to which he belongs. The first includes his friend and video-making partner, RJ. The second includes a group of friends fromwhich RJ is excluded. RJ was not invited to create the "Vlad the Impaler" video, because he had "insulted" CT. Even though the video is "public," in the sense that anyoneusingYouTube, includingRJ, can viewit,RJ did not recognize his own friend in the video and did not associate CT with Vlad. Despite being a close friend of CT's, RJ cannot access the symbolic meaning of the video that refers to conflict between CT and RJ. In this sense, although public, the "Vlad" video was not interpretable in the same way by all who viewed it. Again, there appears to be a fractalization of the public and private in terms of how CT presents himself in different media circuits that support social connections in varyingly public and private ways.When hemakes videos with RJ, he reveals his face, name, and location.Yetwhen hemade theVlad film, he withheld that information and sought more "privately public" connections to new fans. It should be noted that CT's intentions do not guarantee identification privacy; RJ's role in failing to recognize CT was critical for CT's ruse to work.

---

[5]A "noob" (short for "newbie") is a person who is new to a social group, typically an online environment. The term is often used in a derogatory way to characterize someone who is unfamiliar with the technical and social aspects of a particular online community or activity.

Fig. 1 MysteryGuitarMan. (http://www.youtube.com/profile?user=mysteryguitarman; October 29, 2007)

Some well-known YouTubers also exhibit this type of privately public participation. A further fractalization of relative public and private behavior appears across different participants within this category in terms of their levels of identity revelation. Examples include MysteryGuitarMan (MGM) and MadV. MGM discloses more personal information than does MadV. For instance, MGM speaks and shows himself on camera, albeit usually behind glasses and often wearing a hat (Fig. 1).[6] In contrast, MadV wears a Guy Fawkes[7] mask, does not disclose much personal information about himself, and never speaks.[8]

Although MadV's participation is public, in that a large number of people view his work and have a connection to him (as a YouTube "friend" or subscriber), the person behind the persona does not disclose identity details such

---

[6]A sense for his level of participation can be gotten from his channel page: http://www.youtube.com/profile?user=mysteryguitarman. Retrieved October 29, 2007.

[7]For more information about Guy Fawkes, see "The Gunpowder Plot" (2006).

[8]MadV's channel page can be accessed at: http://www.youtube.com/profile?user=madv. Retrieved October 29, 2007.

as name, location, occupation, age, and gender.[9] MadV has maintained relative anonymity, although he said that this is becoming "trickier" as he attains greater popularity and participates in a widening social network on YouTube. MadV interacts with fans while maintaining a mysterious persona in a Guy Fawkes mask, a symbol that appears in many art works such as the vigilante character named "V" in the dystopic film, V for Vendetta. MadV said that he did not adopt the mask to show alliance with this V character. Indeed, MadV does not allow posted comments that suggest that he wishes to overthrow a government. People attempting to enter his YouTube media circuit using these comments are barred from entry both technically and socially, since MadV also deletes such comments from his YouTube pages. These types of negotiations determine whom MadV will allow into his social network.

People may friend or subscribe to MadV because his videos, such as One World, are broadly appealing and popular. People may assume that MadV is aligned with the "One World" movement,[10] which promotes a more just global society in which people can access information and make connections worldwide. Instead, MadV said he wished to raise global awareness, a topic that also has wide appeal and interests many. In this video, MadV invites others to "make a statement" and to "make a difference." He holds up his hand to the camera. On it is written the phrase, "One World." Many viewers joined this media circuit by posting videos in which they wrote special messages on their hands (thus becoming video makers as well as viewers). Within an eight-month span, One World garnered more than one million views and over 2,000 video responses. At one point, it also held the honor of being the "most responded to video of all time on YouTube."

MadV encourages broad participation, albeit anonymously, by making videos that potentially concern many people and adopting liberal friending practices. Although MadV connects with many people, he nevertheless allows only certain kinds of comments to be posted on his videos. By refusing to post comments or videos from others who try to guess or knowingly reveal his identity, MadV tries to maintain a degree of privately public participation. He writes people who make such attempts at disclosure out of his YouTube media circuit. By placing a comment of affinity to MadV's work, a supporter can write him- or herself into a social network in which MadV is the center by showing how MadV is relevant to them. The way in which a participant responds to other participants illustrates

---

[9]Here I follow his fans' convention and refer to him as "he.".

[10]http://us.oneworld.net/. Retrieved October 29, 2007.

different relationship patterns. Examining these patterns reveal particular media circuit topologies. For example, MadV said in an interview that he does not subscribe to other people's channels or initiate friend requests. In this sense, the media circuit topology that MadV supports is one in which he is the center of a directed social network in which the fans watch and comment on his videos, but he does not engage in these same practices toward fans. His practices are quite different from those that other interviewees reported, in which small, close groups of friends post and watch videos intended for consumption by a limited group. This and the other examples presented above illustrate howby examining participants' choices with regard to video sharing practices, processes of social network maintenance, delineation, and negotiation are revealed.

5   Discussion

This research suggests that for many participants, profile linkages are not the only or even the primary way of supporting a social network through YouTube. A more common practice among the interviewees was posting videos that friends and family could see and respond to. Posting comments also enabled people to express feelings of affinity for the video or the video makers. Media circuits are useful for understanding how social networks are created, maintained, and negotiated in public arenas such as on YouTube. Sharing and commenting on videos helped users maintain connections with their friends and relatives at a distance, and such behaviors facilitated membership negotiation within social networks. Interviewees reported that intelligent commentary on a video could stimulate closer social connections, if the video maker continues to communicate with and interact with the poster of the commentary.

Why do networks fractalize in ways that rupture yet maintain relative public and private social relations? Nissenbaum (2004) argues that some privacy is required for individuals to self-actualize. Privacy is arguably necessary for advancing the self and protecting the integrity of relationships. Having insulation against outside scrutiny is important for experimenting with aspects of the self without fear of retribution. For instance, as part of CT's "privately public behavior," he cloaked himself in a character in order to develop video skills, garner a fan base, and then reveal himself, once successful, to his old friend RJ. Different kinds of relationships require distinctive levels of protection from outside parties; these are manifested in varied levels of publicness and privacy in video making and sharing.

The question also arises: Why do people engage in "publicly private" behavior? This study identified two main reasons. First, the technical options for delineating media circuits as implemented at the time of the research had drawbacks. Many interviewees wished to share media with particular friends or family members but did not want to use the friends-only viewing option, because it required viewers to have an account. Nevertheless, YouTube was a convenient way to circulate videos with dispersed friends and relatives whom they knew watched YouTube. Some interviewees responded to the problem of sharing in public by using limited tagging, such that only people in the social network who knew the tags—which included cryptic references such as the video maker's YouTube name—would be able to use to locate participants' videos.

In addition, some interviewees used their view counts and comment systems as a way of gauging viewership, determining that their videos were not "super public" if they did not garner much response. Just as prior research on blogging demonstrated (Nardi et al. 2004; Vie´gas 2005), a few interviewees were indifferent to being watched. Further, they did not express awareness about how their material could be accessed in ways outside their control. For instance, after the purchase of YouTube, Google enabled its search engine to return results from general searches that included YouTube videos. Such a feature widens video makers' exposure to being viewed, if they use tags that people searching Google also use to find material. YouTube also lists a number of "related" videos next to the current video being watched. If YouTube places a video maker's video on a "related list," the video may get more exposure than the video maker anticipated. Video source code can also be placed on profiles of other social network sites, allowing people to access videos from YouTube.

This article reveals that what constitutes how "public" a media circuit is varies, depending on participants' display of information about themselves and the content that they produce. For instance, MadV kept his identity guarded and reported that he does not know most people in his YouTube media circuit offline, but he encourages broad online viewership and friendships in a way that is not "mutual" with his fans. Posted videos and related comments create media circuits that take on a variety of different forms according to the relationships that they reflect. In MadV's case, fans watch and comment on his videos, but the social trajectory only moves in one direction, sinceMadV does not subscribe to other people's videos nor initiate friend requests. Different media circuit types reflect different interaction dynamics.

Future studies could examine different types of media exchange to see what they reveal about underlying social relationships. The social connections in a group in which media are circulating among a small number of people may differ from those in a group in which media are distributed only in one direction, as is the case between certain YouTube celebrities and their fans. A small private network may more interactively exchange media in bi-directional exchanges than a fan-centric media circuit with a YouTube star. Viewing the media exchange trajectories in different media circuits may thus shed light on other types of media-supported social relationships.

The analysis has shown that the public and private fractalize in complex ways in video making and sharing on YouTube. It also supports previous scholarship that claims that watching media is not merely a passive exercise, but rather that film or video viewing in general involves active interpretations that shape reception of media messages (Friedman 2006). On YouTube, frequent interaction between video makers and viewers is a core component of participation on the site. Viewers and commenters are often themselves video makers, who comment with the strategic intent of forming social relationships with others who will support their work. Some interviewees reported that their attempts to be "friends" with popular YouTube stars were lost in large, mediated, social networks. In the context of liberal friending practices, discourse through comments and video responses provides another way for participants to establish meaningful social connections.

6   Conclusion

This article demonstrated how YouTube participants used both technical and symbolic mechanisms to attempt to delineate different social networks. It proposed new categories of nuanced behavior types that are neither strictly public nor strictly private. Moreover, it demonstrated that parts of social networks, as supported by media circuits, can be examined to shed light on the dynamics of social network creation, maintenance, and negotiation. Beyond profile-based friendship connections, the analysis showed how video sharing can become an important way for participants to negotiate membership in social networks.

These findings also have design implications. As social groups and professional organizations increasingly supplement their websites with social network site components, it is important to be alert to fractalization touch points, where greater amounts of publicity or privacy may be required to meet different individuals' and groups' social needs. Technical features that provide participants more customization and control in creating public and private interactions could help to optimize social network site usage.

As intentional and unintentional surveillance becomes more commonplace in contemporary society, people will likely continue to seek ways to carve out privacy in highly visible media environments. While corporations and institutions may require additional information sharing and employee monitoring on the company Website, the present analysis suggests that some participants will nevertheless manipulate public systems in ways that preserve, in a fractalized pattern, different desired levels of informational and behavioral publicity and privacy. Analyzing micro-processes of networking through video sharing is one way to understand how social groups strive to protect varied levels of privacy amid increasing public scrutiny.

References

Al-Saggaf, Y. (2006). The online public sphere in the Arab world: The war in Iraq on the Arabiya Website. *Journal of Computer-Mediated Communication* 12(1), article 16. http://jcmc.indiana.edu/vol12/issue1/al-saggaf.html. Retrieved July 1, 2007.

Barnes, S. B. (2006). A privacy paradox: Social networking in the United States. *First Monday* 11(9). http://www.firstmonday.org/issues/issue11_9/barnes/ index.html. Retrieved July 1, 2007.

Baym, N. (2000). *Tune in Log On: Soaps, Fandom, and Online Community.* Thousand Oaks, CA and London: Sage.

boyd, d. (2006). Friends, Friendsters, and Top 8: Writing community into being on social network sites. *First Monday* 11(12). http://www.firstmonday.org/issues/issue11_12/boyd/. Retrieved February 28, 2007.

boyd d. & Nicole B. Ellison. (2008). Social Network Sites: Definition, History, and Scholarship. *Journal of Computer-Mediated Communication* 13(1), pp. 210–230.

Donath, J., & boyd, d. (2004). Public displays of connection. *BT Technology Journal* 22(4), pp. 71–82.

Ellison, N. B., Steinfield, C., & Lampe, C. (2007). The benefits of Facebook "friends:" Social capital and college students' use of online social network sites. *Journal of Computer-Mediated Communication* 12(4), article 1. http://jcmc.indiana.edu/vol12/issue4/ellison.html. Retrieved August 28, 2007.

Feder, J. (1988). *Fractals.* New York and London: Plenum Press.

Friedman, S. L. (2006). Watching twin bracelets in China: The role of spectatorship and identification in an ethnographic analysis of film reception. *Cultural Anthropology* 21(4), pp. 603–632.

Gal, S. (2002). A semiotics of the public/private distinction. *Differences: A Journal of Feminist Cultural Studies* 13(1), pp. 77–95.

Gross, R., & Acquisti, A. (2005). *Information revelation and privacy in online social networks. Proceedings of WPES'05,* pp. 71–80. Alexandria, VA: ACM.

"The gunpowder plot." (2006). http://www.parliament.uk/documents/upload/g08.pdf. Retrieved February 28, 2007.

Horst, H. A. & Miller, D. (2006). *The Cell Phone: An Anthropology of Communication.* Oxford, UK and New York: Berg.

Ito, M., & D. Okabe. (2005). Technosocial situations: Emergent structurings of mobile email use. In *Personal, Portable, Pedestrian: Mobile Phones in Japanese Life,* M. Ito, D., Okabe, & M. Matsuda (Eds.). Cambridge, MA: MIT Press.

Kendall, L. (2002). *Hanging Out in the Virtual Pub: Identity, Masculinities, and Relationships Online.* Davis: University of California Press.

Lange, P. G. (2007). Commenting on comments: Investigating responses to antagonism on You-Tube. Paper presented at the Annual Conference of the Society for Applied Anthropology. http://sfaapodcasts.files.wordpress.com/2007/04/update-apr-17-lange-sfaa-paper-2007.pdf. Retrieved August 29, 2007.

Nardi, B. A. (2005). Beyond bandwidth: Dimensions of connection in interpersonal communication. *Computer-Supported Cooperative Work* 14: 91–130.

Nardi, B., Schiano, D., & Gumbrecht, M. (2004). *Blogging as social activity, or, would you let 900 million people read your diary? Proceedings of Computer-Supported Cooperative Work 2004.* New York: ACM Press.

Nissenbaum, H. (2004). *Privacy as contextual integrity.* Washington Law Review 79(1), pp. 101–158.

Rouse, R. (1991). Mexican migration and the social space of postmodernism. *Diaspora* 1(1), pp. 8–24.

Sandvig, C. (2006). The Internet at play: Child users of public Internet connections. Journal of Computer-Mediated *Communication* 11(4), article 3. http://jcmc.indiana.edu/vol11/issue4/sandvig.html. Retrieved July 1, 2007.

Schoeman, F. (1984). *Philosophical Dimensions of Privacy.* Cambridge, UK: Cambridge University Press.

Sheehan, K. B. (2002). Toward a typology of Internet users and online privacy concerns. *The Information Society* 18(1), pp. 21–32.

Vie´gas, F. B. (2005). Bloggers' expectations of privacy and accountability: An initial survey. *Journal of Computer-Mediated Communication* 10(3), article 12. http://jcmc.indiana.edu/vol10/issue3/viegas.html. Retrieved August 20, 2007.

Weintraub, J. (1997). The theory and politics of the public/private distinction. In J. Weintraub & K. Kumar (Eds.), *Public and Private in Thought and Practice*, (pp. 1–42). Chicago and London: University of Chicago Press.

Weintraub, J., & K. Kumar (Eds.) (1997). *Public and Private in Thought and Practice.* Chicago and London: University of Chicago Press.

Wellman, B. (1996). Are personal communities local? A Dumptarian reconsideration. *Social Networks* 18(4), pp. 347–354.

Kopierte Kommunikation

Die Bedeutung digitaler Kopien für die Kommunikation auf Social Network Seiten

Christian Schweyer

1   Die digitale Krise der Autorschaft

Die geschätzte Zahl der Urheberrechtsverletzungen im Internet ist bei der momentanen Gesetzeslage aufgrund einer kaum zu bändigenden Kopierpraxis immens. Im Durchschnitt ließe sich jedes Facebook Profil auf 10.000 EUR verklagen (Stalder 2012). Dabei hat man es auf Social Networking Sites (SNS) gar nicht mit illegalem Download und Filesharing zu tun. Weitergeleitete Kopien vagabundieren durch verschiedene Profile, sie bleiben dabei im Netz und gehen nicht in den Besitz eines anderen Nutzers über (von Gehlen 2012). Mehr oder weniger beiläufig werden sie geteilt, verlinkt, überflogen, gelikt, weggeklickt und angesehen. Mit der digitalen Technik wurde das Kopieren zur einer allgegenwärtigen Praxis der Darstellung und Mitteilung, also zu einem Teil alltäglicher Kommunikation.

In der öffentlichen Diskussion zur digitalen Kopie finden neben politischen vor allem ökonomische Überlegungen ihren Niederschlag. Musiker, Verlage und Autoren protestieren, weil sie ihre Lebensgrundlagen erodiert sehen. Es ist nicht sehr verwunderlich, dass die Diskussionen rund um das Thema Original und Kopie aufs Heftigste geführt werden und die Positionen dabei extrem auseinander gehen. So sprechen die einen euphorisch von neuen Künstlerkollektiven, gemeinschaftlichen Produktionsformen (z. B. Stadler 2014) und smart mobs (Rheingold 2002).

C. Schweyer (✉)
München, Deutschland
E-Mail: christianschweyer@gmx.de

© Springer Fachmedien Wiesbaden GmbH, ein Teil von Springer Nature 2019   207
M. Stempfhuber und E. Wagner (Hrsg.), *Praktiken der Überwachten*,
https://doi.org/10.1007/978-3-658-11719-1_11

Die anderen befürchten den Niedergang der Kultur durch den finanziellen Ruin der Künstler, so wie Sven Regener, Sänger der Band Element Of Crime.[1]

Derart Problematisches sah Goethe an der Kopie noch nicht. Ludwig Jäger zeigt unter anderem am Beispiel der „Wahlverwandtschaften", dass Kopien durchaus als kreative originale Akte gewürdigt werden können (Jäger 2012, S. 32 f.). In den „Wahlverwandtschaften" schildert Goethe, wie Szenen von Kunstwerken nachgestellt werden – zur abendlichen Unterhaltung. Dabei beschreibt er die Kopie eines Bildes von Gerard ter Borch so anerkennend, dass der Unterschied von Original und Kopie gänzlich verschwimmt: „Als drittes hatte man die so genannte „Väterliche Ermahnung" von Terborch gewählt, und wer kennt nicht den herrlichen Kupferstich unseres Wille von diesem Gemälde!".

Tatsächlich galt die Kopie über Jahrhunderte hinweg als Medium der kulturellen Reproduktion, der Traditionsvermittlung, des Kulturtransfers und der Ausbildung. Kopieren galt als rezeptiver oder kreativer Prozess, vor allem innerhalb frühneuzeitlicher Künstlerwerkstätten, im Rahmen der Ausbildung an europäischen Kunstakademien oder als Erfüllung fürstlicher bzw. bürgerlicher Aufträge. Mit dem 18. Jahrhundert wandelte sich dann die Stellung der Kopie: Originalität und Autorschaft wurden an Individualität und Subjektivität gekoppelt. Dem Autor und Schriftsteller kam als „geniales Nebenprodukt einer literaturromantischen Vorstellung" eine einzigartige Stellung im Produktionsprozess zu: er vermochte etwas Neues und Einzigartiges, etwas Originales hervorzubringen (Woodmansee 2000, S. 300).[2] Damit wurde auch das Kunstwerk einmalig und unverwechselbar. Mustergültige und materialgetreue Kopien wurden zunehmend als Fälschung oder dilettantische Annäherungsversuche gewertet; das Urheberrecht – erst noch ein Investitionsschutz für Verlage – entwickelte sich, um die Eigentumsrechte von Autoren zu schützen. Die Entstehung der modernen Autorschaft sieht Harald Wasser aufs engste mit der Entwicklung moderner Reproduktionstechniken verknüpft:

> Gerade weil die ‚Abschriften' eine Sache tumber Maschinen geworden waren, hatte der Mensch etwas ‚wirklich Neues', ‚Originelles' zu schaffen, sich von der Maschine und allem ‚Geistlosen' durch Kreativität und Einzigartigkeit abzusetzen. Mittels des Autors gelangte der Geist in die Maschine (Wasser 2012, S. 204).

---

[1]https://www.youtube.com/watch?v=X—AeJKuifU.

[2]Zuvor war der Autor noch einer von vielen Handwerkern, die zusammen Bücher produzierten (Grassmuck 2004).

Technische Neuerungen befeuerten also einerseits Individualitätssemantiken; zugleich leiteten sie aber die Krise des Originals ein: Die Allgegenwärtigkeit massenhaft reproduzierter Kopien machte die Individualität und Eigentlichkeit von Kunstwerken immer unplausibler. Entortung und Entzeitlichung des (kopierten) Kunstwerkes führten zu Walter Benjamins Diagnose der Zertrümmerung der Aura (Benjamin 1991a), Roland Barthes rief den *Tod des Autors* aus (Barthes 2000) und Michel Foucault sah mit der Krise des Autors (und damit einhergehend: der Krise des Subjektbegriffs) das 20. Jahrhundert eingeleitet (Foucault 1974).

Inzwischen bemüht sich die literaturwissenschaftliche Debatte im deutschen Raum um die Rekonstruktion bzw. auch Erneuerung des Autorbegriffs (vgl. Jannidis et al. 2000; Detering 2002). Dabei findet keine bloße Rückkehr zu alten Beschreibungen statt: Mit Fehrmann ist „der Status von Original und Kopie nie einfach gegeben, sondern immer auf Zuschreibungen und Konventionen zurückzuführen" (Fehrmann 2004, S. 9). Es sind dabei die sozialen Diskursivierungen selbst, die sozialen „Transkriptionsleistungen" (ebd., S. 9), die ein Original als solches konstituieren und organisieren.

Wir wollen uns dem Thema der digitalen Kopie nähern, indem wir ihre Bedeutung für die Kommunikation auf der Social Network Seite Facebook untersuchen. Anhand von Screenshots und Interviewausschnitten, die im Rahmen des DFG Projektes „Öffentlichkeit und Privatheit im Web 2.0" empirisch erhoben worden sind, legen wir dar, welchen strukturellen Problemen die Kommunikation im Internet unterworfen ist, und wie sich diese durch die Möglichkeit zu kopieren verändert.

Kap. 1 zeigt anhand einer Auseinandersetzung mit danah boyds und Alice Marwicks Studie zu der SNS Twitter, welche Verstehensprobleme die TeilnehmerInnen dieser Plattform bearbeiten. Die Autorinnen beschreiben, wie diese eine bestimmte Öffentlichkeit imaginieren, die sie gegen alle Hindernisse mit allgemein verständlichen Durchschnittsnachrichten erreichen möchten. Dagegen zeigen unsere Interviews, dass das Publikum auf Facebook nicht analog zu dem der offline Welt zu verstehen ist. Weil der Kontext für Verstehen fehlt, rechnen die Facebook-NutzerInnen damit missverstanden zu werden und stellen ihre Kommunikation daraufhin um (Abschn. 1.1). Das wird darauf zurückgeführt, dass die NutzerInnen den Umgang mit einem Medium gewöhnt sind, das eine bestimmte Eigendynamik erzeugt: die Schnelligkeit von Facebook und die Gleichzeitigkeit unterschiedlicher Kommunikationsangebote verändern die Form von Kommunikationsangeboten und – annahmen (Abschn. 1.2). Gelungene Kommunikation muss sich von Post zu Post aufs Neue herstellen – oder auch nicht. In

Anlehnung an Urs Stähelis Konzept des globalen Populären wird in Kap. 2 die Affektivität (Abschn. 2.1) und Zitathaftigkeit (Abschn. 2.2) der Kopie als eine Möglichkeit dargestellt, damit umzugehen. Auf Facebook stellt sich eine Art der Kommunikation ein, die mittels Kopien auf das verweisen kann, was zu sagen ist, statt es unbedingt mit eigenen Worten auszudrücken. Kopien und Zitate werden in Form von Nachahmung, Verfremdung und Weiterleitung angeeignet und für die eigenen Ausdrucksmöglichkeiten fruchtbar gemacht.

2   Kopierpraktiken als Lösung digitaler Unübersichtlichkeit

2.1   Schreibpraxen auf Facebook

danah boyd und Alice Marwick versuchen mit ihrer Studie „I tweet honestly, I tweet passionately: Twitter users, context collapse, and the imagined audience", (Marwick und boyd 2011) das qualitativ Neue von digital vermittelter Kommunikation im Internet – genauer gesagt auf der SNS Twitter – zu beschreiben. Dafür unterscheiden sie die neuen Medien von der sogenannten „broadcast media" (ebd., S. 123), wie Radio oder Fernsehen: bei Letzteren stehen wenigen Sendern unzählige anonyme Empfänger gegenüber, die zu einem Massenpublikum zusammengefasst werden. Die neuen Medien hingegen erzeugen eine sogenannte „networked audience" (ebd., S. 115) bei der sich die Unterscheidung zwischen Sendern und Empfänger aufhebt. Vielen Sendern stehen nun selbst viele Sender gegenüber, die im Unterschied zu klassischen Medien nicht mehr anonym sind.

> Just as the broadcast audience flattened separated demographic groups into a mass audience, the networked audience combines a person's social connections, revealing the fiction of discrete face- to-face audiences. While the broadcast audience is a faceless mass, the networked audience is unidentified but contains familiar faces; it is both potentially public and personal (ebd., S. 129).

Bei der Onlinekommunikation haben es die „SprecherInnen" mit einem sehr heterogenen, dafür aber wenigstens teilweise bekannten Adressatenkreis zu tun: Eltern, Freunde, Kollegen, Arbeitgeber. Mit ein und derselben Nachricht werden auf Twitter unterschiedliche Personengruppen gleichzeitig angesprochen; sie stehen in verschiedenen Lebenszusammenhängen und haben darum jeweils unterschiedliche Kommunikationserwartungen an die „SprecherInnen". Damit wird eine performativ-eindeutige Darstellung des Selbst problematisch; Marwick und boyd sprechen in diesem Zusammenhang von einem „context collapse", weil nicht klar ist, vor wem man eigentlich spricht und wie man sich folglich präsentieren sollte:

> Like many social network sites, Twitter flattens multiple audiences into one – a phenomenon known as ‚context collapse'. The requirement to present a verifiable, singular identity makes it impossible to differ self-presentation strategies, creating tension as diverse groups of people flock to social network Sites (Marwick und boyd 2011, S. 122).

Auf diesen context collapse reagieren die Sprecherinnen indem sie aus den vielfältigen Adressaten einen idealisierten Durchschnitts-Adressaten extrahieren, der die Schnittmenge dessen verkörpert, was die „Follower" gerne hören würden. Dafür müssen die SNS Teilnehmer vor allem zwei Techniken beherrschen: „self-censorship" und „balancing expectations of authenticity": zurücknehmen und diszipliniert sein auf der einen Seite, ein ausgewogenes Mittel finden zwischen privaten Fakten und allgemein interessanten Themen auf der anderen.

Mit unserer Untersuchung der konkreten Schreibpraktiken der NutzerInnen möchten wir im Weiteren am Begriff *context collapse* anschließen, ihn aber in radikalisierter Form gebrauchen: Damit werden wir den Rahmen schildern, in dem das Kopieren für die Kommunikation auf Facebook bedeutsam wird. Marwick und boyd beschreiben ihre Twitter NutzerInnen als solche, die relativ problemlos mit bestimmten Gruppen ihrer Follower kommunizieren könnten; dass bedeutet, dass Verstehensprobleme nicht thematisiert werden. Verkompliziert wird die Kommunikation ihnen zufolge aber durch die Gleichzeitigkeit unterschiedlicher Adressatengruppen, auf die dann mit durchschnittlichen Nachrichten reagiert wird. Mit Blick auf unser empirisches Material wollen wir hingegen zeigen, dass sich das Facebook Publikum nicht analog der Online-Bekanntschaften strukturieren lässt. Mit dem bekannten Publikum geht der Kontext verloren, der bestimmte Posts verstehbar macht. Statt einer Verdurchschnittlichung der Veröffentlichungen erkennen wir eine Praxis, die Missverstehen einkalkuliert und auf Missverstehen reagiert, mitunter in Form von Kopien.

2.1.1 Kein Grund zum Verstehen: Facebooks Öffentlichkeit

Zunächst ist für unsere InterviewpartnerInnen überhaupt nicht klar, wer genau das Publikum auf Facebook ist und wer sich mit den eigenen Posts angesprochen fühlt. Ein Interviewpartner beschreibt diese Unbestimmtheit folgendermaßen:

> Ah, ich hab hier zwei, drei Sachen so und so gesetzt. Wie ist die Resonanz?
> I: Mhm, mhm.
> A: Das ist natürlich super interessant. Was macht das? Wer antwortet darauf? Was passiert, oder so? Man hat dann konkret Leute vor Augen, die natürlich da antworten werden. Tun sie es auch, oder so? (I_NB_FB_7).

Das Zitat verdeutlicht, dass es nicht unbedingt problematisch ist, wenn nicht intendierte KommunikationspartnerInnen reagieren. Es geht unseren InterviewpartnerInnen weniger darum, dass die falschen Personen einen Post lesen könnten, so z. B. die Eltern. Vielmehr interessieren sie sich dafür, ob überhaupt jemand reagiert und wer das ist. Dieses ungewisse Warten auf Resonanz wird auf Facebook geradezu zum interessanten „Überraschungsmoment" (I_NB_FB_7). Weil die Facebook NutzerInnen kaum abschätzen können wer ihre Beiträge mitliest, thematisieren sie eher deren Antwortverhalten. Das Publikum wird anhand von Reaktionen mehr quantitativ als inhaltlich klassifiziert. Das demonstriert das nächste Zitat, in dem das Publikum in Gruppen eingeteilt wird, die sich nach Antworthäufigkeit unterscheiden:

> Genau, also so gibt's irgendwie 3 Klassifizierungen, das sind irgendwie so die, die ständig mit mir in Kontakt sind, die jeden Tag, wenn ich irgendwie ‚n lustiges Bild finde und das mal ganz schnell reinschreib' oder-oder nen lustigen Satz reinschreibe, die-die sofort mögen, ja, das ist so der engere Kreis von so sag ich ma ja 7, 8, 9, maximal 10 Leuten, dann gibt es halt die-die halt irgendwie so skurrile Bilder von mir wie ich irgendwie äh auf ‚nem Surfbrett stehe und ne Welle surfe, was ich noch nie reingestellt hab, mögen das sind 50 bis-bis 60 oder 70, ja und dann gibt es das Dritte, das sind halt irgendwie so die, keine Ahnung 350 oder-oder-oder 400 Übriggebliebenen, die in meiner Freundesliste sind, von denen ich aber nie wieder, zumindest auf Facebook, was gehört hab', was aber gut sein könnte, dass man sich im realen Leben trifft und trotzdem umarmt und sagt „hey, wie geht's?" und so (I_DW_4).

In dem Zitat werden Wenige, die täglich reagieren, von einer Gruppe von 50–70 Personen unterschieden, die ab und zu reagieren, weil sie sich von „skurrilen Bildern" angesprochen fühlen. Wieder andere, die Mehrheit, tritt nicht aktiv in Erscheinung und bleibt auf Facebook unbestimmt. Die Ungewissheit in Bezug auf das Publikum schlägt sich in der Erfahrung nieder, dass andere Leute den Post schlicht anders lesen als er gemeint war. Wenn nicht vorherzusehen ist wer einen Post liest, ist es schwierig abzuschätzen, wie daran angeschlossen werden soll. Weil Hintergrundwissen fehlt, gehören Missverständnisse zur Kommunikation auf Facebook dazu. Im folgenden Zitat werden Missverständnisse darauf zurückgeführt, dass es verschiedene Möglichkeiten gibt einen Post zu interpretieren.

> Und genau, das ist mir schon oft passiert und ähm es ist ähm, um die Frage zu beantworten, schon öfters passiert, dass ich, dass äh Missverständnisse ähm entstanden sind, weil auch die Möglichkeit besteht, dass man was schreibt und der andere versteht´s wirklich falsch, ja, also es gibt verschiedene Möglichkeiten, das zu interpretieren, ja und man merkt anhand seines Feedbacks, dass er es jetzt so, wie du

es eigentlich gemeint hast, nicht verstanden hat oder nicht interpretiert hat, sondern auf ne Art und Weise, die so gar nicht gemeint war oder das äh gar nicht widerspiegelt, was man damit sagen wollte (I_DW_FB_4).

Missverstehen wird in vielen der Interviews verstärkt thematisiert. Das weist darauf hin, dass sich die Kommunikation auf Facebook für die InterviewpartnerInnen von anderen Kommunikationsformen wie der Face-to-Face Interaktion unterscheidet: das Posten vervielfacht die Interpretationsmöglichkeiten. Das liegt daran, dass das nötige Wissen um den Kontext des Postes fehlt, das helfen könnte diesen einzuordnen. Auch fehlen Gestik und Mimik, die Interpretationsmöglichkeiten einschränken könnten. Die Probleme mit dem Verstehen gehen – wie im nächsten Zitat zugespitzt formuliert wird – so weit, dass richtiges Verstehen nahezu unmöglich scheint; nur sehr Wenige können „erschließen" worum es in einem Post eigentlich geht:

> Es können nur sehr wenige verstehen; richtig verstehen kann es nur ich. Es gibt dann vielleicht noch so zehn Leute, die wissen, was damit gemeint ist, es gibt Leute, die können sich vielleicht so erschließen, was soll das sein „Ah okay, da geht's irgendwie umso keine Ahnung…des und des". Und der Rest checkt es nicht. Aber irgendwie hat man ja so doch sein Publikum (I_EW_FB_1).

Das Zitat zeigt, dass es für die Facebook NutzerInnen kein bekanntes Publikum gibt, das adressiert werden kann, auch nicht die Summe der Freunde und Abonnenten. Der engere Kreis auf Facebook kann sich von den engeren offline Freunden und Bekannten unterscheiden. Das Publikum differenziert sich quer zur offline Welt, von Post zu Post aufs Neue, je nachdem wer reagiert. Darum ändern sich die Strategien, um sich mit den Posts auf Facebook auszudrücken: Mit dem Posten müssen selbst die Grundlagen gelegt werden, um einen Post „erschießen" zu können, immer mit eingerechnet, dass man ihn anders verstehen kann als beabsichtigt. Je nach Thema, je nach Post finden sich (möglicherweise) ein paar Leute, die reagieren. So entstehen „innerhalb dieses öffentlichen Raumes (…) ja unglaublich viele private, kleine, zersplitterte Räume die ganze Zeit" (I_NB_FB_7).

2.1.2 Keine Zeit nachzufragen: Facebooks Gegenwarten

In dem „klassischen Medium" Zeitung konnte man auf eine lineare Abfolge von Artikeln und Erscheinungsterminen hoffen. Redakteure rechneten damit, dass auf Artikel Repliken folgen können und versuchen eventuelle Einwände der Leser schon im Vorhinein zu entkräften: mit Argumenten. Vor diesem Medienkontext erkannte Habermas in der Sprache Potenziale, um Rationalität zu gewährleisten.

> Ein Sprecher kann einen Hörer zur Annahme eines Sprechaktangebotes (...)
> *rational motivieren,* weil er aufgrund eines internen Zusammenhangs zwischen
> Gültigkeit, Geltungsanspruch und Einlösung des Geltungsanspruchs die *Gewähr*
> übernehmen kann, erforderlichenfalls überzeugende Gründe dafür anzugeben, die
> einer Kritik des Hörers am Geltungsanspruch stand halten. So verdankt der Sprecher
> die Gültigkeit (...) nicht der Gültigkeit des Gesagten, sondern dem *Koordinations-*
> *effekt der Gewähr,* die er dafür bietet, den mit seiner Sprechhandlung erhobenen
> Geltungsanspruch gegebenenfalls einzulösen (Habermas 1981, S. 406).

Die SNS-TeilnehmerInnen stellen in unseren Interviews die Geltung ihrer Posts
indessen mitunter selbst infrage. Scheinbar ist es auf Facebook gar nicht sehr
erwartbar, authentisch, normativ und wahrheitsgetreu zu sein. Das unterstreicht
auch der folgende Interviewauszug, in dem betont wird, dass man vieles sagen
kann, das man in Face-to-Face Kommunikation nicht sagen würde, weil auf Facebook keine unmittelbaren Konsequenzen resultieren:

> Wieso soll ich da jetzt kommentieren: ‚Des find' ich scheiße.' Des nutzt ja alles
> irgendwie nichts. (Pause) Es hat ja auch keine Qualität, weil man sagt's ja auch kei-
> nem anderen Menschen ins Gesicht. Weißt du ja, wie ich mein? Da kann man ja
> schnell sagen: ‚Du bist en Arsch.' auf Facebook. Es ist ja auch alles virtuell und
> irgendwie losgelöst von Konsequenzen find' ich. Oder losgelöst von Reaktionen.
> Klar kann derjenige Antworten, aber des sind bloß Buchstaben im Grunde auf dem
> Bildschirm. Und von daher – nee, diskutieren gar nicht, eher kommentieren (I_DW_
> FB_6).

Interessanterweise wird hier zwischen Diskutieren und Kommentieren unterschieden. Auf unterschiedliche Arten wird Bezug auf andere Posts genommen,
nur geschieht dies in anderer Form als dem zielgerichtetem Austausch von Argumenten oder dem kritischen hinterfragen der Beiträge. Kommentare sind vielmehr als eine Folge von Statements zu begreifen, auf die weitere Statements
folgen können. Die Notwendigkeit das Veröffentlichte rechtfertigen zu müssen
kann vollkommen ausbleiben. Das liegt vor allem daran, dass Kommunikation
auf Facebook zu schnell getaktet ist, um Argumente auszutauschen (siehe auch
den Beitrag von Elke Wagner in diesem Band). Es ist für die TeilnehmerInnen
nicht das richtige Medium um sich auf langwierige Gespräche einzulassen, weil
es die TeilnehmerInnen mit einer großen Zahl von gleichzeitigen Postings und
Kommunikationsangeboten konfrontiert und „zwei Minuten später irgendwie das
nächste schon zur Debatte steht, irgendwie. (...) natürlich wird das immer wieder
eingeholt von dem nächsten Post, der immer schon wieder da ist" (I_EW_FB_9).
Die Zeitspanne, die nötig wäre, um „den mit seiner Sprechhandlung erhobenen

Geltungsanspruch gegebenenfalls einzulösen" ist beim Posten auf Facebook so klein, dass der Anspruch, wenn überhaupt, nur für den jeweiligen Moment gilt.

Im folgenden Interviewausschnitt wird ausgeführt, dass sich alles „permanent ändert" und darum „adäquate Beschreibungen" nicht mit dem offline Leben korrelieren müssen:

> ich glaube auch nicht, dass es ein Problem für die Leute ist, weil sie die Frage danach glaube ich überhaupt gar nicht stellen, ob das jetzt das richtige Profil ist oder ne adäquate Beschreibung desjenigen, der das Profil hat, sondern die wissen schon alle ganz genau, dass sich das halt permanent ändert. Und ähm…das ist eigentlich ne…ja son schönes kleines Spiel irgendwie, wo man jetzt irgendwie gar nicht großartig danach fragen muss, ob des jetzt irgendwie mit irgendwas zusammenfällt, was nicht in Facebook jetzt stattfindet (I_EW_FB_9).

Die Kommunikation auf Facebook wird in dem Zitat als Spiel beschrieben, das sich vom offline Leben unterscheidet. Wahrheiten und konsistente Selbstdarstellungen werden unplausibler, der Umgang mit der eigenen Identität und den was man öffentlich von sich gibt wird freier, den Konsistenzanforderungen mündlicher oder klassisch schriftlicher Kommunikation enthoben. Das wird darauf zurückgeführt, dass sich alles „permanent ändert". Vor diesem Hintergrund sind die SNS-TeilnehmerInnen eher mit Flaneuren zu vergleichen, die versuchen sich einen vagen Überblick über die Vielzahl an erscheinenden Texten und Bildern zu verschaffen. Loses Abscannen, Scrollen, sich davon überraschen lassen was einen gerade interessiert und hier und dort hineinlesen: das ist die gewöhnliche Facebook Praxis. Dabei rückt die Gegenwart ganz deutlich in das Zentrum der Post- und Lesepraxis. Was passiert mir gerade jetzt? Was interessiert mich gerade jetzt? In diesem Sinne beschreibt ein Interviewpartner die Auswahl seiner Profilbilder:

> Die wechseln nach Tageslage (Pause) was ich grade so aufschnappe, versuche ich grade auch im Bild irgendwie auch zu verarbeiten (lacht) (I_EW_FB_9).

Das Zitat zeigt, dass das spontane Aufschnappen und Teilen ein wichtiges Moment von Facebook ist. Die Gegenwart wird aufgewertet. Dagegen verlieren die „LeserInnen" ihr Interesse, wenn in kürzester Zeit mehrere Posts einer bestimmten Person wiederholt werden. So wiederum die folgende Facebook-Userin:

> Ich mein, ich schau da am Tag zweimal rein, dann scroll ich einmal kurz runter, was die Leute da so geschrieben haben. Wenn dann von ihm so 25 Beiträge sind, und ich ewig beschäftigt bin, die anderen rauszufinden (Pause). Ich mein, ich schau da

ja auch interessehalber rein, manchmal find ich ein Video, dass ich mir anschauen kann, oder irgend nen Quatsch. Und wenn dann von einer Person schon die ganze Seite fast voll ist... (B-2, Z. 283–287).

Das Zitat zeigt, dass die TeilnehmerInnen den Anspruch haben, von Facebook aktuelle und ausgewählte Informationen und Unterhaltung zu bekommen. So gesehen dient Facebook als eine Art individualisierte Suchmaschine, in der die Teilnehmer sich gegenseitig und je aktuell mitteilen, wenn sie auf etwas Interessantes oder Witziges gestoßen sind (Zu der Organisation des eigenen Facebook Profils siehe Wagner und Barth in diesem Band). Vor allem verweist das Zitat aber darauf, dass Postings nur dann als „authentisch" und wichtig wahrgenommen werden, wenn sie nicht wahllos erscheinen.

Die bisherigen Ausführungen sollten beschreiben mit welchen konstitutiven Bedingungen die NutzerInnen auf Facebook zurechtkommen müssen: Zum einen mangelt es ihnen an Hintergrundannahmen um Posts verstehen zu können; zum anderen sind Postings radikal auf die jeweilige Gegenwart bezogen. Das bedeutet, dass funktionierende Posts voraussetzungsfrei und möglichst in sich abgeschlossen sein sollten – sie müssen sich selbst erklären können:

Von daher find' ich ein guter Kommentar, der steht einfach für sich. Der muss keine Reaktionen mehr hervorrufen (I_DW_FB_6).

2.2   Die Kopie als digitales Populäres

Marwick und boyd stellten die Problematik der Selbstdarstellung in den Mittelpunkt ihrer Untersuchung. Im Wissen um ein bestimmtes Publikum disziplinieren die SNS-TeilnehmerInnen sich selbst. Unser Material zeigt nun auch das genaue Gegenteil: Selbstdarstellungen sind für die TeilnehmerInnen sehr wohl möglich, weil sie bloß als gegenwärtiger Ausdruck Relevanz haben. Ohne Anspruch auf Konsistenz und Kohärenz können die TeilnehmerInnen sich präsentieren und brauchen sich dabei nicht von falsch verstandenen Darstellungen einschüchtern zu lassen. Man ist eben immer auch anders als man sich im Moment darstellt. Das Kopieren spielt dann auf unterschiedliche Weisen eine zentrale Rolle: Das Kopieren befreit von der inhaltlichen, eigens formulierten Selbstdarstellung.

Stattdessen erhöht es in Form einer (in gewissem Sinne) kreativen Aneignung des Bekannten (Werbung, Musikvideos, …) die Wahrscheinlichkeit auf einen Anschluss. Zudem regt Facebook selbst zum Teilen eines Beitrages an, weil das schlicht schneller und prägnanter ist als eine eigene Formulierung.

Die „Kunst" des Postens besteht darin, mit dem Post selbst die Voraussetzungen zu schaffen (bzw. zu imaginieren), die nötig sind, um eine Kommunikationsannahme in einem kontextlosen und gegenwartsbezogenen Raum zu ermöglichen. In Anlehnung an Urs Stähelis soziologische Beschreibung des Globalen Populären können wir sagen, dass zwei Bedingungen erfüllt werden müssen, um dennoch Anschluss zu gewährleisten: Affektivität einerseits und Zitathaftigkeit andererseits (Stäheli 2000). Affektivität meint, dass in einem digitalen Raum, der keine Zeit für Erzählungen, Argumentationen oder Ähnliches lässt, Ideen der ‚direkten Wissensübertragung' Bedeutung erlangen (Siehe auch den Beitrag von Martin Stempfhuber in diesem Band). Das heißt hier, dass Postings direkt ins Auge stechen und unmittelbar, ohne lange Erklärungen zu erschließen sind, oder noch deutlicher: nachzuvollziehen sind (Abschn. 2.1). Die Zitathaftigkeit spielt wiederum darauf an, dass die Postings etwas Bekanntes in abgewandelter Form nutzen können auf das sich „Sender" und „Empfänger" beziehen können. Mit kurzen Einleitungsworten, Anspielungen und leichten Abwandlungen lassen sich Kopien als persönlicher Ausdruck darstellen (Abschn. 2.2). Damit nimmt die Kopie bzw. das Kopieren eine zentrale Stelle in der Facebook-Kommunikation ein.

2.2.1 Affektivität

In dem oben beschriebenen digitalen Rahmen, in dem Kontexte nicht mehr ohne Weiteres zum Tragen kommen und den TeilnehmerInnen zudem die Zeit fehlt, Verständnislücken durch nachfragen zu klären, kann die Kopie auf besondere Weise funktional werden: sie suggeriert, dass es im digitalen Raum möglich ist, Informationen direkt übermitteln zu können. Damit ist zweierlei gemeint: zum einen können Kopien in ihrer bildlichen Form (erwartbare) Affekte und Reaktionen auslösen, zum andern stehen sie stellvertretend und zusammenfassend für eine Mitteilung, die in ihrer Ausführlichkeit auf Facebook nicht funktionieren würde. Einige Interviewte beschreiben, dass sie ihre KommunikationspartnerInnen unmittelbar spüren lassen können was los ist, indem sie auf das anspielen, was sie sagen möchten, statt lange erklären zu müssen, was in ihnen vorgeht: „man versteht sich so direkt", (I_EW_FB_3) meint eine Befragte. Sie spricht sogar von Telepathie, und gibt sogleich einen Hinweis darauf, wie diese Telepathie im digitalen Raum möglich sein kann:

> Leute posten dann irgendein Bild, suchen irgendein Bild, das sie dran erinnert oder ein Lied, das sie dran erinnert und äh, posten des dazu. Und das hat sich auch erst so entwickelt, dass man sieht, dass es geht, es selber macht und dann (Pause)ähm (Pause) und des find ich auch sehr spannend dran (Pause) also dass einem so (Pause) dass einem da mehrere Dimensionen der Kommunikation (Pause), es ist ein bisschen so wie Telepathie (lacht).
> Interviewerin: (lacht).
> L.: (lacht) Nee, wirklich. Man kann dem anderen so äh „ich denke gerade das" und „so sieht das aus, dass ich gerade denke und das zeig ich dir jetzt" (I_EW_FB_3).

Die Interviewte weist in diesem Interviewauszug auf Medien wie Bilder oder Lieder hin, die im Internet gesucht werden, weil sie bestimmte Erinnerungen, Gedanken oder Gefühle auslösen sollen. Diese werden in Form von Kopien mitgeteilt. Ohne viel zu erklären kann zum Beispiel ein Moment der Nähe hergestellt werden oder ein Anlass gefunden werden, um gemeinsame Erinnerungen zu teilen, indem ein Lied (beispielsweise von YouTube) in die Chronik einer Freundin gepostet wird. Die TeilnehmerInnen auf Facebook reagieren auf Zeitdruck und Verständnismangel indem sie technische Möglichkeiten nutzen: das Erklären oder Berichten weicht dem *sich etwas zeigen*. Die Kopie, das Geteilte, ein Foto oder Video wird zum Medium des Zeigens, man führt mit der Kopie etwas vor. Die Adressatin soll damit in eine Situation versetzt werden, in der sie nachvollziehen und „mitfühlen" kann. Die digitalen Mittel scheinen es möglich zu machen, das Auslösende einer Empfindung weiter zu leiten, statt nur wiederzugeben, was einem widerfahren ist.[3] Damit schwingt die Idee mit, das Erlebte andere gleich selbst erfahren zu lassen. So wird im nächsten Screenshot ein Lied gepostet um an die Zeit im Studentenwohnheim zu erinnern:

---

[3]Auf ähnliche Weise beschreibt Walter Benjamin in seinem Kunstwerk-Aufsatz, wie sich mit den Mitteln neuer Medien – allen voran der Film – massenhafte Wahrnehmungen in Form einer „simultanen Kollektivrezeption" (Benjamin 1991a, S. 497) ereignen. Nicht Kontemplation, sondern „taktile Wahrnehmung" (ebd., S. 505) zeichne die Rezeption aus. Benjamin vergleicht den Film in diesem Sinne mit der Architektur (Benjamin 1991b).

 ██████████████ hat eine Erinnerung geteilt — 😊 froh mit
██████████████ und 13 weiteren Personen.
2. November um 11:34 · 👥

Wow, ich hatte unsere Musikabende fast wieder vergessen! Schön wars bei uns! Liebste Grüße! ████████████████

██

und alle anderen von 2A

 ████████████████
2. November 2011 · 👥

yeah, grad wiedergefunden: http://www.youtube.com/watch?v=G6LuWPmEfBM

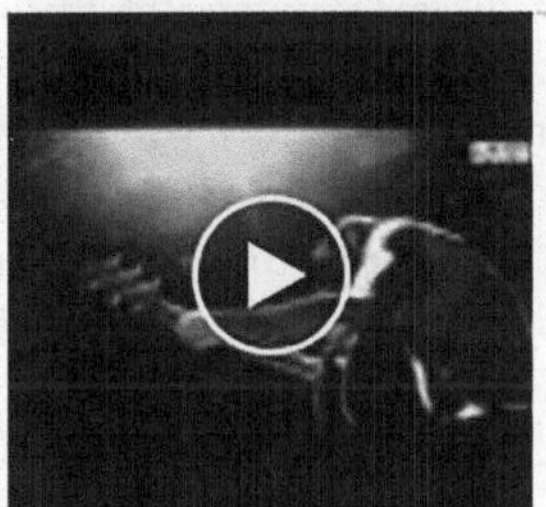

👍 Gefällt mir   💬 Kommentieren   ↗ Teilen

👍❤️ Du und 5 weitere Personen

████████████ Die besten Zeiten! Liebe Grüße an alle!
Gefällt mir · Antworten · 👍 2 · 2. November um 12:06

(Quelle: Facebook.com; 02.11.2015)

Hier wurde eine momentane Erinnerung gepostet, auf die die Teilnehmerin vielleicht selbst beim wieder hören des Liedes gestoßen ist, um mit anderen dieselbe Erinnerung zu teilen. In dem Screenshot wurde der Beitrag von Facebook nach fünf Jahren selbst noch einmal als Erinnerung präsent gemacht und von der Teilnehmerin erneut geteilt. Lieder die an etwas erinnern, Texte die begeistern, ein lustiges Video oder Ähnliches können einfach weitergeleitet werden. Was bei Facebook aufblitzt ist die Idee der direkten Übertragung dessen, was gerade erlebt wird, oder woran man momentan denkt, ähnlich eines fotografischen Schnappschusses, der für ein Erlebnis steht, wie im nächsten Zitat:

> und des hab ich dann sofort fotografiert und mein Freund irgendwie sofort geschickt, der grade zu der Zeit in Israel war und des wurde dann so mit (Pause) also gepostet mit dem ironisierenden Unterton… „ja du hast schön und ich bin hier in diesem (Pause) immer noch im gammligen Deutschland" (lacht). Und (Pause) insofern ändert das natürlich schon den Blick (Pause) also, dass man die Möglichkeit hat da alles sofort mitzuteilen. Also man nimmt da schon (Pause) man nimmt vielleicht (Pause) man nimmt anders wahr (Pause) man nimmt pointierter wahr irgendwie. Man scannt dann schon so seine Umgebung, wenn man so auf die Straße läuft auf potenziell Skurrilitäten, die man posten könnte irgendwie (I_EW_FB_9).

Dieses Zitat spielt darauf an, dass sich mittels eines Fotos, einer Momentaufnahme mit einem kurzen Kommentar mitteilen lässt, was zu sagen ist. Es braucht keine Fotoalben mit Bildern, keine E-Mails, sondern nur ein Bild, das für das Ganze steht. Damit fallen zwar unzählige Details weg, andererseits entstehen die Details auch in den eigenen Assoziationen. Auch wenn sich das letzte Zitat um die Fotografie dreht, fällt auf, wie sich der Blick auf die Welt mit der Facebook-Brille verändert. Man sucht nach Motiven, die sich sozusagen Copy & Paste in Facebook übertragen lassen. Das alltägliche Leben wird auf Empfindungen hin abgescannt, die mitteilenswert sind, das Erlebte wird interessant, wenn es möglichst sofort mitgeteilt werden kann. Damit richtet sich die selektive Wahrnehmung (zumindest die, die sich in Facebook Posts niederschlägt) zunehmend auf das Erleben von Einmaligem, Skurrilitäten und Besonderheiten; das Andauernde dagegen, das Stetige verliert an Bedeutung. Es lässt sich digital eben nicht so gut kommunizieren. Was in den Blick gerät sind bestimmte Auslöser von Empfindungen oder Reaktionen. Im Internet warten unzählige Affekte auslösende Videos, weise Sprüche oder Texte darauf, mit einem einfachen Klick auf den „Teilen"-Button sogleich weitergeleitet zu werden. Sie können und dürfen noch so oberflächlich und inhaltsleer erscheinen, bei der Internetkommunikation funktionieren sie oft. Das spiegelt sich in der Verbreitung von Katzen- oder Schockvideos. Sie lösen einfach Reaktionen aus. Im folgenden Zitat beschreibt der Interviewpartner, dass es beim Posten genau darum geht, diese Reaktionen „hervorzulocken".

> also ich glaub nicht, dass es irgendwie um Neuigkeiten geht da, sondern nur um so ne (Pause) immer umso ne Pointe irgendwie nochmal (Pause) vielleicht auch nur son Schmunzeln bei den anderen hervorzulocken irgendwie (I_EW_FB_9).

Kopien dienen auf Facebook vielfach als Stimuli, die bei den BetrachterInnen irgendetwas auslösen. Was genau kann nicht unbedingt bestimmt werden. Aber mit Kopien sollen Reaktionen in eine bestimmte Richtung gelenkt und bestimmte Anschlüsse wahrscheinlicher gemacht werden als andere.

2.2.2 Zitathaftigkeit

Wer etwas auf Facebook zu sagen hat, tut das oft nicht mit eigenen Worten. Als SprecherIn tritt man weniger über das eigene Erschaffen von Texten, Bildern oder Videos auf, sondern – scheinbar relativ voraussetzungslos – als jemand, der bestimmte Dinge weiterleitet oder nachahmt. Mit der Kopie als Zitat kann etwas als (zumindest potenziell) bekannt vorausgesetzt und für die eigene Kommunikation nutzbar gemacht werden. Mit minimalen Abwandlungen (Kommentar, Remix, …) aktualisieren die Posts einen Kontext, der sie „verstehbar" macht; und sie ergänzen erweitern Formen der Aneignung und Mitteilung von „Wissen" um die technische Möglichkeit, das was man sagen möchte, direkt zu kopieren. Postings werden so zu Kommunikationsanlässen, über die man sprechen kann und sie symbolisieren Haltungen, die kopiert und geteilt werden können.

Im folgenden Screenshot übernimmt ein Facebook Nutzer die Idee, eine französische Flagge über das eigene Profilbild zu legen, um Solidarität mit Frankreich und den Opfern der Terroranschläge zu zeigen. Facebook stellt für manche tagespolitischen Anlässe (und verschiedene gute Zwecke und Sportereignisse und Weiteres) Vorlagen bereit, die man über das eigene Profilbild legen kann. Die Türkische Flagge war bisher aber nicht dabei. Darum imitiert der Teilnehmer die Vorlage und postet ein Bild mit türkischer Flagge, um auf die Situation in der Türkei aufmerksam zu machen. Dabei spricht er „das Original" explizit an:

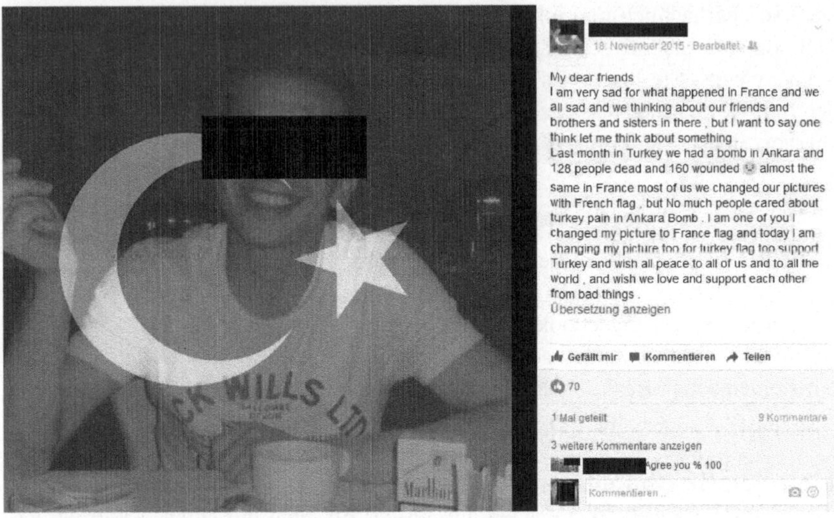

(Quelle: www.facebook.com; 18.11.2015)

Indem der Teilnehmer hier eine bekannte Vorlage abändert, kann er Aufmerksamkeit generieren. Er nimmt also auf etwas Bekanntes Bezug um seine eigenen Themen zu platzieren und Kommunikation anzuregen. In den Kommentaren auf dieses Posting findet sich neben Zustimmung in Form von brennenden Likes und Kommentaren auch die Frage, wie man denn diese Flagge selbst über das eigene Profilbild legen kann. Eine Facebook Nutzerin möchte die Adaption wiederum Kopieren und die türkische Flagge für ihr Profilbild übernehmen. Darum fragt sie in den Kommentaren zu dem Bild wie das denn gehe:

(Quelle: www.facebook.com; 18.11.2015)

Kurze Zeit später hat jene Teilnehmerin ihr Foto geändert. Im ersten Kommentar dazu wird genau auf die französische Flagge angespielt: Die Kommentierende wundert sich, wieso nicht diese Flagge über das Profilbild gelegt wurde. Daraufhin kann sich die Postende erklären: Mit der nachgeahmten, von der französischen Vorlage abweichenden, türkischen Flagge soll die eigene Haltung, also die Solidarität mit türkischen Opfern herausgestellt werden.

(Quelle: www.facebook.com; 18.11.2015)

Die kopierende Kommunikation wählt hier also Bekanntes aus und aktualisiert es abgewandelt als Ausgangspunkt, um Kommunikation so zu rahmen, dass in einem bestimmten, erwartbaren Sinne daran angeschlossen werden kann. Das muss nicht funktionieren: Die späteren Kommentare im letzten Screenshot gehen überhaupt nicht mehr auf die Flagge ein. Der Name der Userin wird zwei Mal genannt, verschiedene Smileys und „You look beautiful" dazu gepostet. Diese Kommentare nehmen also auf die Postende selbst Bezug. Das wiederholt, dass die Posts gleichzeitig unterschiedliche Anschlussmöglichkeiten offenhalten, ohne sie strikt in eine bestimmte Verstehensrichtung zu lenken. Trotzdem scheint es notwendig zu sein, sich in der Kommunikation auf etwas Bestimmtes beziehen zu können. Im nächsten Zitat wird Kommunikation in diesem Sinne als Kommunikation über Referenzen – das heißt über unterschiedlichen Medien – beschrieben, die Gesprächsanlässe ermöglichen:

> du schreibst kaum selber was, das funktioniert immer über Referenzen – über nen Text, über nen Film, über nen Musikstück, des du reinstellst und dann tauscht du dich darüber aus (I_EW_FB_2).

Hier werden Texte, Filme oder Musikstücke zum Anlass genommen einen gemeinsamen Kommunikationsanlass zu finden. Man tauscht sich über etwas aus.

Dieses Austauschen nimmt aber, wie wir schon in Kap. 1 gesehen haben, nicht die Form inhaltlicher Auseinandersetzung oder strukturierter Gespräche an. Mit den nächsten beiden Screenshots soll gezeigt werden, dass man mit Facebook durchaus intellektuell arbeiten kann, das soll heißen, dass man auch sperrige, zumindest längere Texte teilen und sich solche auch aneignen kann. Nur schlägt sich diese „Aneignungsarbeit" nicht inhaltlich in Facebook nieder, sondern oft wie im Folgenden: in Form von Zitaten.

Der nächste Screenshot zeigt einen Aufruf zum Lesen eines Zeit-Artikels. Dieser wurde mit dem Hinweis versehen, man solle sich bitte Zeit nehmen um den geposteten Text zu lesen, denn solche Inhalte ließen sich nicht in 4-Zeilern abhandeln. Damit verweist er auch darauf, dass das Lesen langer Texte zwar ungewöhnlich aber nicht unmöglich ist:

13. Januar · 🌐

Hallo Leute,
nehmt Euch mal bitte ein wenig Zeit und lest diesen Text durch. Manche Dinge
kann man einfach nicht in einem knackigen 4-Zeiler abhandeln, und bei der
ganzen plumpen Propaganda bekomme ich das Kotzen. Also lasst den
Whatsapp Chat mal eine Sekunde ruhen, ignoriert euer blinkendes Handy und
zieht die Lesebrille an.
Gruß

Kriminalität: Unser Sexmob

Deutschland bekämpft wieder jemanden: Männer, die Frauen belästigen. Die
kann der Deutsche nicht ausstehen. Da kennt er keine Parteien mehr. Die
Rechtskolumne

ZEIT.DE | VON ZEIT ONLINE GMBH, HAMBURG, GERMANY

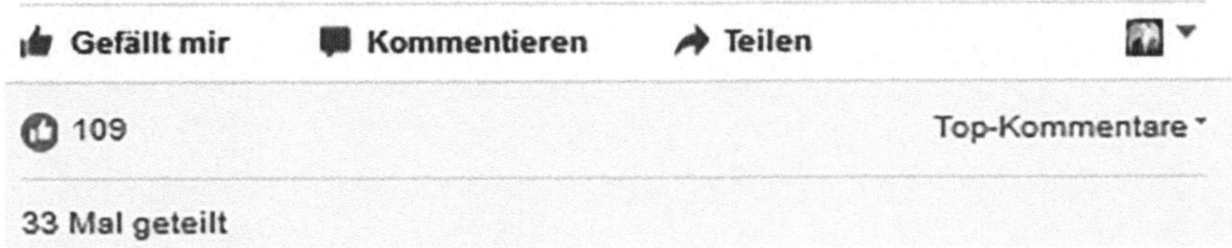

(Quelle: www.facebook.com; 13.01.2016)

Der Post dieses Artikels wurde 109 Mal gelikt und 33 Mal geteilt, man kann also davon ausgehen, dass er einige Male gelesen wurde. Wie oft er wirklich gelesen wurde, wie er verstanden wurde und welche Konsequenzen aus der Lektüre für die LeserInnen resultierten ist nicht klar. Denn Kommentare zu dem Post gibt es nur zwei und beide gehen inhaltlich nicht auf den Text ein. Der erste betont kurz, dass der Text großartig sei und belegt die eigene Lesebereitschaft wiederum mit einem (5-Zeiler-)Zitat aus eben diesem Text. Der zweite Kommentar bezieht sich auf den vorangestellten Aufruf zum Zeit-Artikel, man solle sich Zeit zum Lesen nehmen. Um die eigene Aussage zu untermauern, zitiert er selbst einen weiteren Text. Worauf es hier ankommt: statt selbst über den Text zu sprechen, *zitieren* die beiden Kommentatoren in ihrer Antwort:

Einfach grossartiger text!
[...] ...losgetreten von Kartellen zur Herstellung von Rauschmitteln (sogenannten Brauereien) und unter Leitung ehrenwerter Gesellschaften (sogenannter "Narren"), in denen Horden männlicher Alkoholiker jenseits der 60 das Sagen haben, die zur Anheizung ihrer sexuellen Fantasien 16-jährige halbnackte Mädchen stundenlang Tänze aufführen lassen....
!

Gefällt mir · Antworten · 👍 1 · 13. Januar um 12:43

Das problem hier ist, solange das nicht in einem Video, oder Propaganda-Bild welches von Irgendeinem Pegida Mitglied hetzerisch Inszeniert wurde dargestellt wird, wird es die Menschen die es so dringend Erreichen müsste nie erreichen. Angst&Hass lassen sich halt am schnellsten über Medien für nicht so stark Privilegierte verbreiten. Ich fand diesen Text damals ganz "lustig" der die allgemeinen Situation in Deutschland wirklich ausreichend beschreibt (war vor Köln): -------- >> Das Volk sitzt in der Geisterbahn. Aus dem Dunkel dröhnen islamische Weihnachtslieder und es geht steil bergab. Vollbremsung vor einem Flüchtlingsheim: Hunderte Asylanten missbrauchen das Sozialsystem und filmen die Orgie mit ihren Smartphones. An der nächsten Station führt ein schwuler Sportlehrer Dehnübungen an Schülern durch und gibt ihnen Hilfestellung beim Bockspringen. Dabei dringt er tief in die Seelen der Kinder ein. Die ersten Passagiere werden ohnmächtig, andere sind erregt. Scharfe Kurve links. Ein Journalist sitzt an einem Tisch und lügt. Dann ein Arzt. Er lauert einer Frau in der Tiefgarage auf und impft sie zu Tode. Jetzt der Looping durchs Weltfinanzsystem. Das Volk sieht Davidsterne. Viele haben sich beim Schreien vollgekotzt.

Obwohl keines dieser Schreckgespenster real ist, regiert die nackte Angst. Die Betreiber der Geisterbahn, nennen wir sie Rechtspopulisten, sind mit ihrem Erfolg zufrieden. Denn sie wissen: Niemand ist leichter lenkbar, als ein besorgter Bürger. << ------ 😄 Wäre toll wenn auch Ihr das Handy mal zur Seite legt und euch den Text druchlest .. Gruß .. Lol)

Gefällt mir · Antworten · 👍 4 · 13. Januar um 12:35 · Bearbeitet

(Quelle: www.facebook.com; 13.01.2016)

Statt etwas zu besprechen folgen hier Zitate auf Zitate. Das heißt, hier wird nicht nur (wie oben) eine Kommunikation über eine Kopie bzw. ein Zitat in Gang gesetzt, hier ersetzt das Zitat eine inhaltliche Antwort. Interessanterweise weisen beide Zitate wieder auf einen bestimmten Affekt hin: der erste Kommentar gibt einen Textabschnitt wieder, der den User in irgendeiner Art und Weise besonders berührt haben muss, und das einleitende „Einfach großartiger Text!"unterstreicht das. Im zweiten Kommentar wird das Zitat sogar ausdrücklich eingeleitet mit den Worten: „Ich fand diesen Text damals ganz „lustig" (…):". Statt inhaltlich auf den Text selbst einzugehen geben beide Kommentatoren eigene Reaktionen vermittelt über Zitate wieder und zeigen so ihre Haltung an.

Vor dem Hintergrund des schnelllebigen und missverstehen provozierenden Mediums Facebook werden die technischen Möglichkeiten des Kopierens also genutzt, um sich auf eine bestimmte Art und Weise zu artikulieren: Im Unterschied zur analogen Welt muss man sich Wissen nicht in nachvollziehbarer (und damit kritisierbarer) Weise aneignen, man muss es nicht sprachlich oder schriftlich in die eigenen Worte „übersetzen", um es mitteilen zu können. Stattdessen kann das, was in irgendeiner Weise berührt oder beschäftigt, direkt artikuliert, das heißt kopiert werden. Alles, was im Internet vorliegt, wird dann zum Fundus, aus dem man „sprachlich" schöpfen kann; es bedarf nur noch der Aktualisierung, um als Kommunikation sichtbar zu werden.

Das Kopieren selbst scheint dabei noch nicht auszureichen, um „Verstehbarkeit" zu generieren: die bloße Kopie bedarf rahmender Worte, wie das kurze „Einfach großartiger Text!" im letzten Screenshot. Solch ein kurzer Kommentar kann analog zu Gestik und Mimik einen Hinweis geben, wie ein Post zu verstehen ist, und aus welchen Motiven heraus er überhaupt geteilt wurde; ein Remix oder eine irgendwie kenntlich gemachte Abweichung vom Original erfüllt vermutlich dieselbe Funktion auf nichtsprachliche Weise. Dementsprechend schildert eine Interviewpartnerin auf die Frage, auf welche Posts sie reagiere, dass ein Post ohne Kommentar uninteressanter ist, weil er „zu irgendwelchen wilden Überlegungen" anrege:

> ..oft ist es einfach Musik, die ich mag oder auch gar nicht äh (Pause), die ich jetzt
> persönlich hören würde, aber was irgendwie interessant ist oder ne Kombination
> von dem, der es gepostet hat und äh (Pause) oder was er dazu geschrieben hat inte-
> ressant ist (Pause). Neulich hat irgendjemand mal – des ist vielleicht auch interes-
> sant für dich – geschrieben, wenn er keine Überschrift zu dem Musiklink schreibt,
> dann liked's keiner (lacht). Deswegen schreibt er jetzt wenigstens diesen Link dazu.
> (Pause). Es muss schon (Pause) also man kann nicht einfach äh (Pause) es muss
> schon irgendwie erkennbar sein, warum, wieso, ähm (Pause) ja. Oder es regt dann
> total zu irgendwelchen wilden Überlegungen an (I_EW_FB_3).

Hier wird gezeigt, dass das, was gepostet wurde erst in Kombination mit dem, was eine Person dazu geschrieben hat, einen Informationswert erhält, weil dadurch „irgendwie erkennbar" wird „warum, wieso" ein Artikel gepostet wurde, und welche Bedeutung dieser für eventuelle Rezipienten selbst haben könnte. Ohne diesen Kommentar könnte ein Musikstück zwar trotzdem interessant sein, weil es Musik ist, „die ich jetzt persönlich hören würde", aber es wird dann weniger als Kommunikationsangebot verstanden, sondern schlicht vorgefunden.

Dieses personalisierte Darstellen von unterschiedlichen Inhalten ist gerade auch für Themen bedeutsam, die man der öffentlichen Sphäre zurechnet: ver- meintlichen Sachthemen. Von einem Interviewpartner wird beschrieben, dass man Öffentliches, also zum Beispiel weitergeleitete Zeitungsartikel, als private, persönliche Haltung auszudrücken versucht:

> Man versucht ja mit geschickten Mitteln sozusagen etwas Öffentliches als Privat zu
> erzählen (I_NB_FB_7).

Was der Interviewte hier als besondere strategische Form zu posten beschreibt, lässt sich als durchgängige Userpraxis auf Facebook finden. Die Notwendigkeit persönlicher Rahmung erzeugt gar einen gewissen Zwang zur Selbstdarstellung, selbst wenn (oder: gerade wenn) es um die Sache selbst gehen soll und ein Post in „aufklärerischer" Absicht geteilt wird. Als müsse man sich selbst in Szene setzen, wenn man etwas in Szene setzen möchte, betont folgende Userin, dass sie das ganze von ihr gepostete Interview zitieren könne:

Ich könnte das ganze Interview zitieren, ist schon lesenswert...

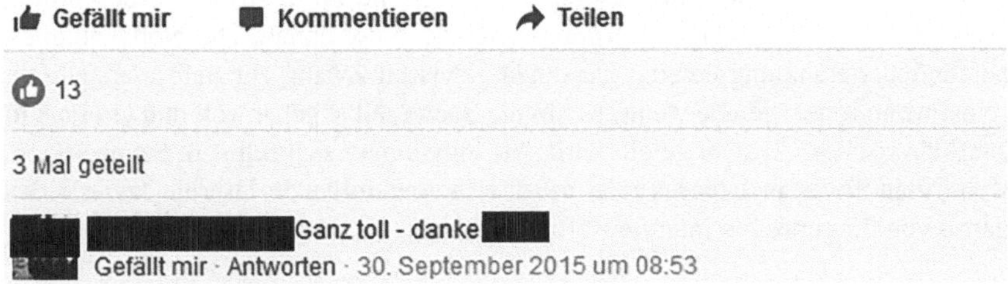

(Quelle: www.facebook.com; 28.09.2015)

In diesem Beispiel flaggt die Userin deutlich die eigene Meinung über eine Referenz, einen Text, aus, und umgekehrt wird der Text damit von ihr in Szene gesetzt.[4] Dabei macht sie deutlich, dass sie voll hinter dem Text stehe, indem sie betont, dass sie das ganze Interview zitieren könnte. Das ist keine Einladung zur Diskussion, das ist eine referenzierte Präsentation der eigenen Meinung. Aber es ist darüber hinaus eine forcierte Einladung das Interview selbst zu lesen, sich damit (zumindest momentan) zu identifizieren, sich ihre Meinung zur eigenen zu machen und den Text vielleicht selbst weiter zu tragen. Der Anspruch sich wirklich mit dem Text zu befassen, kann damit aber nicht mehr eingefordert werden, genau so wenig kann überprüft werden, ob er beim Lesen „richtig" angeeignet und wie mit ihm im Weiteren verfahren wird. Im besten (sichtbarsten) Fall wird er eben geteilt.

3   Kopierpraktiken auf Facebook

In diesem Beitrag sollten die Probleme der Facebook NutzerInnen herausgestellt werden, um vor diesem Hintergrund zu beschreiben, wieso Kopien eine solch prominente Rolle in der Facebook Kommunikation einnehmen. Ausgehend von Alice Marwicks und danah boyds Analyse von Twitter wurde gezeigt, dass ein mangelndes Kontextwissen und die Gleichzeitigkeit unterschiedlicher Kommunikationsangebote zu einer veränderten Kommunikations- und Verstehenspraxis führen. Kopien werden hier auf zweierlei Weise funktional: Sie ermöglichen die Idee einer direkten Übertragung von Mitteilungen indem sie mit Videos, Fotos oder Texten Affekte und Reaktionen auslösen sollen. Darüber hinaus können Kopien die eigene Meinung repräsentieren und kurz und prägnant für das stehen, was ausgedrückt werden soll. Statt ausführlichen Diskussionen werden dann Anspielungen und Zitate sichtbar. Das spricht aber nicht für eine inhaltliche Aushöhlung oder einer mangelnden Kreativität der NutzerInnen, die bloß noch konsumieren. Ganz im Gegenteil gehen sie kreativ mit dem Vorliegenden um, um ihre eigenen Haltungen, Meinungen und Empfindungen ausdrücken oder wenigstens andeuten zu können.

---

[4]Im Unterschied zu diesem Screenshot fällt bei Screenshot Abb. 5 auf, dass der Aufruf zum Lesen des Textes dort nicht als persönliche Haltung formuliert wird. Als brächte es dafür eine Rechtfertigung nutzt er aber die Form eines anderen Mediums – die des Briefes. Die Forderung, den Text in Ruhe zu lesen und sich nicht von digitalen Medien stören zu lassen, betont er mit den Einleitungsworten „Hallo Leute!" und endet mit „Gruß…".

Literatur

Barthes, Roland. (2000). Der Tod des Autors. In F. Jannidis et al. (Hrsg.), *Texte zur Theorie der Autorschaft*, (S. 185–193). Stuttgart: Reclam.

Benjamin, Walter. (1991a). Das Kunstwerk im Zeitalter seiner technischen Reproduzierbarkeit. In *Gesammelte Schriften* Bd I.2 (S. 431–470). Frankfurt am Main: Suhrkamp.

Benjamin, Walter. (1991b). Der Autor als Produzent. In *Gesammelte Schriften* Bd II.2 (S. 683–701). Frankfurt am Main: Suhrkamp.

Detering, Heinrich (Hrsg.). (2002). *Autorschaft*. Stuttgart: Metzler.

Fehrmann, Gisela et al. (Hrsg.). (2004). Originalkopie. *Praktiken des Sekundären*. Köln: DuMont.

Foucault, Michel. (1974). Was ist ein Autor? In Michel Foucault (Hrsg.), *Gesammelte Schriften*, (S. 7–31). München: Nymphenburger Verlagshandlung.

Grassmuck, Volker. (2004). Der tote Autor und die konnektive Intelligenz. In G. Fehrmann (Hrsg.), *Originalkopien. Praktiken des Sekundären*, (S. 287–303). Köln: DuMont.

Habermas, Jürgen. (1981). *Theorie des Kommunikativen Handelns*, Bd 1. Frankfurt: Suhrkamp.

Jäger, Ludwig. (2012). Bezugnahmepraktiken. Skizze zur operativen Logik der Mediensemantik. In Ludwig Jäger et al. (Hrsg.), *Medienbewegungen. Praktiken der Bezugnahme*, (S. 14–41). München: Fink.

Jannidis, Fotis et al. (Hrsg.). (2000). *Texte zur Theorie der Autorschaft*. Stuttgart: Reclam.

Marwick, Alice und danah boyd. (2011). "I Tweet Honestly, I Tweet Passionately: Twitter Users, Context Collapse, and the Imagined Audience. *New Media and Society* 13, (S. 113–133).

Rheingold, Howard. (2002). *Smart Mobs. The Next Social Revolution*. Cambridge: BasicBooks.

Stäheli, Urs. (2000). Die Kontingenz des Globalen Populären. In *Soziale Systeme* 6, S. 85–110.

Stalder, Felix. (2012). EIN ANDERES ODER KEINES: Das Urheberrecht im Kontext gesellschaftlicher Veränderungen. In *Gazzetta* 52, S. 73–76.

Stalder, Felix. (2014). *Der Autor am Ende der Gutenberg Galaxis*. Kölliken: Buchundnetz.

von Gehlen, Dirk. (2012). *Mash up. Lob der Kopie*, 2. Ausg. Frankfurt am Main: Suhrkamp.

Wasser, Harald. (2012). *Vom Weltbild der Rhetorik, vom Buchdruck und von der Erfindung des Subjekts. Ein medientheoretischer Essay zum sozialen Wandel*. Göttingen: Velbrück.

Woodmansee, Martha. (2000). Der Autor-Effekt. Zur Wiederherstellung von Kollektivität. In F. Jannidis et al. (Hrsg.), *Texte zur Theorie der Autorschaft*, (S. 298–314). Stuttgart: Reclam.

Inverse Pathosformeln. Über Internet-Meme

Wolfgang Ullrich

Mit Internet-Memen ist in den letzten Jahren ein Phänomen in den Social Media entstanden, für das es zwar historische Vorläufer geben mag, das aber in Charakter und Intensität Formen angenommen hat, die zu einer gänzlich neuen Bildpraxis führen.[1] Als These sei im Folgenden dargelegt, dass Meme dazu dienen können, emotional vereinnahmende, besonders präsente und berühmte Bilder durch Parodien zu verarbeiten. Die Entwicklung und Verbreitung überraschender Varianten erlaubt eine Distanzierung und Entlastung. Sofern sie den Sinn des Vorbildes zunichtemachen, haben Meme in ihren Variationen oft sogar eine ikonoklastische Dimension.

Die Rede von Internet-Memen ist – etwas fragwürdig – von Richard Dawkins abgeleitet, der 1976 den Begriff ‚Mem' als Evolutionsbiologe prägte: Im Unterschied zu einem Gen ist ein Mem keine biologisch vererbte Information, sondern wird über kulturelle Artefakte gefasst und weitergegeben. Meme sind Bewusstseinsinhalte wie Ideen oder Bildmuster, die viele Menschen zugleich oder nacheinander prägen.

Dank der Etymologie lässt sich bei ‚Mem' (von lat. memoria, gr. mneme) auch an Aby Warburgs Mnemosyne-Atlas denken (Frieling 2003a), und in einem ersten Impuls könnte man versucht sein, in Internet-Memen eine Bestätigung seiner Theorie der Pathosformeln zu sehen. Bei diesen handelt es sich um Gesten

---

[1]Zuerst online erschienen in Pop-Zeitschrift (15.10.2015). Wiederabdruck mit freundlicher Genehmigung des Autors.

W. Ullrich (✉)
Leipzig und München, Deutschland
E-Mail: ullrich@ideenfreiheit.de

© Springer Fachmedien Wiesbaden GmbH, ein Teil von Springer Nature 2019   233
M. Stempfhuber und E. Wagner (Hrsg.), *Praktiken der Überwachten*,
https://doi.org/10.1007/978-3-658-11719-1_12

und Posen, die so stark wirken, dass sie immer wieder neu aufgegriffen und in Variationen verbreitet werden, also ihrerseits prägende Kraft besitzen und daher Motor und Medium soziokultureller Evolution sind. In seinem Mnemosyne-Atlas begann Warburg in den ersten Jahrzehnten des 20. Jahrhunderts einige dieser Pathosformeln zu sammeln. Er wollte demonstrieren, wie sie sich ausgehend von der Antike über die Renaissance bis in die Gegenwart fortgepflanzt und gehalten haben. Dank der Distribuierungsmechanismen des Internet wie auch mit Hilfe von Bildsuchprogrammen könnte Warburg das Material für seinen Atlas heutzutage ungleich schneller und vielleicht sogar zuverlässiger zusammenbekommen.

Allerdings besteht ein wichtiger Unterschied zwischen Pathosformeln und Internet-Memen. Während sich jene nämlich ganz ernsthaft tradieren, haben diese immer einen parodistischen, verfremdenden oder gar entstellenden Charakter. Zwar hat Warburg auch zu zeigen versucht, dass eine Pathosformel eine Umcodierung erleben kann und ihr Ausdruckssinn dann geradezu ins Gegenteil verkehrt wird, doch wird die Formel bzw. das Motiv dabei immer noch ernst genommen, die Bedeutung nicht ins Absurde gezogen, geschwächt, zerstört. Die Varianten eines Internet-Mems schaffen hingegen eine Distanz zum ursprünglichen Sujet; es soll nicht länger emotional vereinnahmen. Bilder, die im Kopf herumspuken, werden also abreagiert, was die Wirksamkeit eines Motivs unterläuft und so die Fortpflanzung einer Pathosformel gerade infrage stellt.

Meme betreffen oft aktuelle Ereignisse von großer emotionaler Bedeutung, die in einem Bild kondensieren. Zu einem Mem wurde z. B. das (einzige) Foto des ‚Situation Room‘, das Vertreter der US-Administration während der Exekution von Osama Bin Laden am 1. Mai 2011 zeigt (Wikipedia 2011). Mit diesem Bild wird der Rezipient zum Voyeur und damit indirekt sogar zum Komplizen gemacht; er kann Mächtige in einem für sie prekären Moment beobachten und ein Gefühl von Teilhabe entwickeln, wodurch die Distanz zum Geschehen verlorengeht, es gar zu einer Identifikation mit den Mächtigen und ihrem Vorgehen kommt. Doch bleibt dem Betrachter des Fotos vorenthalten, was die Mächtigen sehen und was sie in den Bann zieht. Einige Mem-Varianten des Fotos erweitern das Spektrum der Protagonisten um Prominente der US-Geschichte, von Michael Jackson bis Bob Ross, aber gerade auch mit Comedians oder Werbefiguren, die die Atmosphäre des Bildes verändern (Abb. 1).

In anderen Varianten geht es darum, die Szene ins Absurde zu ziehen. Alle Parodien aber zerstören den ursprünglichen Sinn und Charakter des Bildes, sie setzen keine andere Bedeutung an die Stelle, bewahren das Motiv also nicht, sondern entlasten sich von ihm und seiner möglichen emotionalen Wirkkraft.

Könnte man in diesem Fall davon sprechen, dass ein latent aggressives, auf jeden Fall aber vereinnahmendes Ausgangsbild durch die Mem-Varianten

Abb. 1 Mem-Varianten Situation Room. (https://www.google.com/search?q=situation+room+meme: Oktober 2015)

entschärft wird, ist manchmal auch das Gegenteil zu beobachten. Die Varianten sind polemisch-destruktiven Charakters, gerade damit aber wird wiederum eine emotionale Entlastung erreicht.

Als der italienische Nationalspieler Mario Balotelli im Halbfinale der Fußball-EM 2012 gegen Deutschland zwei Tore geschossen hatte, jubelte er nicht etwa, sondern überraschte mit leicht angewinkelt nach unten gehaltenen Armen. Statt von Mitspielern umringt zu sein, hatte er viel Raum um sich, so als gebiete seine Geste Abstand oder sei sogar gefährlich (Spiegel Online 2012). Zu diesem Eindruck mochte auch sein muskulöser nackter Oberkörper beitragen. Manche aber erkannten in der Pose, die im Nu als Foto um die Welt ging, nicht zuletzt eine politische Aussage: Die Arme sähen wie im Kampf gegen Fesseln aus, ja Balotelli, selbst Schwarzer, wolle gegen die Unterdrückung seiner Ethnie protestieren und die Tore zum Symbol für die Gleichberechtigung der Rassen erklären.

In zahlreichen Varianten, die das Bild im Internet erfuhr und zum Mem werden ließen, reagierten jedoch vor allem deutsche Fußballfans ihren Frust darüber ab, dass ihr Team wegen der beiden Tore aus dem Turnier ausgeschieden war. Ihnen ging es darum, Balotellis Geste lächerlich zu machen und den in Szene gesetzten muskulösen Körper zu konterkarieren (Abb. 2).

Entweder machte man Balotelli mit zusätzlichen Accessoires auf dem Platz zur peinlichen Figur oder montierte ihn in andere Kontexte ein, die seinen Charakter ebenfalls möglichst stark verändern sollten. Indem er als Ballerina oder brunftiger Macho sexualisiert wurde, geriet Balotelli ebenso zum Opfer rassistischer Klischees wie in Parodien, in denen man ihn zum primitiven Stammeshäuptling degradierte. Dutzende aggressiver Variationen hatten schließlich zur Folge, dass die ursprünglich starke Geste entwertet wurde. Hier gelang es einem Kollektiv von Usern, die Bedeutung des ersten Bilds zu destruieren, zugleich aber, sich mit einer Spielart symbolischer Rache von den negativen Emotionen zu befreien, die das im Ausgangsbild verkörperte Ereignis bei ihnen ausgelöst hatte.

Ein anderer Typ von Mem betrifft keine Medienbilder, sondern Werke aus dem Kanon der Kunstgeschichte. Doch auch hier geht es darum, mit parodierenden Varianten Abstand zu gewinnen – diesmal zu etwas, das für hochkulturelle Bildung steht und Ehrfurcht gebietet. Nicht selten kommen durch Internet-Meme sogar Ressentiments von Menschen zum Vorschein, die selbst in keinem Näheverhältnis zur Kunst stehen, sondern sich von dieser als elitär empfundenen Welt ausgeschlossen fühlen. Sie leben mit dem Verdacht, selbst zu wenig zu wissen oder zu unsensibel zu sein, um der Sinndimensionen der Kunst teilhaftig werden zu können. Eingeschüchtert von der Kunstgeschichte erkennen sie deren Bedeutung zwar an, suchen aber zugleich nach einer Befreiung von bildungsbürgerlichen Ansprüchen. Entsprechend entlastend wirkt auf sie eine Parodie, die ein Werk ins Absurde verwandelt, jegliche Sinnansprüche also gerade unterläuft.

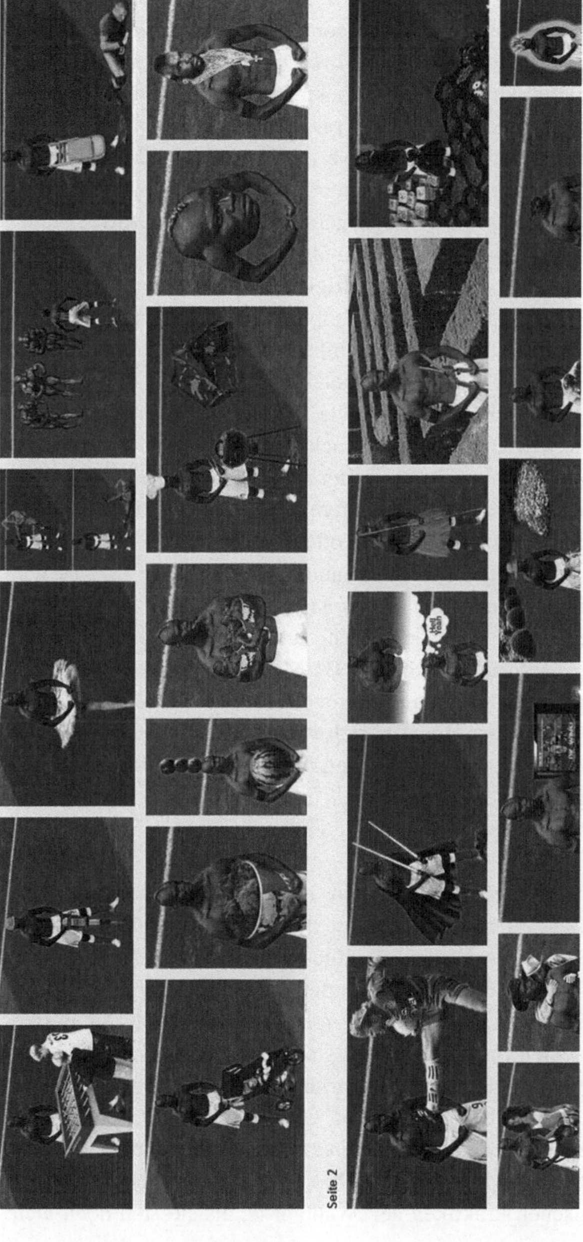

Abb. 2 Mem-Varianten Balotelli. (https://www.google.com/search?q=balotelli+meme; Oktober 2015)

Im Netz konzentriert sich der Austausch von Parodien auf relativ wenige Werke – von Botticellis *Venus* und Leonardos *Mona Lisa* bis zu Munchs *Schrei* (Pinterest o. J.) und Hoppers *Nighthawks* (Abb. 3) –, deren kanonischer Status durch jede Variation zugleich weiter bekräftigt wird (weshalb die Parodien nicht nur entlastend wirken, sondern indirekt nochmals neuen Druck aufbauen).

Gerne werden klassische Bildmotive auch vermischt, die Parodie besteht dann in einem semantischen Clash. In jedem Fall aber besteht das Ziel darin, über etwas zu lachen, auf das sonst mit großem Ernst geblickt wird.

Das Spiel der Parodien verselbstständigt sich jedoch schnell und häufig; dann will man wechselseitig eher Schlagfertigkeit und Humor unter Beweis stellen als sich noch von bildungsbürgerlichen Imperativen befreien. Ein Internet-Mem ist also häufig auch als Abfolge kommunikativer Akte zu begreifen, mit denen die Akteure ihren eigenen sozialen Status innerhalb einer Community der Social Media stärken oder sichern wollen. Wie in einer größeren Runde von Menschen Macht signalisiert, wer andere zum Lachen bringen kann, so ist es hier die Zahl an Reblogs sowie der ausgelösten weiteren Varianten, woran sich Wichtigkeit und Autorität festmachen lassen. Die Referenz für eine Bildvariante ist dann nicht mehr der Kanon der Kunstgeschichte oder ein emotionalisierendes Foto, sondern es sind bereits vorhandene andere Varianten. Die jeweilige Parodie wird kommentiert, gesteigert, gebrochen oder ihrerseits parodiert.

Auch in der Kunst selbst kursieren, zumal in der Moderne, zahlreiche Parodien. Der Unterschied zwischen z. B. Marcel Duchamps verfremdeter *Mona Lisa* (Wikiart o. J.) und heutigen Internet-Parodien desselben Gemäldes (Abb. 4) besteht jedoch darin, dass Künstler sich vom Kanon der Kunstgeschichte emanzipieren wollen, um selbst an einem neuen Anfang stehen zu können, es bei Internet-Memen hingegen eher um Lockerungs- und Entspannungsübungen geht und ein anderes als nur demütiges Verhältnis zu einem berühmten Vorbild möglich werden soll.

In der vormodernen Kunst waren allerdings andere Reaktionsweisen auf bereits vorhandene Werke üblich; statt des Prinzips der Parodie gab es das der ‚aemulatio‘, also eines Wettstreits mit dem Urheber des Vorbilds. Dass ein Rubens versucht hat, sich an Tizian zu messen und ihn zu steigern und zu aktualisieren, indem er dessen Bilder in seinem eigenen Stil wiederholte, steht der Logik von Internet-Memen insofern näher als den antitraditionalistischen Parodien der Moderne, als auch damals eine Bildvariante als gewitzte Antwort, als Part innerhalb eines Dialogs (über Zeiten und Generationen hinweg) begriffen wurde. Rubens wollte Tizian gerade nicht entkräften, die ‚aemulatio‘ stellte vielmehr eine Art von Würdigung dar. Internet-Meme ähneln allerdings zumindest so lange den ikonoklastischen Praktiken der Avantgarde, als sie sich noch nicht verselbst-

Abb. 3 Mem-Varianten Nighthawks. (https://www.google.com/search?q=nighthawks+meme; Oktober 2015)

Abb. 4 Mem-Varianten Mona Lisa. (https://www.google.com/search?q=mona+lisa+meme; Oktober 2015)

ständigt haben und einen direkten Angriff auf ein als übermächtig empfundenes Vorbild darstellen.

Wie stark Entlastungsbedürfnisse gerade gegenüber der Kunstgeschichte bestehen, wurde am anschaulichsten im Sommer 2012, als das Bild eines Jesus-Freskos aus einem kleinen Ort in Spanien um die Welt ging, das von einer gläubigen alten Frau, die seinen Zustand als zu schlecht empfand, völlig laienhaft restauriert und dabei grotesk entstellt wurde (LosAndes 2012). Diese Entstellung wurde in zahlreichen Varianten eigens herauskopiert und intensiviert, wobei es nie darum ging, blasphemische Fantasien auszuleben; vielmehr erfreute man sich am unfreiwillig ikonoklastischen Charakter des Restaurierungsversuchs. Verrät dies bereits ein Bedürfnis nach Distanzierung von einer bedeutungsschweren Hochkultur, so steigert sich dies bei Mem-Varianten, bei denen der Kopf oder einzelne morphologische Eigenschaften davon in andere Kunstwerke eingesetzt wurden. Diesen Werken wird sekundär damit dasselbe angetan, was dem Fresko widerfahren ist: Man gibt sie der Lächerlichkeit preis (Abb. 5).

Abb. 5 Mem-Varianten Laien-Restauration. (https://www.google.com/search?q=übermaltes+jesus+fresko+meme; Oktober 2015)

Soweit ihnen eine ikonoklastische Dimension eignet, sind Internet-Meme nicht nur keine Pathosformeln, sondern stellen sogar deren Inversion dar. In den parodistisch-aggressiven Varianten wird markiert, was gerade nicht tradiert werden, nicht länger wirksam bleiben soll. Dass Bilder im Internet infolge der optimierten Verbreitungsmöglichkeiten schneller und stärker zur Obsession werden können als in herkömmlichen Medien, lässt auch das Bedürfnis akuter werden, sie wieder loszuwerden. Internet-Meme sind insofern Selbstreinigungsinstrumente. Allerdings ist der Begriff ‚Mem' dann wirklich fragwürdig. Da es gerade nicht darum geht, etwas, das ohnehin schon herumspukt, noch tiefer im (kollektiven) Gedächtnis zu verankern, sondern es viel eher loszuwerden, sollte man lieber, angeregt vom Begriff der Amnesie, den Begriff ‚Internet-Amnem' verwenden.

Literatur

Frieling, Rudolf. (2003). *Aby M. Warburg »Mnemosyne-Atlas«*. http://www.mediaartnet.org/werke/mnemosyne/.
LosAndes (Hrsg.). (2012). *Quiso restaurar un Cristo centenario y lo desfiguró.* http://archivo.losandes.com.ar/notas/2012/8/22/quiso-restaurar-cristo-centenario-desfiguro-662371.asp.
Pinterest (Hrsg.). o. J. Eddie's Images. https://www.pinterest.com/njecheney/eddies-images/.
Spiegel Online (Hrsg.). (2012). *Mario Balotelli: Rätselhafte Siegerpose.* http://www.spiegel.de/wissenschaft/mensch/balotelli-pose-des-torjaegers-interessant-fuer-forscher-a-841811.html.
Wikiart (Hrsg.). o. J. *L.H.O.O.Q, Mona Lisa with moustache.* http://www.wikiart.org/en/marcel-duchamp/l-h-o-o-q-mona-lisa-with-moustache-1919?utm_source=returned-&utm_medium=referral&utm_campaign=referral.
Wikipedia (Hrsg.). (2011). Obama and Biden await updates on bin Laden.jpg https://en.wikipedia.org/wiki/File:Obama_and_Biden_await_updates_on_bin_Laden.jpg

Intimisierte Öffentlichkeiten. Zur Erzeugung von Publika auf Facebook

Elke Wagner

Die sozialwissenschaftliche Diskussion kennt höchst unterschiedliche Ansätze, um die verschiedenen Kommunikationsformen im Internet zu beschreiben – herrschte in den 90er Jahren die Debatte um die Anwendung des Begriffs der *Gemeinschaft (community)* (siehe Rheingold 1994; Thiedeke 2000) vor, so tauchten bald schon alternative Szenarien auf: als angemessene und anschauliche Möglichkeit, die Kommunikationspraxis im Internet zu fassen, wurde der Begriff des Netzwerkes vorgeschlagen (Castells 2001; Boyd 2010). Neuerdings spricht man einerseits von Massen *(crowds)* und Schwärmen (Horn 2009; Han 2013), die sich im Internet entfalten – so etwa in der negativen Gestalt eines *shit-storms* oder aber in der positiven Gestalt eines *candy-storms*. Gleichzeitig tauchen Begrifflichkeiten auf, die eher das Verhältnis von persönlicher Gestaltbarkeit und Öffentlichkeit im Web 2.0 veranschaulichen sollen: *persönliche Öffentlichkeiten* (Schmidt 2011) etwa stellen demnach „Geflechte von kommunikativen Äußerungen [dar], die teils dem Modus der Konversation entspringen und eher an interpersonale oder gruppenbezogene Kommunikation erinnern, teils aber auch auf Modi des Publizierens basieren, weil Informationen mit einem eher unbestimmten, wenngleich kleinen Publikum geteilt werden" (Schmidt 2011, S. 132).

In den soziologischen Debatten zur Kommunikationspraxis im Netz zeigt sich also, dass unterschiedlichste Konzepte verhandelt werden, um die dort sichtbar werdenden Formen auf den Begriff zu bringen. Dabei ist mit einzukalkulieren, dass das Internet selbst einem steten Wandel unterliegt und gleichzeitig diverse Formate anbietet, mit Hilfe derer Kommunikation hergestellt werden kann: Seien

E. Wagner (✉)
Universität Würzburg, Würzburg, Deutschland
E-Mail: elke.wagner@uni-wuerzburg.de

© Springer Fachmedien Wiesbaden GmbH, ein Teil von Springer Nature 2019
M. Stempfhuber und E. Wagner (Hrsg.), *Praktiken der Überwachten*,
https://doi.org/10.1007/978-3-658-11719-1_13

es nun traditionelle Homepages, Foren, Email-Verteiler, Blogs oder Social Network Sites (SNSs) wie Facebook und Instagram – Kommunikationspraktiken, die im Internet entstehen, sind unterschiedlich medial gerahmt und stellen sich entsprechend verschieden dar. Der vorliegende Beitrag konzentriert sich auf die SNS Facebook und die sich dort abbildenden Schreibweisen: wie kann man sie soziologisch beschreiben? Welche Praxis wird dort sichtbar? Die Argumentation bezieht sich dabei einerseits auf eine aktuelle empirische Studie, diskutiert diese aber vor dem Hintergrund der Geschichte des soziologischen Diskurses zur Beschreibung von Kommunikationsformen im Netz.

Das zugrunde gelegte Datenmaterial entstammt dem von der Deutschen Forschungsgemeinschaft geförderten Projekt „Öffentlichkeit und Privatheit im Web 2.0" (Wagner und Stempfhuber, 2014–2016). Die Daten stellen einerseits Interviewdaten dar, die im Rahmen von narrativ-explorativen Interviews gewonnen wurden, die zwischen dreißig Minuten und eineinhalb Stunden gedauert haben. Hinzukommen Screen-Shots von Praktiken auf der SNS Facebook, die in Form einer Online-Ethnografie (vgl. hierzu Hine 2005) erhoben wurden. Vier unterschiedliche Site-Zugänge standen hierfür zur Verfügung. Der Erhebungszeitraum bezieht sich auf 2014–2015. Die Daten wurden entsprechend den gängigen Regeln sozialwissenschaftlicher Forschung transkribiert und anonymisiert. Die Auswertung der Daten erfolgte nach den Grundannahmen der Grounded Theory (Glaser und Strauss 1967). Diese sieht vor, das empirische Material im Hinblick auf sich wiederholende Plausibilisierungen hin zu kategorisieren, einen entsprechenden Kategorien-Apparat zu bilden und der Argumentation zugrunde zu legen. Durch die Verbindung von Interviewdaten mit Screen-Shots von Nutzungspraktiken wird gewährleistet, dass sowohl die Nutzungspraktiken der User selbst empirisch in den Blick genommen werden können als auch die Selbstbeschreibungen der User von ihrer Nutzungspraktik zugänglich gemacht werden kann. Dabei geht dieser Beitrag davon aus, dass die empirischen Daten und Befunde hochgradig davon abhängig sind, in welcher Weise der forschende Blick in die Netzwerkwelt von Facebook verwickelt ist. Es muss an dieser Stelle vorausschickend betont werden, dass es nicht der Anspruch der hier versammelten empirischen Ergebnisse ist, sozusagen die *ganze* kommunikative Wirklichkeit auf Facebook abzubilden. Einen ethnografisch beobachtbaren Teil der empirischen Wirklichkeit der Kommunikationspraxis auf Facebook gilt es im Folgenden zu beschreiben. Zunächst wird auf die Diskursgeschichte der Internetsoziologie zur Beschreibung von Schreibweisen und Praxisformen im Netz Bezug genommen (Abschn. 1). In einem weiteren Schritt werden dann unterschiedliche Aspekte empirischer Kommunikationspraxis von NutzerInnen von Facebook rekonstruiert (Abschn. 2). Das Schlusskapitel rekapituliert den Gang der Argumentation (Abschn. 3).

1   Communities, Netzwerke, Schwärme

Ein Blick auf die bisherige Internetsoziologie zeigt zunächst eine breite Auseinandersetzung mit der Frage, inwiefern sich im Netz Gruppen resp. *Communities* bilden – oder eben nicht. Dies betrifft vor allen Dingen den Diskurs der 90er
Jahre: Sozialformen im Netz werden im angelsächsischen Sprachraum nach wie
vor oft als *Virtual Communities* bezeichnet (im Überblick Jankowski 2002); für
den Diskurs der 90er Jahre Kollock und Smith 1999; für den aktuelleren Diskurs
Stegbauer und Rausch 2006; Knoblauch 2008; Krotz 2008). Diese Beschreibung
von Sozialformen im Internet als *Gemeinschaft* entstammt der englischsprachigen
Diskussion und muss zunächst als Synonym für Soziales schlechthin angesehen
werden (vgl. Joas 1993). Mit dem deutschen Gemeinschaftsbegriff, der von Tönnies als Gegenbegriff zu Gesellschaft in die Soziologie eingeführt wurde, hat der
Begriff der *Community* zunächst nichts zu tun (siehe hierzu auch Stalder 2016).
Gleichzeitig zeigen frühe Schriften zu Sozialformen im Internet, dass mit dem
Begriff der *Community* doch eine Art Gegenkonzept zu eher unpersönlichen
Vergesellschaftungsformen gebildet wurde. So formuliert Howard Rheingold in
„Virtuelle Gemeinschaft" als Antwort auf die Frage, warum sich über das Internet Gemeinschaften bilden: „Ich habe den Verdacht, daß *(sic!)* die Erklärung für
dieses Phänomen in dem wachsenden Bedürfnis nach Gemeinschaft liegt, das
die Menschen weltweit entwickeln, weil in der wirklichen Welt die Räume für
zwanglose soziale Kontakte immer mehr verschwinden" (Rheingold 1994, S. 17).
Es geht Rheingold also um die Entwicklung einer Art Alternative zu sonst vorherrschenden Formen moderner Vergesellschaftung, wenn er den Begriff der
Gemeinschaft zur Beschreibung von Sozialformen im Internet einführt. Interessant liest sich in diesem Zusammenhang auch die Argumentation von James R.
Beniger. Diese geht davon aus, dass Gesellschaften aus der Interaktion von Individuen, Institutionen, technischen Innovationen und ihrer Kontrolle entstehen.
Die moderne Gesellschaft führt zu einem Zurückdrängen der Gemeinschaft und
zur Betonung unpersönlicher, *gesellschaftlicher* Beziehungen. Beniger stellt
nun eine Personalisierung von Massenkommunikation fest, über die sich neue
Gemeinschaften („Pseudo-Communities") ausbilden:

> (…) the development of countless technologies with which to personalize mass com
> munication has brought forth a new infrastructure for major societal change, a reversal
> of a centuries-old trend from organic community – based on interpersonal relation
> ships – to impersonal association integrated by mass means. Increasingly we will
> experience the superficially personal relationships of pseudo-community, a hybrid of
> interpersonal and mass communication – born largely of computer technology – that
> will mean both more intimate and more effective societal control (whether centralized
> or dispersed) (Beniger 1987, S. 369).

Beniger hält also gleichsam an einem herkömmlichen Begriff der Gemeinschaft fest, in dem er diesen an der Interaktion unter Anwesenden festmacht. Gleichzeitig beobachtet er aber über den Einsatz moderner (Massen-)Medien die Herausbildung neuer Formen von Vergemeinschaftung, die er als Pseudo-Gemeinschaften bezeichnet. Steven G. Jones geht in seiner Auseinandersetzung mit Studien der *Communities-Studies* wiederum davon aus, dass bisherige gruppensoziologische Forschungen zum Internet die Interaktion unter Anwesenden normativ als eigentlichere Kommunikation angesehen und damit ungebührlich überhöht haben. „Creating and maintaining community has traditionally been valued as commendable goal" (Jones 1998, S. 23) Die Rede von der *Online-Community* als „Pseudo-Community" rühre daher. Zu fragen sei demgegenüber, inwiefern neue Technologien bisherige Vergemeinschaftskonzepte transformieren.

Zusammenfassend lässt sich bis hierher folgendes festhalten: Eine typische Argumentationsfigur beschreibt Sozialformen, die durch das Internet entstehen, als Gemeinschaft im Sinne einer Abgrenzung zu unpersönlichen Formen der Vergesellschaftung (1). Rheingold diente der Hinweis auf Communities im Internet etwa als eine Alternative zu herkömmlichen Praxisformen, die die moderne Gesellschaft hervorbringt. Communities im Internet sind dann etwas qualitativ Gutes, das der dunklen Seite moderner Vergesellschaftung etwas entgegenzusetzen weiß. Orientiert ist diese Argumentationsfigur an *Communities,* die sich (noch) über die Interaktion unter Anwesenden herstellt. Deshalb gerät dann Beniger in Argumentationsnöte und spricht von „Pseudo-Communities", die über moderne (Massen-)Medien entstehen. An der Argumentation von Jones gerät eine Akzentverschiebung in den Blick. Hier wird darauf aufmerksam gemacht, dass über das Internet zwar Vergemeinschaftungsformen entstehen. Diese nehmen indes eine neue Gestalt an. Sie sind nicht mehr in Rückgriff auf den herkömmlichen Begriff der *Community* beschreibbar, sondern erfordern neue Semantiken und Begriffe (2). Eine breite Diskurslandschaft versammelt sich um diesen Ansatzpunkt, den man anhand der Arbeit von Jones ablesen kann.

Udo Thiedeke geht in seiner Auseinandersetzung mit Sozialformen im Internet davon aus, dass virtuelle *Gruppen* eine eigenständige Form des Sozialen ausmachen. Insofern folgt er dem Diktum von Jones, eigenständige Formen des Sozialen im Internet auszumachen. Virtuelle Gruppen sind „als autonome soziale Systeme von virtuellen Interaktionssystemen, Organisationen sowie Gesellschaftsformen zu unterscheiden" (Thiedeke 2000, S. 62). Dabei sind virtuelle Gruppenbildungen nicht der Regelfall virtueller Vergesellschaftung: „Ein großer Teil der CMC gestützten sozialen Kommunikationssysteme läßt (sic!) sich nicht als virtuelle Gruppe beschreiben, weil die Interaktionsdauer sehr kurz und die Interaktionsdichte reduziert ist" (Thiedeke 2000, S. 42). Zu nennen seien hier

E-Mail-Kontakte, Lurker-Aktivitäten, Selbstdarstellungen über Websites, flüchtige Kontakte zu Mailinglisten und Foren. Virtuelle Gruppen bilden sich dort, „wo eine relative Dauer der Interaktionen möglich ist, eine wechselseitige Identifikation der virtuellen Identität stattfindet und Regelwerke sozialer Erwartungsstrukturen ausgeformt werden, die nur begrenzt formalisiert sind" (Thiedeke 2000, S. 43). Als Beispiel dient Thiedeke etwa das auf synchroner Kommunikation basierende Forum des Internet Relay Chat (IRC).

Dabei sind virtuelle Gruppen insbesondere dadurch gekennzeichnet, dass es „keine unmittelbaren Kontakte und keine physisch prüfbare Kenntnis der beteiligten Personen" (Thiedeke 2000, S. 60) gibt. Hieraus resultiert ein spezifischer emotionaler Kommunikationsstil. Virtuelle Gruppen weisen „eine starke Emotionalisierung der Kommunikation" (Thiedeke 2000, S. 61) auf, um sich damit gegenseitiges Vertrauen zu signalisieren. Gleichzeitig begünstigt die Forumsstruktur auch die Bildung kurzfristiger Interaktionssysteme. Unbeteiligte können jederzeit zum Forum hinzukommen und über die technisch gespeicherten Forumskontakte der Gruppenmitglieder die Möglichkeit erhalten, bisherige Kommunikationsabläufe nachzuverfolgen. Typisch für soziale Beziehungen im IRC ist daher ihre Ambivalenz: „Sie sind zugleich intim und öffentlich. Ihre Umwelt ist möglicherweise schon bald ihre Innenwelt und umgekehrt" (Thiedeke 2000, S. 53). Thiedekes Verweis auf die sowohl intime als auch öffentliche Struktur der online vermittelten Sozialformen werde ich später noch einmal aufgreifen. Es zeigt sich aber bereits hier, dass die Sozialformen im Netz über ein Paradigma erklärbar werden, das auf die Unterscheidung von öffentlicher resp. privater Kommunikation abzielt. Es ist dann gerade dieses hier auftretende ungeklärte Zwischenverhältnis von Öffentlichkeit und Privatheit, das in den Mittelpunkt des Interesses gerät.

Auch in empirischen Studien hat sich eine Konkretisierung der Beschreibung von Online-Sozialformen als hilfreich erwiesen: Nancy Baym beschreibt in ihrer empirischen, ethnografischen Studie zu einer Soap Opera Newsgroup (rec.arts.tv.soaps, kurz: r. a. t. s) Transformationsverhältnisse von Online-Communities. Sichtbar wird, wie sich zu Beginn der 90er Jahre noch relativ abgeschlossene Gruppen immer stärker einer Fremdheitserfahrung ausgesetzt sehen. Neue Mitgliedschaften unterlaufen Kommunikationsformen bisheriger Gruppenmitglieder. Es kommt zu Konflikten zwischen Neuzugängen zur Online-Gruppe und Altnutzern. Der Begriff der *Community* würde zwar nach wie vor die Selbstwahrnehmung der Gruppe bestimmen, „allerdings ist es eine komplexere Gemeinschaft als früher" (Baym 2000, S. 303) Baym kommt in ihrer Analyse zu dem Schluss, dass sich der Begriff der *Community* als problematisch erweist, um *unterschiedliche* Arten der Vernetzung im Internet zu beschreiben. „it is fundamentally

reductionist to conceptualize all ‚virtual communities' as a single phenome-
non and hence to assess them with a single judgment" (Baym 1998, S. 63). Sie
schlägt eine ethnografische Sichtweise vor. Das bedeutet, dass sich Baym für
Emergenzformen also Praktiken der Herstellung von online vermittelten Vergesellschaftungsformen interessiert.

Die Insistenz auf eine empirisch gehaltvollere und detailliertere Beschreibung
von konkreten Vergemeinschaftspraktiken, die Baym erbringt, hat schließlich
innerhalb der soziologischen Diskurslandschaft zu einer noch weitergehenderen
Problematisierung der Beschreibung von Sozialformen im Internet als Community
geführt. In ihrer Studie zum alltäglichen Gebrauch des Internets weist Maria
Bakardjieva (2003) unterschiedliche Nutzungspraktiken des Internets aus und
plädiert für eine strengere und offenere empirische Beforschung des Netzes.
Neben Vergemeinschaftungspraktiken finden sich unterschiedliche Nutzungspraktiken, die sich nicht auf jene reduzieren lassen. Jan Fernback (2007) geht
davon aus, dass der Begriff *Community* nicht angemessen ist, um die online vermittelten Sozialformen angemessen beschreiben zu können. Internetnutzer würden sich zwar online zu Gruppen zusammen finden. Diese drückten sich aber eher
in Erfahrungen aus, die sich als Begegnungen mit Fremden beschreiben lassen,
denn als Vergemeinschaftungsformen. Fernback plädiert deshalb dafür, alternative Begriffe zu finden für die Sozialformen, die durch das Internet emergieren,
als jenen der Community. John Postill (2008) plädiert dafür, die eingefahrenen
Beschreibungsmuster von Online vermittelten Sozialformen zu überdenken.
Jenseits von *Communities* könnte an alternative Beschreibungsformen gedacht
werden, wie etwa jene des Feldes.

Parallel zur Diskussion der Frage, ob Sozial- resp. Kommunikationsformen im
Internet als *Community* beschreibbar sind, finden sich Ansätze, die dafür plädieren,
diese als Netzwerk zu beschreiben. Bettina Heintz geht in ihrer netzwerkanalytischen
Studie davon aus, dass Online-Beziehungen sich weder imaginierten Gemeinschaften
noch realweltlichen Gruppenstrukturen zuordnen lassen. „Stattdessen scheinen sie
eine eigenständige Sozialform zu begründen, die zwischen realweltlichen Gruppen
und imaginierten Gemeinschaften steht" (Heintz 2000, S. 204). Sie beobachtet ein
Changieren zwischen „Netzwerke(n), in denen Ego zu verschiedenen Personen Kontakt hat, ohne dass sich diese untereinander kennen (personal communities)" (ebd.)
und „Netzwerke[n], in denen die Alteri auch untereinander Kontakt haben (group
communities)." (ebd., S. 204 f.). Die Bildung von Gruppen mit klaren Grenzen gegen
außen sei die letzte Stufe der Vergesellschaftung im Internet. Virtuelle Vergemeinschaftung nehme eher selten die Form einer starken Gruppenbindung an. „Das Internet führt weder zu einer Rückkehr von Gemeinschaft, noch zu deren endgültiger
Zerstörung, sondern ermöglicht eine neue Form von Beziehungen" (ebd., S. 205).

Barry Wellman (2000) nimmt wiederum an, dass computervermittelte Kommunikation sowohl die Bildung dichter, abgegrenzter Gruppen unterstützt als auch die Formierung von lockeren Netzwerken. Die Funktion des E-Mail-Schreibens und des Chats fördert die Bildung spezialisierter Beziehungen. Zudem werden Emails oftmals zwischen Personen ausgetauscht, die sich ohnehin – also auch ohne das Internet – schon kennen. Die Funktionen des Weiterleitens und des Kopierens von Inhalten unterstützt hingegen die Ausbildung von Netzwerken. „Das Weiterleiten von Beiträgen an Dritte schafft indirekte Verbindungen zwischen zuvor nicht miteinander verbundenen Personen, da diese sich ihrer gemeinsamen Interessen bewusst werden" (Wellman 2000, S. 136). Hieraus können sich wiederum neue Gruppenbildungsprozesse ableiten. Netzwerke wiederum können „abgegrenzte Gruppen oder durchlässige, sich verzweigende Netzwerke mit weit ausgreifenden Kontakten der Teilnehmer sein" (Wellman 2000, S. 137). In eng abgegrenzten Netzwerken verbleiben fast alle Inhalte innerhalb einer Population, während in offenen Netzwerken viele Bindungen nach außen zu Nicht-Mitgliedern bestehen. Die Anonymität des Netzes fördert die Bildung heterogener Netzwerkbindungen. Hierdurch kann aber auch die Ausbildung kulturell homogener Netzwerke gefördert werden, „da diese sich aus Personen mit ähnlichen Sorgen und Wertvorstellungen zusammensetzen" (Wellman 2000, S. 142). Wellman beobachtet also die Gleichzeitigkeit von zwei Tendenzen: „(…) die Verbreitung computerunterstützter sozialer Netzwerke (fördert) den gegenwärtigen Trend von dichten, abgegrenzten Gruppen, hin zu lockeren, offenen Netzwerken und wirkt diesem Trend gleichzeitig entgegen" (Wellman 2000, S. 144, siehe auch Wellman 1997, S. 181). Moderne Gesellschaften verfügten zwar nach wie vor über Gemeinschaften im Sinne von eng verbundenen Gruppen. Gleichzeitig seien diese durch computervermittelte Kommunikation divers zusammengesetzt und individuell different (also nicht kollektivistisch) organisiert. Computervermittelte Kommunikation unterstützt, Wellman zufolge, sowohl Gruppenbildungsprozesse als auch die Herausbildung fluider, unverbundener Netzwerke.

Netzwerke können sich wiederum zu Praxisformen derart verdichten, dass hieraus Schwärme entstehen (vgl. Rheingold 2002). Byung-Chul Han arbeitet unterschiedliche Kriterien des Schwarms heraus. Anders als die Kollektivbildung als Masse zeichnet sich der Schwarm nicht dadurch aus, ein Gemeinschaftsgefühl zu entwickeln. „Eine zufällige Ansammlung von Menschen bildet noch keine Masse. Erst eine Seele oder ein Geist verschweißt sie zu einer in sich geschlossenen, homogenen Masse. Dem digitalen Schwarm fehlt die Massenseele oder der Massengeist ganz. Die Individuen, die sich zu einem Schwarm zusammenfügen, entwickeln kein *Wir*" (Han 2013, S. 20). Zudem weisen Schwärme eine andere Topologie, also eine alternative räumliche Anordnung, auf als Massen: „Die digitalen Bewohner des Netzes versammeln sich nicht. Ihnen fehlt die *Innerlichkeit der Versammlung,* die ein *Wir* hervorbringen würde. Sie bilden eine besondere *Ansammlung ohne Versammlung,* eine *Menge ohne Innerlichkeit,* ohne Seele oder Geist" (Han 2013, S. 21). Die Bewegungsmuster von Schwärmen sind flüchtig und instabil, sie lösen sich ebenso schnell auf, wie sie entstanden sind (vgl. auch Thacker 2009; Werber 2013).

Die bisherigen Ausführungen haben den Diskurs über Sozialformen im Internet nachvollzogen. Es zeigt sich, dass der Einsatz des Internets als Medium jene Kategorien verschiebt, die bislang zur Beschreibung derselben herangezogen wurden. Sozialformen im Netz können Gruppen sein – müssen es aber nicht. Sozialformen im Netz können zu offenen und fluiden Netzwerken avancieren – zeichnen sich dabei aber oftmals auch durch Gruppenbildungsprozesse aus. Und Sozialformern im Netz können den Charakter von Schwärmen annehmen – dies allerdings wiederum nur unter spezifischen Bedingungen von Kommunikation. Die soziologische Frage, die sich vor diesem Hintergrund aufdrängt, ist, wie sich die Sozial- resp. Kommunikationspraktiken auf der SNS Facebook nun beschreiben lassen. Hat man es dort mit Gruppen zu tun, mit offenen Netzwerken, mit Schwärmen? Die folgenden Überlegungen schlagen einen empirischen Weg ein, um diese Frage soziologisch zu diskutieren.

2 Facebook Publics als Intimate Publics 2.0

Die folgenden Überlegungen nehmen noch einmal den Vorschlag auf, den Udo Thiedeke innerhalb der obigen Ausführungen getätigt hat, nämlich: die Unterscheidung von Öffentlichkeit und Privatheit für die Beschreibung der Nutzungspraktiken der SNS Facebook einzuführen. Hinsichtlich von Schreib- und Kommunikationspraktiken auf Facebook von Öffentlichkeit zu sprechen, erscheint zunächst einmal kontraintuitiv: private User melden sich auf der SNS als private User an – und nicht als öffentliche Sprecher, die eine für alle zugängliche Seite dort einrichten, was Facebook ermöglicht. Politiker etwa verfügen auf Facebook über öffentliche Seiten, die jedermann einsehen kann, während private Nutzer die Zugangsmöglichkeiten von Fremden einschränken. Gleichzeitig nehmen die privaten Kontakte im Netzwerk privater User oftmals solch einen zahlenmäßigen Umfang an, den sich so mancher, der Öffentlichkeit herstellen möchte, nur wünschen kann. In dem im Rahmen unseres Forschungsprojekts sichtbar werdenden Netzwerks haben die User nicht selten mehr als 300 Freunde. Netzwerke in der Größe von 400 bis 600 Netzwerkkontakten sind dort oftmals der Normalfall. Die folgenden Ausführungen zielen genau auf dieses Phänomen ab: wie lässt sich die private Nutzung auf Facebook beschreiben? Erweist sich hierfür die Unterscheidung von Öffentlichkeit und Privatheit als tragfähig?

2.1 Sichtbarkeitsregime: Das Ausblenden ungeliebter Netzwerk-Kontakte

Wie eben bereits angedeutet, nehmen die Netzwerke privater User auf Facebook umfangmäßig oftmals den Charakter von Öffentlichkeit an: Die von uns beforschten Facebook-User haben dann das Problem zu lösen, mit der Größe des Netzwerks umzugehen, es zu managen und zu organisieren. Ein Facebook-Nutzer beschreibt etwa im Interview seinen Umgang mit unliebsamen Kommentaren, die ihm als zu privat erschienen:

> Ähm (Pause) also ich glaub, **ich hab so drei Gruppen an Freunden dort.** Die einen, die des wirklich rein professionell nutzen – also eben jetzt aus dem Musikbereich. Dann die anderen, die (Pause), die es privat nutzen, und dann teilweise langweiliger und offensichtlich, äh, ich, des ist da Selbstdarstellung (lacht), also unorigineller Selbstdarstellung nutzen, und dann die anderen, die es sehr unterhaltsam und kurzweilig machen. Und inzwischen sind eigentlich fast nur noch die, die es professionell nutzen, und die, die es originell für sich auch privat nutzen übrig geblieben an meiner Wall sozusagen. **Die anderen habe ich alle ausgeschaltet (Pause), weil ich bei vielen echt auch die Aggression bekommen hab, und dachte, ‚eh, was denn das schon wieder für ‚n Mist‘, und die hab ich ja alle mal ignoriert. Ähm (Pause) ich lösche dann keine Freunde, sondern ich mach halt einfach ‚Beiträge von blablabla verbergen‘** (A-1, Z. 412–428).

Die Benutzeroberfläche/das Interface von Facebook ermöglicht es, Kontakte zu verbergen, ohne sie gleich vollständig aufgeben (löschen) zu müssen. Der Kontakt im Netzwerk bleibt damit erhalten, wird aber auf der Startseite der SNS nicht mehr sichtbar. Der Verborgene merkt dabei nichts von seinem Schicksal im Netzwerk seiner Kontaktadressen. Dies ermöglicht es den NutzerInnen, Kontaktadressen aus Taktgefühl aufrecht zu erhalten, ohne ihren inhaltlichen Kommentaren ausgesetzt zu sein, wie uns etwa eine Informantin mitgeteilt hat. Die Inanspruchnahme dieses Features führt einerseits zu einem spezifischen Umgang mit unliebsamen Kommentaren. Andererseits führt das Verbergen von Kontakten zu einer Hermetisierung des Netzwerkes. Ein Nutzer berichtet etwa im Interview:

> (…) also ich bin sehr vorsichtig mit anderen Sachen kommentieren (Pause), also in negativer Art. Weil ich denke immer man sollte eigentlich tendenziell nur positiv kommentieren, weil des sonst (Pause). Also ich hab schon öfters mal den Impuls, dass

ich denk, ‚oh, so'n Schmarrn, da würd ich jetzt am liebsten schreiben (Pause) ähm.‘ Ach so, ein Freund von mir hat sich des neulich mal getraut – ich weiß nicht, ob er es bereut hat – aber hat bei wiederum nem anderen Freund von mir, hat er mal drunter geschrieben ‚who cares‘. Also so richtig – wenn man ihn kennt, weiß man, dass es so richtig böse (Pause), also von Herzen gemeint kam, ‚was interessiert mich jetzt der Scheiß‘. Und es war eigentlich ein sehr großes Herzensding, was der da gepostet hat. **Und sowas hab ich immer versucht zu vermeiden, dass man seinen ersten (Pause), ‚oh, was soll jetzt der Müll‘, dass ich des dann da hinschreib, weil wenn's mich nicht interessiert, dann brauche ich es auch nicht lesen – ich kann den ja auch wegklicken theoretisch mit seinen Neuigkeiten** (A-2, Z. 137–154).

Was über den spezifischen Ein- und Ausschluss von Kontakten im Netzwerk entsteht, ist eine Öffentlichkeit, die sich über vorwiegend positive Bestätigungen am Laufen hält. Dies sei noch einmal anhand der folgenden Interviewausschnitte verdeutlicht:

Facebook brillanteste Erfindung ist dieser Like äh (Pause) Button, wenn man was postet, was äh (Pause), was vielen Leuten gefällt, und die (Pause), mhm (Pause), warum eigentlich, (Pause), ja, weil man ähm (Pause), dann das Gefühl hat, dass dann die Blase auf einmal gar nicht mehr so schlimm, sondern schön (Pause), äh, (Pause), dass man (Pause) dadurch, dass man bestimmte Inhalte gleich – vermeintlich zumindest – **gleich betrachtet oder gleich dekodiert** (Pause), zumindest Gefallen bewertet, dass man äh (Pause), dann darüber **eine Gemeinsamkeit** und weiß (Pause), Gemeinsamkeit hat und äh ein erst (Pause) mhmmm (A-4, Z. 92–111).

(…) Gut, ich mein, (Pause), es ist jetzt schon ein Kreis von Leuten, wo ich – ich war ja relativ wahllos – aber wo ich bei den meisten davon ausgehe, dass nicht weil sie mich so gut kennen, **sondern weil wir eine gemeinsame Sprache sprechen** (Pause), die meisten, äh, (Pause), dass sie verstehen, was ich sage (A-3, Z. 62–70).

(…) Das ist das, was ich meinte mit dieser (Pause), **mit dieser Blase, in der man sich bewegt.** Des sind halt Leute, die mit Medien zu tun haben, und in den Neunzigern groß geworden sind (lacht). Also da gibt's eine Art zu sprechen, und die hängt mir manchmal auch zum Hals raus (Pause), aber natürlich spreche ich auch oft so. Und, äh, (Pause), ja, da kommt man auch (Pause), **und deswegen glaub ich, kann ich relativ viel sagen, ohne auf Unverständnis zu stoßen oder auf Missverständnisse** (A-4, Z. 74–84).

An dem hier zitierten Material wird wiederum eine Schließungsbewegung sichtbar. Unliebsame Inhalte werden verborgen und tauchen somit zumindest auf dem Bildschirm individueller Nutzer nicht mehr auf. Durch die Möglichkeit des Ausblendens von Kontaktadressen werden Netzwerköffentlichkeiten somit aus der Sicht des Users immer hermetischer. Diskurse auf der SNS Facebook können sich damit immer weiter schließen, ohne Netzwerkverbindungen vollständig zu kappen. Die Öffentlichkeit des Netzwerks bleibt zwar erhalten, wird aber für den individuellen Nutzer beabsichtigter Weise nicht mehr in vollem Umfang sichtbar. Die User sehen nicht mehr, dass sie von den ausgeblendeten Kontakten nach wie vor gesehen werden können. Dadurch fühlt sich jedwede Kommunikationspraxis vertrauter, heimischer, sicherer und hermetischer an. Was somit eintritt, ist ein eigentümliches Verhältnis von dem Gefühl von Privatheit auf der einen Seite – schließlich hat man ja jetzt, nach dem Ausblenden, alles möglicherweise Befremdliche aus dem Interface verbannt. Gleichzeitig besteht die Öffentlichkeit des Netzwerkes weiter fort, da man die Kontakte ja nicht vollständig gelöscht hat. Dieses seltsam anmutende Verhältnis von Privatheit und Öffentlichkeit lässt sich auf die Formel einer *intimisierten Öffentlichkeit* bringen. Der Begriff der Öffentlichkeit erweist sich deshalb als plausibel, weil hier zahlenmäßig große Netzwerke sichtbar werden, die Hunderte von Kontakten bündeln können. Der Begriff der Intimisierung erscheint wiederum deshalb als angebracht, weil die mögliche Verknappung von Kontakten im Interface der User die *illusio* einer geschlossenen Gruppierung vermittelt, in der sich ungestört über Privates plaudern lässt.

2.2 Algorithmen

Dieser Mechanismus wird gleichermaßen durch die Algorithmen von Facebook mit unterstützt. Es ist zwar nicht öffentlich bekannt, wie sich der Algorithmus, der die Timeline auf Facebook konkret strukturiert, zusammensetzt und errechnet – unseren Informanten in den Interviews scheint aber klar zu sein, dass er sich an den bestehenden Kontaktierungspraktiken der User orientiert. Facebook selbst gibt hierzu auf seiner Seite folgende Information: „Die Meldungen, die in deinen Neuigkeiten angezeigt werden, werden von deinen Verbindungen und Aktivitäten auf Facebook beeinflusst. Auf diese Weise siehst du mehr interessante Meldungen von Freunden, mit denen du am meisten interagierst. Außerdem kann die Anzahl der Kommentare und „Gefällt mir"-Angaben bei einem Beitrag sowie die Art der Meldung (z. B.: Foto, Video, Statusmeldung) dafür verantwortlich sein, welche Meldungen mit höherer Wahrscheinlichkeit in deinen Neuigkeiten angezeigt werden."[1] Das Engagement und Interesse eines Users wird vom Algorithmus

---

[1] https://www.facebook.com/help/327131014036297/. Zugegriffen: 30. Mai 2016.

eingerechnet, verarbeitet und strukturiert darüber wieder die Sichtbarkeiten auf dem Bildschirm.[2] Felix Stalder arbeitet drei Mechanismen der algorithmischen Ordnungsoperation auf Facebook mit dem Namen EdgeRank heraus: „Auf der Grundlage der drei Variablen Affinität (bisherige Interaktionen zwischen zwei Nutzern), Gewichtung (Interaktionsrate aller Nutzer in Bezug auf einen einzelnen Beitrag) und Aktualität (Alter des Postings) selektiert der Algorithmus die Inhalte aus dem Strom der Statusupdates des eigenen Freundeskreises, die den Nutzern jeweils angezeigt werden." (Stalder 2016, S. 192; siehe auch Vaughan 2013). Diese Algorithmisierung der Kommunikationspraxis auf Facebook strukturiert nun eine Öffentlichkeit derart, dass deren Intimisierung zumindest unterstützt wird.

Aber was meint hier eigentlich Intimisierung? Innerhalb der Öffentlichkeitssoziologie ging man lange Zeit von einem Universalismus bürgerlicher Publika aus als Kontrastfolie zu zeitgenössischen Öffentlichkeitsformen. Jedermann-Beteiligung und All-Inklusion sind Kategorien, die zumindest als normatives Prinzip bürgerliche Öffentlichkeit einmal ausgezeichnet haben. Dass sich diese beiden Kategorien wandeln, hatte bereits Habermas diskutiert, als es um den Einsatz des Internets und die dort sich versammelnden Öffentlichkeiten ging.

> Hier fördert die Entstehung von Millionen von weltweit zerstreuten chat rooms und weltweit vernetzten issue publics eher die Fragmentierung jenes großen, in politischen Öffentlichkeiten jedoch gleichzeitig auf gleiche Fragestellungen zentrierten Massenpublikums. Dieses Publikum zerfällt im virtuellen Raum in eine riesige Anzahl von zersplitterten, durch Spezialinteressen zusammengehaltenen Zufallsgruppen. Auf diese Weise scheinen die bestehenden nationalen Öffentlichkeiten eher unterminiert zu werden (Habermas 2008, S. 162).

Die „Virtualisierung" von bürgerlicher Öffentlichkeit führt in dieser Perspektive zwar einerseits zu mehr Partizipation, gleichzeitig aber zu einer Fragmentierung jenes Diskursraums, dem es einmal gelungen war wenigstens dem normativen Anspruch nach alle relevanten Stimmen aufeinander zu beziehen. „Vorerst fehlen im virtuellen Raum die funktionalen Äquivalente für die Öffentlichkeitsstrukturen, die die dezentralisierten Botschaften wieder auffangen, selegieren und

---

[2]In der Diskussion über den Facebook-Algorithmus werden gemeinhin drei Aspekte genannt, die diesen strukturieren: Neben der Verbundenheit der User wird hier auch auf die unterschiedliche Gewichtung der geposteten Inhalte abgestellt, sowie auf zeitliche Aspekte: Wie lange jemand auf einem Posting verweilt und nicht einfach darüber scrollt, spiele entsprechend eine Rolle (vgl. Pariser 2012, S. 45 f.).

in redigierter Form synthetisieren." (ebd.) Das Internet versammelt entsprechend unterschiedliche Öffentlichkeiten, die gleichzeitig nebeneinander bestehen. Ein Effekt ihrer zunehmenden Fragmentierung ist die Ausbildung sogenannter *filter bubbles* (Pariser 2012), wie sich dies am oben angeführten empirischen Material beobachten ließ. Eli Pariser geht in seinen Ausführungen zur *filter bubble* davon aus, dass sich Öffentlichkeiten im Internet algorithmisch gesteuert so verdichten, dass allein ein personalisiertes Netzwerk übrig bleibt, das Irritationen von außen ausblendet. Dies führt zu einer Verkümmerung jener Form von Öffentlichkeit, die die bürgerliche Gesellschaft einmal hervorgebracht hatte, nämlich einen offenen, für jedermann zugänglichen Diskursraum: „In der Filter Bubble bekommt man keine komplette Lageerfassung, keinen Rundumblick, sondern immer nur einen kleinen Ausschnitt" (Pariser 2012, S. 151). Die solcherart organisierte personalisierte Öffentlichkeit führt schließlich zum Absterben politisierter Diskursformationen: „Die Filter Bubble wird noch oft Themen unserer Gesellschaft ausblenden, die wichtig, aber schwierig oder unangenehm sind. Sie macht sie einfach unsichtbar. Und so verschwinden nicht nur die Probleme. Sondern immer mehr auch der politische Prozess" (Pariser 2012, S. 159).

Durch den Einsatz von Algorithmen und sich an ihnen abarbeitenden Nutzerpraktiken verdichtet sich Öffentlichkeit etwa auf der SNS Facebook zu einer personalisierten Öffentlichkeit (Wagner 2014; Wagner und Forytarczyk 2015). Algorithmen steuern die auf der Startseite von Facebook sichtbar werdenden Inhalte solchermaßen, dass allein die vom Nutzer am meisten frequentierten Beiträge, Ereignisse, Profile usw. angezeigt werden. Den Usern ist diese Form der Verengung des Kommunikationsradius durchaus bewusst. So berichtet eine befragte Facebook-Nutzerin auf die im Interview erfolgte Nachfrage, wie sie damit umgehe, dass in ihrem Netzwerk ihre Postings von 800 bis 900 Kontaktadressen aus eingesehen werden können:

> I: Hat man das überhaupt noch im Blick 800, 900 Freunde: das entspricht ja 800, 900 Leuten, das ist ja ne riesige Öffentlichkeit.
> A: Ja.
> I: Ist einem das bewusst, wenn man Dinge postet?
> A: Das ist einem schon bewusst, aber ich glaube, es gehen ja auch ganz oft Sachen unter, das ist ja auch schon extrem gefiltert da, ich krieg ja von ganz vielen Leuten ja gar nichts mit, weil ich auf, Facebook analysiert das auch super krass; dass sie ja auch sehen, mit wem hast du am meisten zu tun und obwohl ich auch aus Berlin bin und in München wohne, kriege ich natürlich viel mehr von den Leuten aus München mit, weil ich das als Wohnort angegeben hat, ich glaube dadurch wird schon unheimlich viel gefiltert. Mit wem du wann Nachrichten schreibst, auf welcher Timeline du öfters bist, so wird das gefiltert und natürlich vergisst man das

manchmal. Und finde ich auch nicht schlimm, weil es wie gesagt bei vielen Leuten auch untergeht (Pause), wenn du mal was gepostet hast, das sehen die dann auch nur, wenn du sagst: ‚guck mal das auf meiner Timeline an', oder so (I-NB-1, Z. 273–284).

Die *filter bubble* taucht in dieser Interviewsequenz gar nicht so sehr als Problem auf, sondern eher als ein Mittel um die Größe des Netzwerks an Personen überhaupt noch überblicken zu können. Der Algorithmus führt dann gleichzeitig zu dem für die Informantin schönen Nebeneffekt, auch einmal etwas posten zu können, ohne dass dies von hunderten von Personen im Netzwerk gleich beäugt wird. Die hier erfolgte Argumentation stellt insofern eine Ausnahme zur Beschreibung von Algorithmen in der Öffentlichkeit dar, denn hier werden Algorithmen häufig kulturpessimistisch eingestuft. Als Beispiel kann etwa die Argumentation von Byung-Chul Han herangezogen werden, wenn dieser sich auf Pariser bezieht und erklärt: „Die digitale Totalvernetzung und Totalkommunikation erleichtert nicht die Begegnung mit Anderen. Sie dient vielmehr dazu, an den Fremden und Anderen vorbei Gleiche und Gleichgesinnte zu finden, und sorgt dafür, dass unser Erfahrungshorizont immer enger wird. Sie verwickelt uns in eine endlose Ich-Schleife und führt letzten Endes zu einer ‚Autopropaganda', die uns mit unseren eigenen Vorstellungen indoktriniert" (Han 2016, S. 10). Stalder wiederum beschreibt Algorithmen zunächst als Ordnungsformation, die es ermöglicht, in der riesigen Datenmenge im Internet überhaupt einen Überblick zu bekommen. „Den sozialen Mechanismen der dezentralen, vernetzten Kulturproduktion unterlegt beziehungsweise ihnen vorgeschaltet sind algorithmische Prozesse, welche die unermesslich großen Datenmengen vorsortieren und in ein Format bringen, in dem sie überhaupt durch Einzelne erfasst, in Gemeinschaften beurteilt und mit Bedeutung versehen werden können" (Stalder 2016, S. 166). Die eben zitierte Facebook-Userin verweist zwar nicht explizit auf diesen Effekt der Ordnungsgenierung – die von ihr beschriebene Praxis der algorithmischen Strukturierung von Inhalten auf der Startseite der SNS verweist aber auf nichts anderes: Der Algorithmus unterstützt hier eine Orientierungsleistung. Stalder macht indes weiter darauf aufmerksam, dass die Orientierungsleistung, die durch Algorithmen erbracht wird, nicht interesselos erfolgt – bestehende ökonomische und politische Strukturen schreiben sich in die Technik der Algorithmizität ein und strukturieren entsprechend die Aufmerksamkeitsökonomie. Der Effekt dieser Verengung des Netzwerks führt dann dazu, dass sich Kommunikationspraktiken entfalten können, die eher von Intimität als von Öffentlichkeit ausgehen. Wie die Aussage der oben zitierten Informantin zeigt, werden eben nicht alle Inhalte des Netzwerks für den User sichtbar.

Die Folge ist, dass sich User mit ihren Kommunikationsofferten in einem heimischen Rahmen zu bewegen meinen. Insofern lässt sich hier von dem Gefühl der Intimität sprechen, das dann wiederum die Strukturierung von Öffentlichkeit im Netzwerk anleitet und prägt. Dies zeigen die folgenden Ausführungen.

2.3 Authentische Sprecher?

In den solcherart sich bildenden *intimate publics* auf der SNS Facebook treffen Sprecher aufeinander, die oftmals nicht mehr länger vernünftig diskutieren, sondern vielmehr eine Form affektiver Befindlichkeitskommunikation als öffentliche Praxis inszenieren. Dies hat etwa Jan Schmidt mit seinem Konzept der „persönlichen Öffentlichkeiten" (2011) zu beschreiben versucht. Habermas stellte Öffentlichkeit noch im Medium guter Gründe scharf. Im Medium des Netzwerks finden wir auf SNSs nun öffentliche Praktiken des Affektiven. Als Beschreibungsfolie für die kommunikativen Formen „kollektiver Enthemmungen" hat sich in der öffentlichen Debatte das Label der „Shitstorms" bzw. „Candystorms" prominent etabliert. Was sich zeigt ist eben nicht mehr ein (asymmetrisches) Abfolgen von (besser) begründeten Argumenten und Gegenargumenten – was sich vielmehr zeigt auf der SNS Facebook sind relativ schnell aufschäumende und wieder abebbende Diskurspraktiken, in denen es ausreicht, Emotionen und Affekte vorzubringen. Auf den Gebrauch von Argumenten, die sich auf alternative Diskursteilnehmer systematisch beziehen, kann hingegen verzichtet werden, wenn man als Sprecher in der Öffentlichkeit des Netzwerks auftreten will. So berichtet etwa ein User im Interview über die „planlosen" Schreibpraktiken auf Facebook:

> Naja, mittlerweile läuft es eigentlich eher so ab, dass wenn drauf eingegangen wird, dann wird ja meistens einfach erstmal ein Like vergeben für einen Kommentar. (I: Mhm). A: So, so passiv. (I: Mhm). A: Eigentlich so: Ja, ich finds ganz gut und kann man so stehen lassen. Ja, oder, pff. (I: Das liked man aber erstmal so nur ab, oder wie?) A: Ja, oder mehr kann ich dazu eigentlich fast gar nicht sagen irgendwie. Das ist halt dann, oder ansonsten es geht weiter, oder der eine nimmt wieder Bezug, was der eine vor zehn Kommentaren gesagt hat, so. (I: Mhm, mhm, mhm). Das ist eigentlich ziemlich planlos (I-NB-2, Z. 42–48).

Den hier beschriebene Mechanismus der unkoordinierten Bezugnahme zeigt auch folgende Kommentarlisten auf Facebook. Sichtbar wird dort kein asymmetrischer Diskurs, in dem Argument und Gegenargument stringent aufeinander bezogen wird. Was sich zeigt, ist eher eine bloße Aneinanderreihung von Kommentaren – dies, gleichwohl die mediale Anordnung der Seite es ermöglichen würde, direkt auf einen Kommentar zu antworten. Die Kommentare enthalten oftmals keine Sachinformation, sondern eher Gefühlsäußerungen und Stimmungslagen. Es geht also weniger um einen sachlichen Austausch über die aktuelle Finanzpolitik der Bundesregierung als womöglich darum, sich selbst als Sprecher öffentlich im Netzwerk in Szene zu setzen. Byung-Chul Han hat solchartige Praktiken in seinen Ausführungen zur Genese der „Transparenzgesellschaft" (2012) kulturkritisch beobachtet: „An die Stelle der Öffentlichkeit tritt die Veröffentlichung der Person. Die Öffentlichkeit wird dadurch ein Ausstellungsraum. Sie entfernt sich immer mehr vom Raum des gemeinsamen Handelns" (Han 2012, S. 59). Er argumentiert hier ähnlich wie Richard Sennett (2008), wenn dieser mit dem Einsatz moderner Medien eine „Tyrannei der Intimität" aufziehen sieht: „Die intime Gesellschaft macht aus dem Individuum einen *Schauspieler, der seiner Kunst beraubt ist*" (Sennett 2008, S. 497).

Beobachtet man die Kommunikationsweisen auf der SNS Facebook empirisch wird einerseits sichtbar, dass affektive Kommunikation ausreicht, um sich als Sprecher in der Öffentlichkeit des Netzwerks zu installieren. Es läge hier nahe von authentischen Sprechern auszugehen, die sich im Netzwerk als solche präsentieren und sich narzisstisch feiern. Diese Schlussfolgerung würde hingegen ausblenden, dass User nach wie vor bestimmte Techniken der Kommunikation anwenden, um eben gerade nicht unmittelbar authentifiziert zu werden. Das sind etwa ironische Kommunikationen (Wagner und Stempfhuber 2013), die Verdeckung von Klarnamen und das Faken von Profilbildern. Dies geht etwa aus der folgenden Interviewsequenz mit einer Userin von Facebook hervor, die darauf verzichtet, Postings auf Facebook mit Ortsangaben zu versehen:

> Ja und ich hab z. B., was ich eher auch nicht mache is (Pause), ich hab bei mir auch ausgeschaltet, von wo ich poste, da hätte ich natürlich wenn das die A8 ist, dass da dann steht: gepostet von der A8 oder so. Dann hätten sie's wahrscheinlich auch verstanden, aber das lasse ich z. B. ja auch weg. Die Ortsangabe (I-NB-2, Z. 192–196).

Ein weiterer User beschreibt wiederum den ironischen Kommunikationsstil, der sich auf Facebook einstellen kann:

> Weiß ich nicht. Wenn ich mit dir immer poste, dann weiß ich auch schnell gar nicht mehr genau, was du meinst, eigentlich. Das ist auch so ne ironischen Metaebene ist, sich da so gegenseitig zuspitzt, was eigentlich nochmal absurder, was jetzt noch absurder wird und irgendwie am Rand mit dem, vielleicht ursprünglichen Post zu tun hat, aber doch nicht mehr damit zu tun hat. Da versteh, verbinden sich natürlich private Sachen, die man nicht auf Facebook erlebt haben, mit, die auftauchen (I-NB-2, Z. 47–53).

Anders als kulturkritische Beiträge aus den Sozialwissenschaften zur Frage nach dem Online-Selbst lassen sich diesen Interviewsequenzen eben gerade nicht Hinweise dafür entnehmen, dass User bedenkenlos ihr eigenes narzisstisches Ich auf Facebook feiern und dort authentisch sind. Sichtbar wird vielmehr, dass es sich um eine Inszenierung des Selbst vor einem Publikum handelt, das dann im Netzwerk auftauchen kann. Anstelle vom Authentifizieren müsste man entsprechend eher vom Identifizieren innerhalb des Netzwerks sprechen. Beteiligte Akteure können sich über Profilbilder, wie auch immer anonymisierte Namen und verbundene Kontakte erkennen und identifizieren – ob die gemachten Kommunikationsofferten dann authentisch gemeint sind oder nicht, ob damit tatsächlich jene Inhalte verbunden werden, die dann im Netzwerk als Kommunikation auftauchen, ist eine empirische Frage, die von Fall zu Fall beantwortet werden muss. Die Intimität des Öffentlichen auf der SNS Facebook besteht also weniger in einer tatsächlich entblößten Kommunikation zwischen den Diskursteilnehmern. Der Verweis auf das Gefühl der Intimität in den Kommunikationsofferten der User ist also noch lange kein Hinweis darauf, dass diese im Netzwerk authentisch kommunizieren. Sichtbar wird zunächst einmal nur, dass User und ihre Kommunikationspraxis persönlich identifiziert und zugerechnet werden können. Daraus kann dann authentische Kommunikation hervorgehen, weil die Rahmung des Netzwerks so ausgestaltet ist, dass sich die User in ihr wie in einem privaten Umfeld fühlen. Dies muss aber nicht der Fall sein, wenn die User wiederum mit einkalkulieren, dass ihre Kommunikationsofferten vor einem Publikum stattfinden, dass mehrere hundert Freunde umfasst, also quasi öffentlich erfolgt. Der Begriff der *intimate publics* kann dann genau dieses Mischungsverhältnis verdeutlichen: über Algorithmen entstehen im Netzwerk *filter bubbles,* personalisierte Öffentlichkeiten, die den User persönlich identifizieren. Diese Rahmung schafft dann eine Atmosphäre, in der man vermeintlich intim miteinander sprechen kann – aber nicht muss. Ironische Kommunikation kann als Mechanismus angesehen werden, mit der Privatheit in der Öffentlichkeit des Netzwerkes umzugehen, ohne sich damit selbst zu entblößen.

2.4   Diskontinuitäten

Die bisherigen Überlegungen zur Ausbildung einer intimisierten Öffentlichkeit auf Facebook sollen noch durch einen Hinweis auf den Zeitaspekt der sich in ihr abbildenden Kommunikationspraxis ergänzt werden. Ich hatte oben bereits darauf hingewiesen, dass sich der öffentliche Diskurs auf der SNS Facebook häufig nicht mehr länger einem asymmetrischen und kontinuierlichen *Give-and-Take* von besser begründeten Meinungen verdankt, der sich dann zu dem einen letzten besten Argument verdichten würde. Die schnelle Taktung der Kommunikation auf Facebook sorgt dafür, dass die Bezugnahme von Diskursteilnehmern aufeinander erschwert wird. Dies zeigen etwa folgende Interviewauszüge mit Facebook-Usern, in denen diese über ihre Schreib- und Lesepraktiken Auskunft geben:

> Ich lese auf Facebook auch nichts lange durch, wenn da jemand anderes nen langen Text postet oder nen langen Artikel. Da gehe ich dann lieber gleich auf die Zeitung (I-NB-1, Z. 129–131).

> also ich würde sagen, ich benutze das ganz stark also so'n, das hat auch wirklich nur ne ganz, ganz kurze Halbwertszeit, also was gestern bei Facebook passiert ist, ist heute schon wieder total egal. Ähm, das hat schon so den, ich glaube, diese Witze, Sprüche, trifft es ganz gut, es ist pointiert, ich kann mir aber auch nichts davon kaufen, dass ich da gestern was Gutes gemacht habe. Die Taktung ist total hoch und das ist sozusagen alles, was ich dann tatsächlich, worauf ich mich festnageln müsste, morgen, rechtfertigen müsste, was morgen dann wieder interessant sein könnte, ist eigentlich nichts, was ich in dem Medium Facebook interessant finde, oder was ich gern diskutiere oder gerne lese auch. Also so grade dieser Schimpanski z.B., das gibt meine Aufmerksamkeit gar nicht her, das ist schon so'n runter scrollen durch den Newsfeed, schnell was lesen oder man liest nur zwei Zeilen, klickt drauf, klickt nicht drauf, sobald ne Vorschau ist von fünf Zeilen, ich merke, da ist jemand auf was hinaus, dann lese ich das, ganz voyeuristisch, lese ich das (I-NB-3, Z. 281–303).

Was sich hier zeigt, sind relativ schnelllebige Lese- und Schreiberfahrungen. Diese emergieren deshalb, weil sich die Startseite auf Facebook permanent ändert. Die Taktung der listenförmig (Wagner und Barth 2016) angeordneten Inhalte „ist total hoch", erklärt der User. Diese schnelle Taktung verhindert offensichtlich, dass sich User auf einen Inhalt längerfristig einlassen – immer schon ist wieder ein neuer Post da, der gelesen, kommentiert, gelikt werden will. Dieser Overflow an Kommunikation führt eher zu einer Oberflächen-Lektüre: Postings werden häufig nicht intensiv gelesen, sondern mehr oder minder mit den Augen überflogen, gescanned.

Ein weiterer Effekt dieser schnellen Taktung von Kommunikationsofferten auf Facebook ist, dass Sprecherpositionen zueinander symmetrisiert werden. Anstelle einer Kontinuität von Kommunikationsangebot und – gegenangebot entstehen diskontinuierlich verlaufende Diskurspraktiken, die sich zueinander zumindest in ihrer Platzierung auf der listenförmig organisierten Startseite gleich verhalten.

Auf das Posting einer privaten Userin – der Hinweis zu einer Veranstaltung – folgt etwa die Meldung der Tagesschau. Diese werden zum Abrufzeitpunkt dieser Postings gerahmt durch weitere Postings anderer im Netzwerk versammelter User und abonnierter Sites, wie etwa in diesem Fall durch das Foto eines Privatnutzers, einer Meldung von Deutschlandradio Kultur, einer gesponserten Werbeanzeige. Die sich so zusammensetzende individuelle Startseite auf Facebook erweist sich dabei als höchst instabile Versammlung von Diskursangeboten. Klickt man einmal auf das Label „Startseite" aktualisiert sich diese und die eben erschienen Postings erscheinen – wenn überhaupt – in einer veränderten Reihenfolge, werden also noch einmal neu angeordnet. Die Ordnung folgt dabei allein algorithmischen Regeln, nicht aber Sachargumenten einer eventuellen Priorisierung. Jedweder Sprecher kann mit seinem Posting etwa an der prominentesten, weil obersten Stelle auf der Startseite der Netzwerkseite erscheinen. Es scheint zumindest vom *front-end* aus keine Rolle zu spielen, ob es sich hierbei um einen privaten User handelt, eine Institution, ein Presseorgan, einen Filmstar, Musiker oder einen Politiker – die Auswahl der Postings auf der Startseite erfolgt allein entsprechend dem Algorithmus, der sich wiederum u. a. nach den Nutzerpraktiken ausrichtet (siehe oben).

Schließlich ist anzumerken, dass die Diskontinuität der Kommunikation auf Facebook die Wahrscheinlichkeit von argumentativen Debatten zumindest minimiert. Es wird zwar viel kommentiert, geliked und geteilt – auf die Frage, ob aber diskutiert wird im Sinne eines sachlichen Austauschs von Argumenten auf Facebook antworteten die von uns befragten User hingegen meist mit einem Nein:

I: Ja, kannst du dich an ne Diskussion erinnern, die wirklich lang gelaufen ist auf Facebook? A: Nein, ich hasse Diskussionen bei Facebook. Ja, weil, mein, ich finde, da kann man nicht irgendwie, ich nehme das immer wieder wahr oder zur Kenntnis, dass es das gibt, aber ich konnte mich irgendwie nie so richtig anfreunden damit, da die riesen Diskussionen online zu führen, damit, also, da wird vieles wieder anders wahrgenommen als es derjenige vielleicht gemeint hat, und, ja, gab es jetzt interessante Debatten, aber da habe ich mich absichtlich komplett rausgehalten zum Thema Koalitionsbildung im Münchner Stadtrat, da gab's viele schöne Dinge nachzulesen. Ich glaube, viele waren über sich im Nachhinein selbst sehr überrascht, was sie da rausgehauen haben, weil es dann auch beleidigend wurde, und ich mir denke: ‚Das brauch ich jetzt nicht.' Also, ich halte da nicht viel von, weil ich nicht glaube (Pause), mei, da haut halt jeder seine Meinung raus, und dann ist es ja keine, weiß ich nicht, Diskussion, oder jemand versucht nochmal seine zu erklären, und dann war's das, man kommt nicht zu ner Abstimmung oder nem Ergebnis (I-DS-1, Z. 105-120).

Ein weiterer User erklärt:

> Ja, aber so viel denke ich da gar nicht drüber nach, muss ich sagen. Das ist bei mir
> so ziemlich emotionsgeladen, ok, was heißt emotionsgeladen, also sehr ad hoc, dass
> ich das sehe, mir gefällts und dann poste ich es, da überlege ich nicht so sehr: mache
> ich das? Kommentiere ich es jetzt? Ich machs, und dann wars so. Da gibt es nicht so
> zwei Tage überlegen, welches Foto poste ich aus dem Urlaub, sowas, also (Pause)
> (I-NB-1, Z. 357–362).

In beiden Zitaten fällt auf, dass es sich bei Facebook einerseits um sehr emotionale Kommunikation handelt, dass dies aber andererseits mit der schnellen Taktung der Startseite (auch) erklärt wird. Die schnelle Abfolge von immer neuen
Postings sorgt dafür, dass der sich auf Facebook abbildende Diskurs kein sachlicher Austausch von Argumenten ist, sondern eine eher emotionale resp. affektive Kommunikationspraxis. Damit zeigt sich, dass auch die mediale Anordnung
von Diskursen dafür sorgt, wie diese ausgestaltet werden können. Die mediale
Rahmung unterstützt zumindest einen spezifischen Kommunikationsstil, der
dann die Praxis des Öffentlichen innerhalb des Netzwerks erzeugt. Der affektive resp. emotionale Kommunikationsstil, der auf der SNS sichtbar wird, unterstützt dann wiederum jenes Bild, das mit dem Begriff einer *intimate public*
beschrieben werden kann. Intimität sei hier dann wiederum nicht im Sinne einer
bürgerlichen Empfindsamkeit verstanden, die sich tränenreich auf der Startseite
von Facebook Bahn brechen würde – vielmehr als ein aufgeheizter, emotionaler
Kommunikationsstil, der sich dort abzeichnet.

3   Fazit

Wie lässt sich die Kommunikationspraxis privater Nutzer innerhalb der
SNS Facebook beschreiben? Dies war die Frage, die den vorliegenden Aufsatz angeleitet hat. Ein Blick in die Forschungslandschaft zum Thema hat
zunächst gezeigt, dass bisherige Beschreibungsformeln (*Community,* Netzwerk,
Schwarm) zwar einerseits nach wie vor auftauchen, diese sich aber auch alternativ rekonstruieren lassen, um die Diskurs-Praxis des Netzwerks auf den Begriff
zu bringen. Die herkömmlichen Begrifflichkeiten zur Fassung der online vermittelten Kommunikationspraxis treffen auf spezifische Sachverhalte in der
Kommunikationsform auf Facebook zu, können aber zumindest ergänzt und

rekontextualisiert werden. Der empirische Blick konnte dann unterschiedliche Aspekte benennen für ein Phänomen, das hier als *intimisierte Öffentlichkeit* verhandelt worden ist: Sichtbar wurden zunächst Nutzungspraktiken, die ganz bewusste Verfahren der Herstellung von Sichtbarkeiten von Kontakten innerhalb des Netzwerks installieren (1). Damit wird das Netzwerk einerseits praktisch handhabbar gemacht. Was dabei andererseits entsteht, ist eine intime Blase, eine *intimate public,* in der Gleiche unter Gleichen sich verständigen. Diese Tendenz, so argumentierte der Aufsatz weiter, wird durch den Beitrag von Algorithmen unterstützt, die orientiert an dem Nutzerverhalten, spezifische Netzwerkkontakte befördern, andere wiederum diskriminieren (2). Die Sprecher, die hierbei innerhalb der Diskurswelt des Netzwerks entstehen, kommunizieren dabei vorwiegend emotional, affektiv bzw. betroffen und moralisch (3). Ein sachlicher Austausch von Argumenten zeigte sich eher weniger. Was vielmehr in den Mittelpunkt der Aufmerksamkeit gerückt ist, waren diskontinuierliche Kommunikationen (4): Sprecher müssen kaum mehr aufeinander Bezug nehmen, wenn sie innerhalb des Netzwerks agieren. Ihre Postings werden, durch die schnelle Taktung des Netzwerks, gleichsam zueinander symmetrisiert. Die intimisierten Öffentlichkeiten auf Facebook zeichnen sich also durch folgende Eigenschaften aus: Ausblenden von Unangenehmen auf der Nutzeroberfläche, Homogenisierung der Inhalte auf der sichtbaren Nutzeroberfläche, Emotionalisierung des Kommunikationsstils, Diskontiniuierung der auf der Nutzeroberfläche sichtbaren Beiträge und der listenförmig angeordneten Kommentare und schließlich: Technisierung (Algorithmen). Damit weichen die hier beobachteten Öffentlichkeiten in entscheidenden Punkten von jenen Eigenschaften ab, die einmal die Öffentlichkeit des Bürgertums (Habermas) ausgezeichnet hatten: Eine zumindest kontrafaktisch vorausgesetzte Inklusion von Jedermann, Versachlichung und eine kontinuierliche Abfolge von Argument und Gegen-Argument. Die Diskursteilnehmer sollen in der bürgerlichen Öffentlichkeit schließlich wahrhaftig, wahr und authentisch an der Debatte beteiligt sein. Es sei nicht gesagt, dass jenseits der Öffentlichkeit von Facebook nicht nach wie vor Diskurspraktiken bestehen, die sich bürgerlicher Tradition verdanken (man denke etwa an Verfahren der Bürgerbeteiligung, Diskussionen im Bundestag, Gerichtsverhandlungen). Die bisherigen Ausführungen zeigen aber, dass sich jenseits dieser etablierten Gattung von Öffentlichkeit eine neuartige Diskurspraxis ausbildet, die vielleicht gerade genau deshalb so erfolgreich funktioniert.

Literatur

Bakardjieva, Maria. (2003). Virtual Togetherness. An Everyday-life Perspective. *Media Culture Society 25*, S. 291–313.

Baym, Nancy K. (2000). Vom Heimatdorf zum Großstadtdschungel. Die Urbanisierung der Online Gemeinschaft. In Udo Thiedeke (Hrsg.), *Virtuelle Gruppen. Charakteristika und Problemdimensionen* (S. 284–303). Wiesbaden: Westdeutscher Verlag.

Baym, Nancy K. (1998). The Emergence of On-Line Community. In Steven G. Jones (Hrsg.), *Cypersociety 2.0. Revisiting Computer-Mediated Communication and Communit. Thousand Oaks* (p. 35–68). London, New Delhi: Sage.

Beniger, J. (1987). Personalization of mass media and the growth of pseudo-community. *Communication Research 14*, S. 352–371.

Boyd, Danah (2010). Social Network Sites as Networked Publics. Affordances, Dynamics, and Implications. In Zizi Papacharissi (Hrsg.), *Networked Self: Identity, Community, and Culture on Social Network Sites* (S. 39–58). London, New York: Routledge.

Castells, Manuel. (2001). *Der Aufstieg der Netzwerkgesellschaft*. Das Informationszeitalter I. Opladen: Leske + Budrich.

Glaser, Barney G. und Strauss, Anselm L. (1967). *The discovery of grounded theory. Strategies for qualitative research*. Chicago: Aldine. Detering.

Fernback, Jan. (2007). Beyond the diluted community concept. A symbolic interactionist perspective on online social relations. *New Media Society 9*, S. 49–69.

Habermas, Jürgen. (2008). *Ach, Europa. Kleine politische Schriften XI*. Frankfurt a. Main: Suhrkamp.

Han, Byung-Chul. (2016). *Die Austreibung des Anderen. Gesellschaft, Wahrnehmung und Kommunikation heute*. Frankfurt a. Main: Fischer.

Han, Byung-Chul. (2013). *Im Schwarm. Ansichten des Digitalen*. Berlin: Matthes & Seitz.

Han, Byung-Chul. (2012). *Transparenzgesellschaft*. Berlin: Matthes & Seitz.

Hine, Christine. (2005). Virtual Methods and the Sociology of Cyber-Social-Scientific Knowledge. In Christine Hine (Hrsg.), *Virtual Methods. Issues in Social Research on the Internet* (S. 9–21) Oxford: Berg.

Heintz, Bettina. (2000). Gemeinschaft ohne Nähe? Virtuelle Gruppen und reale Netze. In Udo Thiedeke (Hrsg.), *Virtuelle Gruppen. Charakteristika und Problemdimensionen* (S. 180–210. Wiesbaden: Westdeutscher Verlag.

Horn, Eva und Gisi, Lucas (Hrsg.) (2009). *Schwärme – Kollektive ohne Zentrum. Eine Wissensgeschichte zwischen Leben und Information*. Bielefeld: Transcript.

Jankowski, Nicholas W. (2002). Creating Community with Media: History, Theories and Scientific Investigations. In Leah A. Lievrouw und Sonja Livingstone (Hrsg.), *Handbook of New Media* (S. 34–49). London: Sage.

Joas, Hans. (1993). Gemeinschaft und Demokratie in den USA. Die vergessene Vorgeschichte der Kommunitarismus-Diskussion. In Micha Brumlik und Horst Brunkhorst (Hrsg.), *Gemeinschaft und Gerechtigkeit* (S. 49–62). Frankfurt a. Main: Fischer.

Jones, Steven G. (1998). Information, Internet, and Community. Notes Toward an Understanding of Community in the Information Age. In Steven G. Jones (Hrsg.), *Cypersociety 2.0. Revisiting Computer-Mediated Communication and Community. Thousand Oaks* (S. 1–34). London, New Delhi: Sage.

Knoblauch, Hubert. (2008). Kommunikationsgemeinschaften. Überlegungen zur kommunikativen Konstruktion einer Sozialform. In Roland Hitzler, Anne Honer und Michaela Pfadenhauer (Hrsg.), *Posttraditionale Gemeinschaften. Theoretische und ethnografische Erkundungen* (S. 73–88). Wiesbaden: Springer VS.

Kollock, Peter und Smith, Marc A. (1999) (Hrsg.). *Communities in cyberspace*. London: Routlege.

Krotz, Friedrich. (2008). Posttraditionale Vergemeinschaftung und mediatisierte Kommunikation. Zum Zusammenhang von sozialem, medialem und kommunikativem Wandel. In Roland Hitzler, Anne Honer, und Michaela Pfadenhauer (Hrsg.), *Posttraditionale Gemeinschaften. Theoretische und ethnografische Erkundungen* (S. 151–169). Wiesbaden: Springer VS.

Pariser, Eli. (2012). Filter Bubble. München: Carl Hanser.

Postill, John. (2008). Localizing the internet beyond communities and networks. *New Media Society 10*, S. 413–431.

Rheingold, Howard. (2002). *Smart Mobs. The Next Social Revolution*. Cambridge: Basic Books.

Rheingold, Howard. (1994). *Virtuelle Gemeinschaft. Soziale Beziehungen im Zeitalter des Computers*. Bonn; Paris: Addison Wesley.

Schmidt, Jan (2011): *Das neue Netz: Merkmale, Praktiken und Folgen des Web 2.0*. Uvk: Konstanz.

Sennett, Richard. (2008). *Verfall und Ende des öffentlichen Lebens. Die Tyrannei der Intimität*. Berlin: Berlin Verlag.

Stalder, Felix. (2016). *Kultur der Digitalität*. Berlin: Suhrkamp edition.

Stegbauer, Christian und Rausch, Alexander. (2006). *Strukturalistische Internetforschung. Netzwerkanalysen internetbasierter Kommunikationsräume*. Wiesbaden: Springer VS.

Thacker, Eugene. (2009). Netzwerke – Schwärme – Multitudes. In Eva Horn und Lucas Marco Gisi (Hrsg), *Schwärme. Kollektive ohne Zentrum* (S. 27–68). Bielefeld: transcript.

Thiedeke, Udo. (2000). Virtuelle Gruppen: Begriff und Charakteristik. In Ders. (Hrsg.), *Virtuelle Gruppen. Charakteristika und Problemdimensionen* (S. 23–67). Wiesbaden: Westdeutscher Verlag.

Vaughan, Pamela. (2013). Demystifying how Facebook's EdgeRank algorith works., hubspot.com. Zugegriffen: 13. März 17. https://blog.hubspot.com/marketing/understanding-facebook-edgerank-algorithm-infographic

Wagner, Elke. (2014). Intimate Publics 2.0. In Kornelia Hahn (Hrsg), *E < 3Motion. Intimität der Medienkultur* (S. 125–149).Wiesbaden: Springer VS.

Wagner, Elke und Barth, Niklas. (2016). Die Medialität der Liste. Digitale Infrastrukturen der Kommunikation. In Herbert Kalthoff, Torsten Cress und Tobias Röhl (Hrsg.), *Materialität* (S. 343–359). München: Wilhelm Fink.

Wagner, Elke und Forytarczyk, Nicole. (2015). Gute Kopien: Nutzungspraktiken von Hauling-Videos auf YouTube und die Entstehung moralischer Nischenöffentlichkeiten. *kommunikation @ gesellschaft 16*. nbn-resolving.de/urn:nbn:de:0168-ssoar-413642 (Zugegriffen 13. März 17).

Wagner, Elke und Stempfhuber, Martin. (2013). „Disorderly Conduct": On the Unruly Rules of Public Communication in Social Network Sites. Global Social Networks. *A Journal for Transnational Affairs* 13(3), S. 377–390.

Wellman, Barry. (2000). Die elektronische Gruppe als soziales Netzwerk. In Udo Thiedeke (Hrsg), *Virtuelle Gruppen. Charakteristika und Problemdimensionen* (S. 126–159). Wiesbaden: Westdeutscher Verlag.

Wellman, Barry. (1997). An electronic group is virtually a social network. In Sara Kisler (Ed.), *Culture of the Internet* (S. 37–56). Mahwah und New Jersey: Lawrence Erlbaum Associates.

Werber, Niels. (2013). *Ameisengesellschaften. Eine Faszinationsgeschichte.* Frankfurt a. Main: Fischer.